三维集成无源电路设计

王凤娟　尹湘坤　杨　媛　余宁梅　著

科学出版社
北　京

目　录

第 1 章　绪　　论

1.1　硅通孔三维集成关键技术概述

随着集成电路规模越来越大，集成度的不断增加和晶体管特征尺寸的不断减小，集成电路的尺寸越来越小，集成电路速度、功耗等性能和尺寸的改善越来越小，也越来越困难。由戈登 · 摩尔(Gordon Moore)提出的摩尔定律已经不能满足当下集成电路的发展需求[1-3]。为了指导集成电路的发展，科研人员对摩尔定律进行了补充和扩展，并且在超越摩尔定律(more than Moore's law)的方向上引入多种新技术。其中，三维集成电路(three-dimensional integrated circuit，3D IC)的提出，在不减小晶体管特征尺寸和增加功耗的同时，从减小互连线长度的角度实现了减小信号传输延迟和芯片面积的目的，进而提升芯片性能。图 1-1 为 3D IC 结构的示意图[4]。三维集成技术的研究可以指导集成电路沿着摩尔定律进一步发展，甚至实现“超越摩尔定律”[5]。

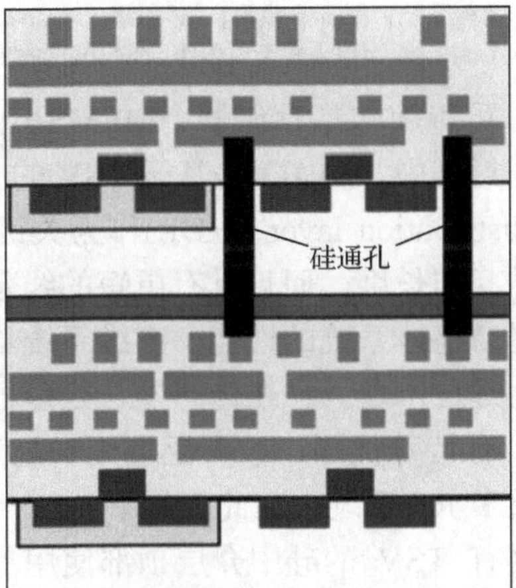

图 1-1　三维集成电路结构的示意图

硅通孔(through silicon via，TSV)技术作为一种三维集成技术，不仅可以实现异构芯片的垂直互连和电气连接，还可以提供低损耗的垂直互连，增加带宽，成为众多三维集成技术研究中最流行的技术之一。

当集成电路为二维平面形式时，随着特征尺寸的减小，晶体管在制造中面积缩小，导致金属互连层增加，从而产生较大的互连延迟。在 130nm 和 110nm 工艺节点之间，互连延迟的增加大于晶体管性能的提升，互连延迟已经不可忽视，随着尺寸的进一步缩小，在 65nm 工艺节点这个情况将更加严峻[6,7]。这也意味着随着片上集成器件数量的增加，与摩尔定律预测的半导体行业趋势相比，单片芯片性能可能会下降，消除互连延迟成为未来集成电路需要重点关注的问题。

3D IC 为解决互连延迟问题提供了有效的方案，可以通过硅通孔垂直互连堆叠多个器件和电路层的方式缩短芯片间互连长度，从而获得更高的封装密度，并使不同类型的芯片在同一区域的异构集成成为可能，它被认为是克服摩尔定律尺寸限制的最有希望的替代方案之一[8]。图 1-2 给出了系统集成技术的发展趋势，三维异质集成通过将载体衬底或中间介质层合并在一起来减小互连长度，缩小尺寸，同时具有低延迟、低功耗和高速度的优点[9]。

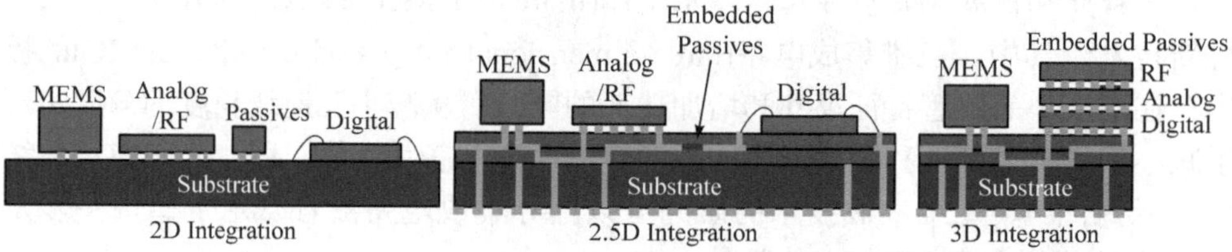

图 1-2 系统集成技术的发展趋势[9]

MEMS-微电子机械系统；Analog-模拟；RF-射频；Passives-无源器件；
Digital-数字；Embedded Passives-嵌入式无源器件；Substrate-衬底；Integration-集成

通过三维异构集成，可以将包括存储器、MEMS、天线、RF、模拟/数字在内的不同功能模块堆叠到封装中。图 1-3 是基于 TSV 的 3D 异构集成系统，其中硅通孔和重新布线层(redistribution layer，RDL)作为关键的互连线起到重要的作用，不仅可以提供更短的互连长度，而且具有更短的线延迟、更少的寄生效应和更高的时钟频率，从而提高整体系统的性能。三维系统集成作为全球微电子封装和系统集成中最重要的关键技术之一，在传感器、处理器、存储器和收发器等多个设备的异构集成方面具有特殊优势，被广泛应用于处理器-存储器协同架构系统、图像传感器系统以及多 RF 系统。在此背景下，TSV 技术已成为三维系统架构的关键组件，通过在具有 TSV 的硅中介层顶部使用具有低寄生性的细间距输入/输出(input/output，I/O)和高密度布线，类似逻辑的高引脚数 IC 可以非常有效地与传感器、存储器互连，形成紧凑的系统级封装(system in package，SIP)。

TSV 技术和三维异构集成的诸多优势使其逐渐成为半导体行业的主流[10]。一方面，近些年个人计算机、高性能计算和数据中心等存储市场的增长，对高性能、低能耗和占地面积小的存储驱动器，以及更高逻辑存储器带宽和更低芯片互连延迟的日益增长的需求推动三维异构集成技术的发展[11,12]。另一方面，在射频模块和微电子器件的集成领域，TSV 技术也展现了显著的优势，通过使用 3D IC/TSV 技术堆叠芯片，可以为射频/微波电路的设计和集成提供更大的灵活性。图 1-3 显示了用于射频微电子器件的 3D 异构集成的结构概念图，芯片通过引线键合或倒装芯片技术连接到介质层，其中 RF TSV 为 IC 芯片和印刷电路板提供垂直电信号互连，接地 TSV 能够起到抑制衬底串扰的作用[13]。Ebefors 等[14]提出的高密度集成自适应 RF 前端天线模块，由 RF-MEMS 开关阵列和嵌入式三维射频集成无源器件(3D RF-IPD)组成，通过细间距的 TSV 进行三维互连和晶圆级封装可以显著减小 MEMS 器件尺寸并且降低成本，其中高 Q 电感器采用基于 TSV 的三维片上电感结构实现，最终对整个模块进行二次成型。由此可见，TSV 和三维集成为目前高质量射频系统面临的高度小型化和集成化的挑战提供了解决方案。

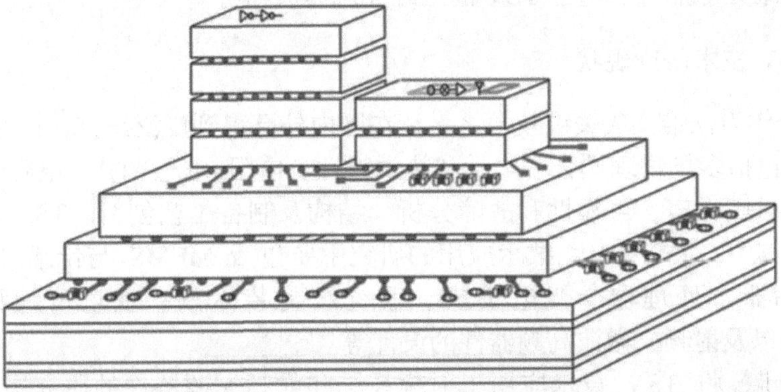

图 1-3 基于 TSV 的 3D 异构集成系统

综上所述，3D 集成和 TSV 技术不仅可以解决传统的互连延迟问题，而且为射频和微波电路的设计和集成提供了更大的灵活性。近些年随着三维集成技术的发展，针对 TSV 的射频微波器件也开始被研究，基于 TSV 的电感器、电容器和无源滤波器已经被设计研发，和传统结构相比，不但在尺寸上具有很大的优势，而且在高频段具有高可靠性和低损耗等优良的电学特性。因此，研究基于 TSV 的小型化无源器件对未来高质量的射频和无线通信系统的发展具有重要的意义。

1.2 国内外研究进展

鉴于 TSV 和三维集成技术在微型化、高密度系统集成方面的巨大优势，基于 TSV 的三维集成技术研究是国际学术前沿的热点领域。

西方发达国家近年来大力研发基于 TSV 的三维集成技术，并制订了详细的后期研究计划。美国国防部高级研究计划局(Defense Advanced Research Projects

Agency，DARPA)先后推出的“半导体技术先期研究网络”计划和“电子复兴”计划，都把三维单芯片系统集成作为主要技术突破手段，以确保在电子领域的领先地位。欧盟先后启动的“电子微系统立方体”计划和“人脑”计划，都把三维集成和 TSV 技术作为实施芯片系统“微型化”和“智能化”异质异构化集成的主要实施方案。我国也一直倡导推进电子信息系统的智能化、微型化、集成化，在系统、模块和芯片各个层次安排了高密度 TSV 相关技术攻关计划。同时，我国许多高校与研究所微电子、光电子、微纳电子、电子元器件和先进制造技术等相关专业预研计划和基金计划都安排了针对性的技术研究和项目支持。

在具体理论细节和技术实施上，经过近年来的技术攻关和探索，基于 TSV 的三维集成技术已经取得全面突破，形成了全套、成熟的三维集成技术体系，主要分为以下几个方面：TSV 结构建模及互连传输、三维集成电路热管理、基于 TSV 的三维无源器件、基于 TSV 的三维无源滤波器等。

1.2.1 TSV 技术研究现状

TSV 作为三维集成关键技术之一，在国内外已得到广泛研究，针对 TSV 的研究主要包括多场物理耦合、电学和热学特性、电阻-电感-电导-电容(RLGC)解析模型、衬底噪声、可靠性和故障分析、结构及制备工艺创新、TSV 技术应用等方面。其中，关于 TSV 技术应用的研究主要包括 MEMS 与传感器、固态硬盘、存储器、处理器、光电集成、系统级封装(SIP)、现场可编程门阵列(FPGA)，以及射频、微波高频器件的设计等。

近些年，将 TSV 技术应用于射频系统和射频无源器件的研究屡见不鲜，Krishnamurthy 等[15]提出了一种用于 14nm 三栅极互补金属氧化物半导体(CMOS)的三维堆叠管芯应用的数字控制的完全集成电压调节器。采用具有平面磁芯的三维 TSV 电感器，三维 TSV 电感器和集成电压调节器(IVR)有源电路集成在同一个单芯片上，三维 TSV 电感器测量的电感密度为 111nH/mm^2，是迄今为止所有功率电感器中密度最大的，比传统的平面螺旋电感器高 20 倍，证明了这种电感结构的真正潜力，且对 TSV 结构进行改进可以在不影响功率密度的前提下提高整体效率。Gou 等[16]提出了一种基于硅通孔的三维集成电感器的精确模型，该模型考虑了内部电感和重新布线层(RDL)电感的详细计算，可以更精确地获得三维电感器的总电感。Shin 等[17]提出采用 TSV 集成无源器件(itegrated passive devices，IPD)技术的集总元件高精度 X 波段带通滤波器，实现了低成本和紧凑的结构。

在 TSV 无源器件方面的研究，由于 TSV 在高频下的优良电学特性，新加坡科学技术研究局微电子研究院[18]研究了一种基于 TSV 的毫米波空腔背隙天线，该结构可以与有源电路集成在一起，大幅度减小尺寸，且抑制了电磁干扰，保持了固有的高增益和宽带宽；在 TSV 传感器的研究方面，东南大学[19]研究了一种基于 TSV 的传感芯片，传感电路采用高阻硅衬底，电路封装采用陶瓷芯片，通过在硅衬底采用凹槽式设计，显著抑制芯片中不必要的侧向热传导，从而提高微机械风传感器的灵敏度；在关于 TSV 的功分器研究方面，国际商业机器公司(IBM)半导体研发部[20]设计了一种应用于毫米波电路的 TSV 片上威尔金森(Wilkinson)功分器，其性能符合高性能毫米波设计的标准，在毫米波相控阵天线系统中可以实现系统尺寸优势；在 TSV 电感器和电容器的研究方面，Yin 等[21]基于寄生参数和等效电路模型，提出了 TSV 螺旋电感器和 TSV 交指型电容器，并根据集总电感电容(LC)结构研究了一种 TSV 宽阻带超紧凑低通滤波器(low-pass filter，LPF)，具有良好的通带反射能力和更高的阻带衰减。此外，Lu 等[22]提出了一种采用等效 90°传输线段和同轴 TSV 的 3dB 三维紧凑定向耦合器，其中心频率为 100GHz，带宽达到 20GHz。在 TSV 的存储器应用方面，由 Hachiya 等[12]提出了基于 TSV 的集成固态硬盘(SSD)和存储级存储器(SCM)，使用 TSV 实现的 SSD 具有速度快、能耗低、耐久性高等优点；关于 TSV 带通滤波器方面的研究，Wang 等[23]研究了一种基于 TSV 的小型化基片集成波导(SIW)太赫兹带通滤波器，采用有限元法和模式匹配法研究了滤波器的滤波特性，使用圆柱 TSV 结构代替原有的矩形 TSV 结构，具有超紧凑的尺寸和优越的滤波特性。

Xiong 等[24]提出了基于 TSV 的三维片上 Marchand 巴伦。利用基于 TSV 和 RDL 的 3D 封装工艺，建立了曲折耦合路径，3D 结构可以有效地减少芯片上的面积，同时保持良好的平衡特性。此外，该结构可以与三维集成电路灵活集成，以实现不同堆叠层之间的信号转换。Hou 等[25]提出了一种适用于多波段的开关控制带阻滤波器(BSF)，该滤波器采用内部硅微加工工艺，通过 TSV 将两个堆叠的 BSF 与开关异质集成，具有带宽较宽、边缘尖锐、尺寸紧凑和集成度高等特点。

1.2.2 基于 TSV 的三维滤波器

微波滤波器是无线网络基站前端网络最重要的组件之一，具有带通、带阻、低通和高通四种功能形式。带通滤波器是一种只允许通过特定频率范围内的频率分量，同时将该频率范围外的所有频率分量抑制到极低水平的滤波器，其对信号的选择能力越强，通信系统对外界的抗干扰能力也就越强。

交指型带通滤波器主要由介质基板、谐振器单元、输入输出馈线，以及接地平面构成。在介质基板的研究方面，陈松[26]研究了使用高介电常数复合型陶瓷材料作为介质基板制作微带交指型带通滤波器，虽然在尺寸上基本满足了目前对于滤波器小型化的要求，但在滤波器的传输性能方面还有较大缺陷，传输损耗较大；翟琼华[27]提出了一种设计方法，该方法结合 MEMS 技术，采用高阻硅制作介质基板，将阶跃阻抗谐振器作为微带交指结构的谐振单元，可以使结构尺寸更小，阻带衰减更大，并且可以调节寄生通带，使传输性能更加稳定。此外，通过在谐振器的外围制作金属孔阵列，对内部的滤波器电路起到电磁屏蔽的作用，有效避免谐振器电路与外界的耦合作用，提高传输过程中的稳定性。但是，由于上下两层介质层之间存在空腔，工艺上实现相对困难。Li 等[28]提出一种使用树脂材料作为交指型带通滤波器的介质基板，滤波器的腔体是使用立体光刻设备用陶瓷填充树脂制成的原型，空腔的整个表面用化学镀铜的导电层进行金属化，可以帮助实现微波滤波元件的批量生产。Tian 等[29]利用低温共烧陶瓷(low temperature co-fired ceramic，LTCC)技术将陶瓷材料作为介质基板，采用双层耦合带线谐振器结构和折叠结构，以折叠的谐振器作为电路的谐振单元，将其制作在介质层的内部，在介质层的外部空间可以制作不同的电路结构，充分利用了电路面积，结构更加紧凑，大大减小了滤波器的尺寸。Allanic[30]提出了一种基于半导体衬底的频率可重构交指滤波器，可重构性是通过偏置一些半导体分布掺杂区域(SCDDA)实现的。

在交指型带通滤波器的谐振器设计方面，陈丽艳等[31]提出了一种基于圆杆谐振器的六阶腔体交指型带通滤波器，性能优良，但是由于结构尺寸较大，谐振腔制造较为困难，并且占用了器件空间，不利于小型化集成；Chomtong 等[32]提出了一种利用波导腔和交指技术建立虹膜的双频段交指型带通滤波器，虽然与实物测试性能良好，但是尺寸较大，不利于小型化集成；Mu 等[33]提出一种四级折叠交指型带通滤波器，该滤波器采用多层折叠 1/4 波长谐振器设计，通过引入交叉耦合机制产生的传输零点提高了滤波器的性能，但应用频率不高；Widaa 等[34]设计了一种阶梯交指型带通滤波器，与传统交指型带通滤波器相比，具有更高的紧凑性和宽通带响应。惠力等[35]提出一种将谐振器分布在多层的宽边耦合交指滤波器，通过多层交叉耦合实现超宽带滤波器所需要的较大耦合系数，减少了不必要的耦合，极大地减小了滤波器的体积；吴永乐设计了一种使用蝶形单元的交指滤波器，可以独立改变高低截止线频率，具有单层结构、高选择性的优点，并且由于是基于柔性印刷电路设计的，滤波器的尺寸大大减小，应用灵活[36]；宛琳等[37]设计出一种多层垂直的折叠结构的交指型带通滤波器，将微带结构在垂直于基板的方向上进行折叠，让传输线分布到多个介质层上，滤波器的尺寸进一步减小，谐振频率也更低，减小了滤波器的插入损耗；Venter 等[38]在谐振器的外围设计了一圈环绕的矩形环条，方便制造任意棒形几何形状的宽带交指滤波器，用来减小滤波器的尺寸和对工艺的敏感性。Sujatha 等[39]设计了双频 Minkowski 分形带通滤波器，抑制不需要的频带，并产生传输零点以提高滤波器性能。

在馈线研究方面，翟琼华等[40]设计出一种使用共面波导的输入输出作为交指滤波器馈源线，上下两层介质层之间采用交指结构，输入输出采用共面波导方式，有效限制电磁能量的泄漏，使性能更优；Mohebbi 等[41]提出了一种使用锥形馈源线的交指共价交指型带通滤波器，将输入/输出线从其短端或开口端靠近第一个/最后一个谐振器，用于边缘耦合过程中的过渡，达到小型化和加强散热的作用。

Nurjihan 等[42]设计了一种超宽带交指型带通滤波器，采用四个矩形槽元件和一个矩形环槽的缺陷接地结构作为接地平面，通过影响接地基板屏蔽电流的分布，改变传输线的分布电感和分布电容，使传输线具有慢波特性和带隙特性，有效降低了滤波器的尺寸，显著提升滤波器的通带性能和阻带抑制。Abirami 等[43]提出一种使用哑铃型缺陷接地结构的交指滤波器设计。张娜等[44]研究了接地金属化孔对交指型带通滤波器频响的影响，发现接地金属化孔的寄生电感效应影响带通滤波器的幅频特性，可以通过改变接地金属化孔的排列来修正滤波器中心频率的偏移。

除交指型带通滤波器外，无反射滤波器作为一种多端口滤波元件，当其他端口匹配时，在一个或多个端口处具有与频率无关的零反射，在阻带中，信号/功率以某种方式被无反射滤波器吸收，而不是像传统反射滤波器一样反射回源端口。因此，来自输入端口的功率仅向前流动，并根据频率分配到指定端口或电阻器，这种独特的属性为源头提供了额外的保护。

完整的对称结构无反射滤波器理论在 2011 年被提出。Morgan 等[45]从射频电路最基本的二端口网络出发，根据奇偶模分析法，利用对称性和对偶性原则，推导出吸收式滤波器拓扑原型，可应用于低通、高通、带通、带阻等滤波器，并采用微带结构对其进行实现，验证了方法的可行性。多年来，Morgan 一直从事对称结构无反射滤波器的研究[46-48]，2015～2018 年在提出几种新型无反射滤波器的同时，使用集成无源器件(IPD)技术对低通、带通滤波器进行实现，极大地减小了滤波器的尺寸[46]；2019 年，在原有无反射滤波器的基础上进行修改，消除了对其原型参数的原始约束，任意传递函数都可以以无反射的形式实现[48]，这些对称结构的无反射滤波器都通过电阻或耦合器来消耗内部信号，但除采用 IPD 技术外的其他方法实现的电路都存在尺寸相对较大的问题。

除对称结构外，互补双工结构也是无反射滤波器的常用设计方法。通过两条通路将整个频段的信号分别输出，使其没有信号反射回源端口。2017 年 Psychogiou 等[49]提出了一种可用于设计任何传输函数的可重构双工无反射滤波器，此结构由两个互补的支路组成，具有相反的传递函数，可以通过同步调谐两个通路的谐振点来实现各种频带的无反射滤波器，最后通过集总电路与微带电路将此设计进行实现。2020 年，中国科学技术大学[50]提出了具有窄带和宽带特性以及带外传输零点的高选择性无反射带通滤波器。基于互补双工器结构，该无反射带通滤波器吸收反射信号的方式由电阻与双频滤波单元组成，其双通带分配在带通滤波器的阻带区域。因此，主信道在其衰减频带内未传输的射频输入信号能量被辅助信道的负载电阻器耗散，在整个带通滤波器架构中实现了输入无反射特性。2021 年，南京邮电大学[51]使用一个设计良好的集总 LC 网络和一个相位反相器实现了无反射滤波响应，该网络由两对对称 LC 梯形电路组成，其中一对是基于特定低通原型在规定频率下进行低通变换得到的，另一对是基于同一原型在相同频率下进行高通变换得到的，相邻端口的每条路径都可视为单独功能的滤波器，2、3 端口实现了互补双工，在 4 个端口都实现了无反射功能，但由于使用集总电路，尺寸较大，为(50×50)mm^2。

近年来，采用微带结构成为无反射滤波器的重要设计方法。2019 年，电子科技大学[52]提出了一款具有宽阻带与超宽无反射范围的微带无反射滤波器，将哑铃型缺陷结构嵌入一对 T 型结中以实现宽通带与宽阻带，通过定位一个平行的辅助通带实现了 0.01～26GHz 的无反射范围，其尺寸为(23.3×17.4)mm^2。2023 年，西安电子科技大学提出了一种输入和输出端都具有准无反射的微带带通滤波器[53]，该滤波器由一个π形带通滤波器(BPF)和两个吸收带阻滤波器组成，微带到槽线过渡结构实现了在无反射前提下的差模抑制与共模抑制，其尺寸约为(73.6×44)mm^2。同年，西班牙阿尔卡拉大学提出了一种具有超宽输入无反射阻带范围的高阶准椭圆形宽带带通滤波器[54]，它由两端口无反射高阶准椭圆形宽带带通滤波器和两个类似的输入无反射低通滤波器组成，带通滤波器由两个垂直微带线形成，并通过微带 T 型结连接，具有两个接近通带传输零点，其尺寸约为(255×255)mm^2。

无反射滤波器已趋于成熟，无论是无反射范围，还是回波损耗(RL)，都有较高的性能，但最大的问题在于除 IPD 技术外，集总电路与微带电路尺寸相对较大、不易于集成。为了解决该问题，本书引入了 TSV 技术，降低无反射滤波器尺寸的数量级，实现其微型化，并且保持较高的无反射性能。

除上述两种滤波器之外，为解决高密度集成系统中高速差分传输模式中的共模噪声抑制问题，需引入共模噪声抑制器件，对共模噪声进行抑制和滤除，确保高密度集成系统中的各功能器件和模块正常工作[55]。Yanagisawa 等[56]提出了基于铁氧体材料的共模噪声抑制滤波器。在噪声抑制器件研究初始阶段，因其紧凑的尺寸和良好的抑制能力而成为流行的商业解决方案。然而，这些成分的材料在频带的适应性方面存在很大问题。基于无铁氧体的共模噪声抑制滤波器件被广泛研究以克服这些缺点，或者利用其他方式对尺寸、信号完整性等滤波器的不同性能方面进行改进。基于缺陷地面结构的设计方法解决了信号传输完整性的问题，但尺寸较大，不适用于大规模复杂的芯片集成[57,58]。例如，Zeng 等[59]提出具有紧凑缺陷地面结构的宽带共模噪声抑制滤波器，其中缺陷地结构(DGS)通过干扰地面上的共模电流，实现对宽带内共模噪声的良好抑制性能，但该方法不能在多层结构中实现。

从共模噪声抑制能力角度进行改进，尺寸和抑制带宽存在较大问题，Guan 等[60]提出一种用于 5G“绿色”通信的双向吸收共模滤波器结构，使用插指耦合线代替普通的双并联耦合线，在吸收共模噪声的同时，保持了差分信号的完整性。在一个简单的双层印制电路板(printed circuit board，PCB)中制造，具有宽共模(CM)阻带，高 CM 吸收率，能实现在 0.72～8.00GHz 大于 10dB 的噪声抑制，但尺寸达到了(44×22)mm^2。Sans 等[61]提出了一种紧凑的平衡带阻滤波器，通过阶梯式阻抗谐振器和交指型电容集成一个 5 阶平衡带通滤波器进行验证。在差分信号损耗小的情况下，6.5GHz 内对共模抑制超过 22dB，尺寸达到了(51.5×48.2)mm^2。Karimi 等[62]提出一种采用有两个耦合 U 型结构的新型耦合系统的差分双频带通滤波器(DDWBF)，改善了差分信号的带外抑制和共模噪声的抑制。在 4.32GHz 和 8.61GHz 的中心频率下，实现了两个宽带分数分别为 45%和 13.5%，共模噪声抑制优于 14.85dB 的带宽。Lee 等[63]提出在直角弯曲差分线上设置蘑菇状结构进行共模噪声的抑制，在不降低差分信号质量的情况下，实现蘑菇状结构分布越多，抑制带宽越宽，但尺寸也越大。Adiprabowo 等[64]提出的吸收共模噪声滤波器，主要由反射式共模滤波器、相位匹配和吸收器组成，抑制带宽、信号完整性良好，但尺寸达到了(14.98×9.585)mm^2。

国内有几种设计在尽可能保持信号完整性的同时，部分改进已经达到超宽带抑制，但仍存在尺寸问题。杨方旭等[65]提出了一种新型基于 1/4 波长谐振器的共模噪声滤波器设计方法，相对于传统的基于 1/4 波长谐振器的共模噪声滤波器减少了过孔结构和中间金属层，因此对于顶层差分线传输没有影响，一定程度上可以避免信号质量问题。该滤波器结构简单，工作频带较宽，尺寸相较于以往来说有所改善。Li 等[66]提出一种基于基板集成波导谐振器的微带线共模噪声抑制滤波器，由不同大小的基片集成波导谐振器(SIWR)单元级联组成。在 4.3～15GHz 频带内能实现−30dB 的抑制，但传输信号的损耗在−5dB 左右，并且尺寸在已知的几种滤波器中较大。Liu 等[67]提出了一种吸收共模滤波器(A-CMFs)的新电路，并给出了一种由一个曲柄槽线(MSL)、一个直线微分对和一个电阻组成的直观结构。测量结果表明，可获得 2.33～2.67GHz 的噪声抑制带宽，差模(DM)带宽可达 7.5GHz，尺寸为(15.68×9.62)mm^2。Zhuang 等[68]提出一种采用双频传输零点的宽带共模滤波器，通过第二层谐振器在第一层上产生的差分对产生多个传输零点。其由三层印刷电路板组成，并且滤波器直接嵌入多层 PCB 中不会增加成本，滤波器尺寸为(5.2×17.6)mm^2。经高频结构仿真器(high frequency structure simulator，HFSS)验证，共模噪声在 2～10.5GHz 频带内实现>10dB 的抑制，带宽分数为 136%，达到超宽带的抑制，同时在 12GHz 内保持了信号的完整性。Niu 等[69]提出了一种由微带线、两个四波长槽和微带结构、两个集总电阻和一个地平面组成的新型宽带吸收共模滤波器。结果表明，该共模滤波器对差分信号具有较低的插入损耗，噪声抑制带宽为 1.55～2.65GHz，带宽分数为 52.38%，尺寸为 $(28\times45)mm^2$。

利用对称电路和级联多单元的基本电路对共模噪声抑制滤波器进行改进，性能较好，通过 2D 无源集成的器件尺寸相对以往研究已有提升，但仍有改进的空间。Hsiao 等[70]提出采用改良的 T 型电路设计超紧凑滤波器的方法，利用改进的 T 型电路精确地模拟具有特性阻抗和传播延迟的无损传输线路的特性，但单阶的电路群延迟频率响应不稳定，误差较大，进而提出一种级联多单元改进的 T 型电路来增强群延迟响应，以保持良好的传输信号的完整性。所提出的单元和多单元电路关于分流电感器所在平面和输入输出端口都完全对称，完全对称的电路网络在一定程度上抑制了共模噪声的产生，并且根据设计的电路拓扑结构通过 IPD 工艺对无源器件进行集成和验证。仿真结果与测量结果吻合，共模抑制频带为 1.6～4.7GHz，差分信号的截止频率保持在 10GHz，且有一个恒定的群延迟。不同信号频率下的眼图表现良好。通过级联多单元的改进 T 型电路，多单元的周期电路等方式可以增强群延迟响应，保持信号的完整性，但在一定程度上增加了电路面积，传统的无源集成器件以芯片面积为代价保持了滤波器的良好性能。这与未来芯片集成的微型化、小型化的发展方向不一致。

在考虑器件微型化方面，Cheng 等[71]利用 TSV 的垂直互连产生的耦合电容和电感，提出了一种新型的基于 TSV 的 CM 噪声抑制滤波器，通过设计一个紧凑的滤波器结构和信号高速传播的通道，在全波模拟软件中进行集成验证。其与以往最大的区别是使用相对介电常数为 3.35 的味之素堆积膜(Ajinomoto build-up film，ABF)基板作为 TSV 隔离层的材料，低成本且较厚的隔离层降低了慢波因子，提高传输信号的质量。该滤波器所需的芯片面积为 $0.72mm^2$，是已知面积最小的器件，并且该滤波器的全波模拟与测量结果具有良好的一致性。李振松[55]在对称电路基础上，通过 TSV 互连技术对平面无源器件进行集总(平面器件-TSV-平面器件)，实现了超宽带的抑制带宽，并且滤波器尺寸为 $(1.6\times1.6)mm^2$，验证了基于 TSV 互连技术三维集成制造的可行性。Chan 等[72]提出了一种采用硅基集成无源器件工艺实现的微型共模抑制滤波器。宽带设计的 20dB 抑制带宽为 3.6～9.7GHz，特点是有一个小于 1.2dB 的差分模式的插入损耗，从直流到 8.8GHz，尺寸只有 $(3.71\times1.86)mm^2$。

近年来研究者在对称电路的基础上，通过不同的滤波原型得到抑制带宽更宽、信号完整性良好的抑制器件。Shi 等[73]提出了一种基于 GaAs 的超宽带共模滤波器芯片，电路在水平和垂直方向都对称，通过 LC 网络之间的电容耦合，对共模噪声信号产生四个传输零点，建立等效电路模型。在此基础上引入附加 RLC 型无源均衡网络以减小信号损耗，提高高速差分信号的完整性，降低误码率。结果表明，信号损耗在 8.2GHz 以内<3dB，在 2.5～8.3GHz 频带内噪声抑

制>10dB。以砷化镓为基底验证和制造出的芯片，有一个较低的成本，但电路元器件多，集总时采用传统的 RDL 电感和平行极板电容平面结构面积大，利用三维集成技术或可得到改善。Huang 等[74]提出的具有指定的共模和差模响应的共模噪声抑制滤波器设计方法，适用于具有超宽平坦的差分信号群延迟响应的共模噪声抑制滤波器设计。理论上可以实现对差分信号的无损性能和可控的色散群延迟响应，所提出的滤波器可以任意分配这两个共模传输零点，以增强一定频带的抑制能力。采用等延迟线模拟一个理想的传输线，避免了意想不到的辐射问题和传输信号的损失等问题，通过无源器件的集成验证了设计的具有四阶等波纹响应的共模噪声抑制滤波器[75]。在 1.92～5.02GHz 频带内实现 10dB 以上共模噪声的抑制，在 2.2～4.2GHz 频带内实现 20dB 以上的共模噪声抑制，同时差分信号损耗保持小于 3dB 超过 15GHz。验证测试方面采用传统的 RDL 螺旋电感和电容结构，面积为 1047μm×954μm(约 0.999mm^2)。

等延迟线设计方法[76]是有效的设计方法，在一定的频带范围内实现了良好的共模噪声滤波器性能，在超宽频带内最大程度上保持了信号的完整性，但依靠传统的可集成性元器件集成大面积网络结构也存在占用较大芯片面积的问题。因此，本书在利用对称电路改进的基础上，结合高密度集成的 TSV 技术，提出基于 TSV 的共模噪声 LC 集总滤波器，以期在保持共模噪声抑制滤波器性能的同时，实现滤波器的微型结构，更好地集总到大面积、集成度高的系统中。

综上所述，针对现阶段三种滤波器尺寸大、高频性能差、集成度低的缺点，有必要提出一种小尺寸高性能且可集成的三维滤波器。

1.2.3 基于 TSV 的三维分支线定向耦合器

分支线定向耦合器是一种典型的四端口微波无源器件，传统的分支线耦合器由四条 1/4 波长(电长度为 90°)的传输线组成，在中心频率附近的频率范围内，直通端和耦合端之间存在 90°的相移，被广泛应用在平衡放大器、混频器、移相器和阵列天线中来实现良好的回波损耗和杂散信号抑制，提供高性能馈电网络[77-79]。微带分支线耦合器由于结构简单，易于实现，在现代无线通信技术中发挥着重要作用，但随着各种无线通信设备的小型化需求越来越紧迫，传统的微带结构已经不能满足发展的需求。此外，新一代通信标准的提出，对射频系统提出了更高的要求，分支线耦合器作为射频前端的关键部件，不仅需要更小的尺寸，同时要求低损耗、多频段、宽频带和高传输频段。目前国内外针对分支线耦合器的研究也主要围绕以下几个方面展开。

1) 小型化

减小分支线尺寸的方法有很多，比较常用的方法有在传统分支线耦合器上添加短截线，用其他微带单元代替传统的 1/4 波长传输线，慢波微带(SW-MS)线和高介电常数衬底材料等。Cai 等[80]提出并实现了一种利用三角形短截线的小型化支线耦合器，使用增量短截线减小了 1/4 波长分支线的长度，使耦合器的整体尺寸减小了 55%。Bhowmik 等[81]提出了利用开路短截线实现 3dB 分支线耦合器的尺寸小型化的设计，其尺寸比传统耦合器减小了 41.4%，具有 130MHz 的带宽，并且在 2.5GHz 下与传统耦合器相比具有更好的功率分配性能。Chen 等[82]提出了一种采用慢波微带线的小型片上分支线耦合器。信号线下方的接地金属平面开槽规律分布，并且利用了慢波结构传输线的短波长特性实现耦合器的小型化，其是常规结构尺寸的 39%。Letavin 等 [83]研究了衬底介电常数对分支线耦合器小型化的影响，研究结果表明，在相同的工作频段下采用高介电常数的衬底材料的分支线耦合器具有更小的尺寸。对于传输线结构实现的分支线耦合器，工作频率越低尺寸越大，因此在相对低的频段利用集总参数实现的分支线耦合器在尺寸上具有更大的优势，一些学者已经使用 LTCC 技术和硅基集成无源器件(IPD)技术实现了集总参数分支线耦合器的设计。

近些年，从分布参数元件到集总参数元件的转换电路拓扑结构快速发展，关于集总参数的分支线耦合器结构主要基于 T 型和π形传输线等效电路展开研究。Tayel 等[84]提出了分布式耦合线耦合器和分支线定向耦合器的π形集总元件等效电路模型，并对多阶集总参数分支线耦合器进行了仿真验证。通过仿真分析可知，在中心频率和带宽范围内，导出的集总元件耦合器的 S 参数与相应分布参数耦合器的 S 参数一致。Zhu 等[85]制作并验证了一种基于 LTCC 的小型化集总参数耦合器，该结构使用三维螺旋电感和垂直叉指电容(VIC)，实现了显著的电路尺寸缩小，并且具有低频信号抑制功能。夏卫鹏[86]设计了基于 LTCC 的弱耦合分支线耦合器，利用了π形等效电路，耦合度分别为 10dB、15dB、20dB，并用多阶设计增加了分支线耦合器的带宽。Lin 等[87]使用基于玻璃的薄膜集成无源器件(TF-IPD)技术，将传统分支线耦合器中的 $\lambda_g/4$ 传输线替换为桥接 T 型耦合器，在不牺牲工作带宽的情况下，大大缩小了器件尺寸。

2) 多频段

关于分支线耦合器的多频带研究，比较常见的方法是将传统分支线耦合器中的单频传输线结构用多频传输线结构替代[88]。例如，采用左右手传输线结构[89]，加载π形/T 型传输线支节，在主线和支线加载开路/短路支节、阶梯阻抗支节，以及在传统耦合器的输入输出端口处增加阻抗变换网络等[90]。

Gai 等[91]提出了一种采用π形双传输线结构的紧凑型平面双频支线耦合器，该耦合器可以在任意两个频率上实现 90°相移，且与第一频带的传统电路相比，尺寸减小了 76%。另外，Zhan 等[92]提出了一种具有两个正交耦合支路(“十”字形)的新型双频分支线耦合器，其工作频率为 2.45/5.8GHz，具有简单的结构和方便的端口位置。Fang 等[93]提出了一种新型桥接 T 型线圈(BTC)，它可以等效为两个不同频率下的不同传输线段，可以实现具有非常紧凑的电路尺寸的片上双频支线耦合器，并使用集成无源器件工艺实现了工作频率为 2.4/5.8GHz 的双频分支线耦合器，它的电路尺寸仅为(2.8×1.4)mm^2。Pakdeh 等[94]提出了一种新型的双频传输线，由一个多分支短截线构成，可以在两个不同的频率上提供相等的相位，且频率比接近 1，不会显著降低器件性能。Feng 等[95]设计了一种带短/开路短截线的双频分支线耦合器，该设计具有结构紧凑、输入输出功率匹配和隔离度高、可实现频率比大等优点。

3) 宽频带

针对分支线耦合器的宽带化设计，国内外有很多相关研究。Zheng 等[96]通过使用短接的四线耦合线设计了一种小型化的宽带分支线耦合器，可以获得更宽的带宽和紧凑的尺寸。Thakur 等[97]分析了具有不同串联阻抗组合的分支线耦合器，以便在保持宽带正交特性的同时获得不等的功率分配，由研究分析可知切比雪夫(Chebyshev)七阶滤波器系数的应用为分支线耦合器提供了宽带特性。Haoka 等[98]提出了使用由两级开路耦合传输线和阶跃阻抗组成的外部匹配网络实现分支线耦合器宽带化的设计方法，并成功设计了宽带特性超过 50%的分支线耦合器，但牺牲了部分性能。Dai 等[99]提出了一种新型的具有低振幅不平衡的超宽带分支波导耦合器(BWC)，该耦合器是基于对称增加波导宽度获得的分支波导的新结构，可以灵活地控制 BWC 的耦合度并产生带外传输零点，并提出利用带外传输零点提高 BWC 分数带宽的概念。Kumar 等[100]采用由弯曲串联传输线和并联开路短截线组成的等效单元，研制了一种具有紧凑尺寸和二次谐波抑制的宽带分支线耦合器，该耦合器是在可弯曲和可生物降解的 Teslin 纸基质上制造的，在 15dB 输入回波损耗下分数带宽为 68.9%。

4) 高频率

对于工作在超高频段的分支线耦合器来说，信号的损耗成为不可忽视的问题，许多传统的结构在高频下损耗大，性能难以提升，为了满足高频段的工作需求，许多新的分支线耦合器结构被提出。Yao 等[101]提出了一种具有高定向性的六分支波导耦合器，工作频率为 94GHz。Shen 等[102]采用衬底集成间隙波导(SIGW)实现了一种应用于 5G 通信的宽带 3dB 耦合器。

以上分支线耦合器应用了波导结构高频损耗小的特点，但这种结构存在尺寸大、难以集成的弊端，尤其在 CMOS 系统中更加显著。随着毫米波段的应用，如 60GHz 工业科学医疗用途(ISM)的波段、77GHz 波段和 E 波段(71～76GHz、81～86GHz、92～95GHz)，集成传输线的波长变得相当小，这使得实现高性能的 CMOS 分支线耦合器成为现实[103]。近些年应用于毫米波段的基于 IPD 和 CMOS 技术的分支线耦合器已经被研究开发，Haroun 等[104]采用玻璃衬底 IPD 技术成功实现了一种使用电容负载低接地共面波导(LG-CPW)线的紧凑型 60GHz 频带支线耦合器，与常规共面波导(CPW)支线耦合器相比，尺寸减小了 83%以上，适用于高数据速率应用的低成本高性能 V 波段封装无线电前端系统。Shopov 等[103]应用 130nm CMOS 实现了基于 CPW 的支线耦合器，工作频率为 70～80GHz，采用折叠技术在不影响电气特性的基础上进一步缩小了尺寸。

综上所述，目前针对分支线耦合器的研究主要围绕小型化、多频段、宽频带、高频率的方向展开，这就要求在实现小型化的基础上兼顾性能多样化的发展。大多数结构通过添加支节或将传统的微带分支线耦合器的 1/4 波长传输线用其他更紧凑的结构替代的方式实现小型化，但这种方法在缩小尺寸上存在很大局限，而且在高频下损耗大，难以满足现代通信系统高频率的发展需求，在毫米波频段下波导结构具有更低的损耗，但存在难以和射频系统的其他有源部分集成的问题，因此迫切需要新的解决方案来实现尺寸和性能的兼顾。研究结果表明，基于 IPD 技术和 CMOS 工艺的分支线耦合器在尺寸和性能上都具有更大的优势，TSV 技术与 CMOS 工艺兼容，且三维的结构为分支线耦合器的发展提供了更多的可能性，因此研究基于 TSV 的分支线耦合器是十分必要的。

1.2.4　基于 TSV 的三维功分器

在过去的十几年间，高性能、小型化一直是研究发展功分器的重要指标。为了满足市场需求，科学家做了一系列尝试。最早设计出的无耗 T 型结功分器虽然实现了最基本的功率等分到输出端的功能，但性能较差，不能实现全部端口的匹配，且输出端口之间没有任何隔离[105]。之后科学家又设计出一款电阻性功分器，虽然能实现全部端口的匹配，提高一定的性能，但是传输过程中损耗较大，输出端口也没有隔离，导致传输到输出端口的信号之间互相干扰。20 世纪 60 年代，Wilkinson 等发明了 Wilkinson 功分器。该功分器相较于传统功分器不仅能实现各个端口的匹配，而且在输出端口之间实现了良好的隔离，因此得到了极为广泛的应用[106]。Wilkinson 功分器设计简单、成本较低，成为研究功分器的一个重要基础。近几年，随着无线通信技术的高速发展，Wilkinson 功分器在性能和尺寸上出现了明显的不足，这也和它设计的结构有着密切的关系。Wilkinson 功分器由两节对称的微带线组成，其长度近乎一个波长，因此，很难满足高集成度系统对器件小型化的要求，功分器的尺寸非常影响整体电路的集成。为了解决这类问题，人们将思路从微带结构转化到无源器件上。集成无源器件的工艺有低温共烧陶瓷(LTCC)技术、TSV 技术、金属氧化物半导体(MOS)技术和其他集成电路板工艺技术[107]。低温共烧陶瓷技术是一种将未烧结的陶瓷材料堆叠在一起的多层电路技术，在一定程度上提高了芯片的集成度。近几年，人们研究出基于 LTCC 的功分器，对比 Wilkinson 功分器，不仅在尺寸上，而且在性能上也有所提高，但该技术也存在一定的缺点，低温共烧陶瓷基板具有高硬度和易碎的特性[108]。

随着无线通信技术的迅速发展，产业需求不断提高，相比于只能工作在一个频率或其奇次谐波处的功分器，能够同时在低频段和高频段工作的双频功分器成为目前研究功分器的一个热点。双频功分器不仅能在低频段和高频段同时工作，而且可减小体积并降低成本，因此开展双频 Wilkinson 功分器研究具有重要的价值[109, 110]。近年来，研究体积小、损耗低、隔离度好的双频 Wilkinson 功分器已经成为研究无源器件的一个重要方向，国内外对双频功分器的研究越来越多。早期的双频 Wilkinson 功分器由两节对称的传输线组成，通过两节传输线实现信号的阻抗变化。显而易见，这种只考虑阻抗变化的双频功分器的输出端口无法匹配，信号无法有效地从输入端传输到输出端，并且两个输出端口的隔离度较差[111]。为了改善上述双频功分器输出端口的隔离度和匹配状态，在 2006 年和 2007 年，Wu 等[112,113]提出通过在双频功分器的两个输出端口并联电感、电容和电阻的方式，实现输出端口的隔离。这样设计出的双频功分器可以工作在任意两个频率比下。然而，Wu 等提出的双频功分器均采用分立式贴片电感电容工艺，因为其容量较小，耐电压电流能力差，所以设计过程充满不稳定性，很难满足精度要求，容易产生误差，导致整体电路无法达到本应该达到的设计要求。之后，为了解决由制作工艺带来的分立器件电感电容不稳定性，Lin 等[114]和 Wu 等[115]提出一种在双频阻抗变换器前并联一段在中心频点处的半波长传输线的双频功分器设计方法。该功分器在两个输出端间仅仅使用一个电阻就可以达到较好的隔离效果。然而，并联传输线的引入，不可避免地增加了功分器的尺寸，使得功分器电路的整体尺寸相对较大[114, 115]。为了解决尺寸较大的问题，近几年，科学家又研究出了巴伦结构的双频功分器，结果表明，在其两个频点下，回波损耗仅达到 18dB 左右，隔离度在 30dB 左右[116]。这一结构的提出，使得双频功分器性能有了很大程度的提升，但其采用的低温共烧陶瓷工艺成本较高，且不同陶瓷材料应用范围区别较大。基于这些问题，本书提出了一种基于 TSV 的双频功分器，与不同技术的双频功分器对比，TSV 技术在硅衬底上实现，并且有效地提高了性能，降低损耗，具有重要的研究意义，成为目前研究高性能紧凑型无源器件的重要手段。

1.2.5　基于 TSV 的三维变压器

目前科研人员对 TSV 变压器的研究较少，现有的研究多集中在改进变压器结构和优化变压器性能，如进一步减小 TSV 变压器片上面积，提高耦合系数，提出适用于差分电路的变压器等，下面对现有的研究分别进行详细介绍。

Zhang 等[117,118]设计分析了一套匝数比为 1∶1、1∶3 和 1∶5 的 TSV 变压

器。仿真结果表明，所提出的三维 TSV 变压器体积小，性能良好，耦合系数分别为 0.853、0.891 和 0.901，面积分别为 $0.16mm^2$、$0.48mm^2$ 和 $0.8mm^2$，并且搭建了一个简单的基于该变压器的交直流变换电路。

Salah[119]研究了线圈匝数及初级与次级绕组间距对变压器性能的影响，1：1 变压器耦合系数最大为 0.82。为了证明所提出变压器结构的适用性，还建立了一个简单的交直流变换电路。

Feng 等[120]提出了一种基于紧凑慢波传输线结构，并具有明确信号返回路径的 1：1 TSV 变压器，一匝至四匝变压器的频带范围为 6～9.2GHz，中频插入损耗为 0.24～0.37dB，其中一匝 1：1 变压器的耦合系数为 0.9，面积为 $1mm^2$。

Li 等[121]提出了一种三维全对称 1：1TSV 变压器和三维差动对称 1：2、1：3 变压器。仿真结果表明，当工作频率为 15GHz 时，全对称 1：1 变压器一次线圈和二次线圈之间具有良好的对称性，一次线圈和二次线圈电感值分别为 514pH 和 520pH，Q 值分别为 12.08 和 11.98，相对差为 1.15%。1：1、1：2 和 1：3 变压器的耦合系数分别为 0.666、0.708 和 0.666，面积分别为 $0.088mm^2$、$0.080mm^2$ 和 $0.1mm^2$。Li 等[122]也提出了一种全对称三维变压器，1：1 变压器一次线圈和二次线圈电感值分别为 439pH 和 482pH，Q 值分别为 4.59 和 5.11，一次线圈和二次线圈对称性较好。1：1 和 1：3 变压器的耦合系数分别为 0.136 和 0.037，面积分别为 $0.024mm^2$ 和 $0.038mm^2$。

综上所述，文献[119]～[122]中的变压器结构非对称并且尺寸较大，文献[121]和[122]中的变压器结构对称但耦合系数较小，因此有必要设计面积小且耦合系数大的非对称变压器和对称变压器。

1.3　本书主要内容及安排

本书主要介绍硅通孔三维集成关键技术，全书共 7 章内容，其中第 1 章是绪论，主要对硅通孔三维集成关键技术进行简单介绍，重点概括国内外研究进展，包括基于 TSV 的三维滤波器、基于 TSV 的三维分支线定向耦合器、基于 TSV 的三维功分器和基于 TSV 的三维变压器；第 2 章是基于 TSV 的毫米波交指型带通滤波器，主要讨论交指型带通滤波器的设计原理，包括均匀阻抗滤波器以及阶跃阻抗下的四种交指型带通滤波器结构的分析与优化；第 3 章是基于 TSV 的无反射滤波器设计，主要讨论两种对称结构的双端口低通无反射滤波器和三种互补双工结构的三端口无反射滤波器；第 4 章是三维集成共模噪声抑制滤波器设计，主要讨论基于全通和低通两种共模噪声抑制滤波器的设计；第 5 章是基于 TSV 的分支线耦合器设计，分别讨论基于 TSV 的集总参数分支线耦合器设计和分布参数分支线耦合器设计；第 6 章是基于 TSV 的功分器设计，主要介绍基于 TSV 的单频功分器和双频功分器的特性研究；第 7 章是基于 TSV 的变压器设计，主要讨论基于 TSV 的三种新型结构的变压器设计。

参考文献

[1] TUMMALA R R. Moore's law for packaging to replace Moore's law for ICS[C]. 2019 Pan Pacific Microelectronics Symposium (Pan Pacific), Kauai, HI, USA, 2019.

[2] MISTRY K. The forever exponential Moore's law: Past, present and future[C]. 2020 4th IEEE Electron Devices Technology & Manufacturing Conference, Penang, Malaysia, 2020.

[3] LIU Y, QIAN K, WANG K, et al. Effective scaling of blockchain beyond consensus innovations and Moore's law: Challenges and opportunities[J]. IEEE Systems Journal, 2021, 16(1): 1424-1435.

[4] KHAN N H, ALAM S M, HASSOUN S, et al. Power delivery design for 3-D ICs using different through-silicon via (TSV) technologies[J]. IEEE Transactions on Very Large Scale Integration Systems, 2010, 19(4): 647-658.

[5] DHANANJAY K, SHUKLA P, PAVLIDIS V F, et al. Monolithic 3D integrated circuits: Recent trends and future prospects[J]. IEEE Transactions on Circuits and Systems II: Express Briefs, 2021, 68(3): 837-843.

[6] PATTI R S. Three-dimensional integrated circuits and the future of system-on-chip designs[J]. Proceedings of the IEEE, 2006, 94(6): 1214-1224.

[7] SANIPINI V K, RAKESH B, CHAMANTHULA A J, et al. Thermal management in TSV based 3D IC integration: A survey[J]. Materials Today: Proceedings, 2021, 45(2): 1742-1746.

[8] FERNÁNDEZ-BOLAÑOS M, VITALE W A, LÓPEZ M M, et al. 3D TSV based high frequency components for RF IC and RF MEMS applications[C]. 2016 IEEE International 3D Systems Integration Conference, San Francisco, CA, USA, 2016.

[9] LAHIJI R R, LEE T T, SNAPP W P, et al. 3D integration and challenges for advanced RF and microwave systems: EDA perspective[C]. 2016 IEEE International 3D Systems Integration Conference, San Francisco, CA, USA, 2016.

[10] ZHI C, DONG G, ZHU Z, et al. Time-domain power distribution network (PDN) analysis for 3-D integrated circuits based on WLP-FDTD[J]. IEEE Transactions on Components, Packaging and Manufacturing Technology, 2022, 12(3): 551-561.

[11] KAUL A, LUO Y, PENG X, et al. 3-D heterogeneous integration of RRAM-based compute-in-memory: Impact of integration parameters on inference accuracy[J]. IEEE Transactions on Electron Devices, 2023, 70(2): 485-492.

[12] HACHIYA S, ONAGI T, NING S, et al. Comprehensive comparison of 3D-TSV integrated solid-state drives (SSDs) with storage class memory and NAND flash memory[C]. 2015 International 3D Systems Integration Conference, Sendai, Japan, 2015.

[13] YAN J, MA S, JIN Y, et al. Fabrication and RF property evaluation of high-resistivity Si interposer for 2. 5-D/3-D heterogeneous integration of RF devices[J]. IEEE Transactions on Components, Packaging and Manufacturing Technology, 2018, 8(11): 2012-2020.

[14] EBEFORS T, FREDLUND J, PERTTU D, et al. The development and evaluation of RF TSV for 3D IPD applications[C]. 2013 IEEE International 3D Systems Integration Conference, San Francisco, CA, USA, 2013.

[15] KRISHNAMURTHY H K, WENG S, METTHEW G E, et al. A digitally controlled fully integrated voltage regulator with 3-D-TSV-based on-die solenoid inductor with a planar magnetic core for 3-D-stacked die applications in 14-nm tri-gate CMOS[J]. IEEE Journal of Solid-State Circuits, 2018, 53(4): 1038-1048.

[16] GOU S, DONG G, MEI Z, et al. Accurate inductance modeling of 3-D inductor based on TSV[J]. IEEE Microwave

and Wireless Components Letters, 2018, 28(10): 900-902.

[17] SHIN K R, EILERT K. Lumped element high precision X-band bandpass filter with through silicon via (TSV) integrated passive device (IPD) technology[C]. 2021 IEEE Radio and Wireless Symposium, San Diego, CA, USA, 2021.

[18] HU S, XIONG Y Z, WANG L, et al. Compact high-gain mmwave antenna for TSV-based system-in-package application[J]. IEEE Transactions on Components, Packaging and Manufacturing Technology, 2012, 2(5): 841-846.

[19] GAO S, YI Z, YE Y, et al. Design and optimization of thermal-mechanical reliability of a TSV 3d packaged thermal wind sensor[C]. 2017 18th International Conference on Electronic Packaging Technology, Harbin, China, 2017.

[20] WOODS W, DING H, WANG G, et al. Novel on-chip through-silicon-via Wilkinson power divider[C]. 2010 Proceedings 60th Electronic Components and Technology Conference, Las Vegas, NV, USA, 2010.

[21] YIN X, ZHU Z, LIU Y, et al. Ultra-compact TSV-based l-c low-pass filter with stopband up to 40 GHz for microwave application[J]. IEEE Transactions on Microwave Theory and Techniques, 2019, 67(2): 738-745.

[22] LU Q, ZHU Z, YANG Y, et al. High-frequency electrical model of through-silicon vias for 3-d integrated circuits considering eddy current and proximity effects[J]. IEEE Transactions on Components, Packaging and Manufacturing Technology, 2017, 7(12): 2036-2044.

[23] WANG F, PAVLIDIS V F, YU N, et al. Miniaturized SIW bandpass filter based on TSV technology for THz applications[J]. IEEE Transactions on Terahertz Science and Technology, 2020, 10(4): 423-426.

[24] XIONG W, DONG G, WANG Y, et al. 3-D compact marchand balun design based on through-silicon via technology for monolithic and 3-D integration[J]. IEEE Transactions on Very Large Scale Integration (VLSI) Systems, 2022, 30(8): 1107-1118.

[25] HOU F, LI L, SHEN Y, et al. Wideband switchable sharp-rejection filter in compact 3-D heterogeneous integration[J]. IEEE Transactions on Components, Packaging and Manufacturing Technology, 2022, 12(9): 1583-1590.

[26] 陈松. C 波段高 K 微带陶瓷滤波器的设计与制作[D]. 成都: 电子科技大学, 2017.

[27] 翟琼华. 硅基 MEMS 微波带通滤波器的设计及制备[D]. 太原: 中北大学, 2016.

[28] LI J, HUANG G, YUAN T, et al. A ku-band wideband 3-d printed interdigital bandpass filter free of post fabrication tuning[C]. 2018 IEEE International Symposium on Antennas and Propagation & USNC/URSI National Radio Science Meeting, Boston, MA, USA, 2018.

[29] TIAN Y, YAN B, ZHOU S, et al. A compact folded interdigital bandpass filter using LTCC technology[C]. 2010 International Conference on Microwave and Millimeter Wave Technology, Chengdu, China, 2010.

[30] ALLANIC R, BERRE D, QUENDO C, et al. Frequency reconfigurable interdigital filter using semi-conductor distributed doped areas[C]. 2019 IEEE Asia-Pacific Microwave Conference, Singapore, 2019.

[31] 陈丽艳, 刘甫坤, 单家方. 交指型腔体滤波器设计[J]. 核电子学与探测技术, 2011, 31(6): 627-629.

[32] CHOMTONG P, AKKARAEKTHALIN P. A dual-band cavity bandpass filter using interdigital technique[C]. 2017 IEEE Conference on Antenna Measurements & Applications, Tsukuba, Japan, 2017.

[33] MU Y, MA Z, XU D, et al. A novel compact interdigital bandpass filter using multilayer cross-coupled folded quarter-wavelength resonators[J]. IEEE Microwave and Wireless Components Letters, 2005, 15(12): 847-849.

[34] WIDAA A, YOU C J, AWAD M, et al. Compact wideband bandpass filter using miniaturized staircase interdigital resonators[C]. 2020 50th European Microwave Conference, Utrecht, Netherlands, 2021.

[35] 惠力, 唐高弟, 李中云. LTCC 宽边耦合交指型超宽带滤波器设计[J]. 信息与电子工程, 2011, 9(5): 582-585.

[36] PAN L, WU Y, WANG W, et al. A flexible high-selectivity single-layer coplanar waveguide bandpass filter using interdigital spoof surface plasmon polaritons of bow-tie cells[J]. IEEE Transactions on Plasma Science, 2020, 48(10):

3582-3588.

[37] 宛琳, 孙琳琳, 楚然, 等. 基于 3D 结构的垂直折叠型交指滤波器的设计[C]. 2021 年全国微波毫米波会议, 南京, 中国, 2021.

[38] VENTER J J P, MAHARAJ R, STANDER T, et al. Additive manufacturing of interdigital filters with arbitrary line cross section[J]. IEEE Transactions on Components, Packaging and Manufacturing Technology, 2020, 10(4): 686-693.

[39] SUJATHA M, DARIMIREDDY N K, REDDY R R, et al. Minkowski inter-digital dual-band pass fractal filter for gsm applications[C]. 2019 IEEE Indian Conference on Antennas and Propogation, Ahmedabad, India, 2019.

[40] 翟琼华, 欧毅, 薛晨阳, 等. SIW 交指带通滤波器的设计与仿真[J]. 传感技术学报, 2015, 28(9): 1379-1383.

[41] MOHEBBI H R, BENNINGSHOF O W B, TAMINIAU I A J, et al. Superconducting coplanar interdigital filter with robust packaging[J]. IEEE Transactions on Applied Superconductivity, 2015, 25(3): 1-4.

[42] NURJIHAN S F, MUNIR A. Effect of DGS incorporation for bandwidth enhancement of UWB microstrip BPF[C]. 2017 3rd International Conference on Wireless and Telematics, Palembang, Indonesia, 2017.

[43] ABIRAMI B, PRERNA S, PERMAUMER K, et al. A miniaturized interdigital bandpass filter for intentional electromagnetic interference applications[C]. 2021 National Conference on Communications, Kanpur, India, 2021.

[44] 张娜, 李元. 接地金属化孔对交指带通滤波器频响的影响分析[J]. 中国电子科学研究院学报, 2011, 6(5): 548-550.

[45] MORGAN M A, BOYD T A. Theoretical and experimental study of a new class of reflectionless filter[J]. IEEE Transactions on Microwave Theory and Techniques, 2011, 59(5): 1214-1221.

[46] MORGAN M A, BOYD T A. Reflectionless filter structures[J]. IEEE Transactions on Microwave Theory and Techniques, 2015, 63(4): 1263-1271.

[47] MATTHEW A MORGAN. Think outside the band: Design and miniaturization of absorptive filters[J]. IEEE Microwave Magazine, 2018, 19(7): 54-62.

[48] MORGAN M A, GROVES W M, BOYD T A, et al. Reflectionless filter topologies supporting arbitrary low-pass ladder prototypes[J]. IEEE Transactions on Circuits and Systems I: Regular Papers, 2019, 66(2): 594-604.

[49] PSYCHOGIOU D, GOMEZ-GARCIA R. Reflectionless adaptive RF filters: Bandpass, bandstop, and cascade designs[J]. IEEE Transactions on Microwave Theory and Techniques, 2017, 65(11): 4593-4605.

[50] FENG W, MA X, SHI Y, et al. High-selectivity narrow- and wide-band input-reflectionless bandpass filters with intercoupled dual-behavior resonators[J]. IEEE Transactions on Plasma Science, 2020, 48(2): 446-454.

[51] JIN X H, HUANG X D, REN Q, et al. Four-port symmetrical reflectionless lumped filter/diplexer: Prototype and design table[J]. IEEE Transactions on Microwave Theory and Techniques, 2021, 69(4): 2211-2219.

[52] LIU C K, DENG Z X, LIU X H, et al. A wideband bandpass filter with broad stopband and ultra-wide reflectionless range for 5G applications[C]. 2019 IEEE MTT-S International Microwave Symposium, Boston, MA, USA, 2019.

[53] WEI F, XUE Y C, ZHAO X B, et al. Balanced BPF with dual-port quasi-reflectionless characteristic and selectivity enhancement[J]. IEEE Transactions on Circuits and Systems II: Express Briefs, 2023, 70(3): 994-998.

[54] YANG L, ZHU X, GOMEZ-GARCIA R, et al. High-order quasi-elliptic-type wideband bandpass filter with ultrabroad input-reflectionless stopband range[J]. IEEE Microwave and Wireless Technology Letters, 2023, 23(6): 655-658.

[55] 李振松. 三维集成中的高速信号互连传输关键技术研究[D]. 北京: 北京邮电大学, 2021.

[56] YANAGISAWA K, ZHANG F, SATO T, et al. A new wideband common-mode noise filter consisting of Mn-Zn ferrite core and copper/polyimide tape wound coil[J]. IEEE Transactions on Magnetics, 2005, 41(10): 3571-3573.

[57] WU S J, TSAI C H, WU T L, et al. A novel wideband common-mode suppression filter for gigahertz differential signals using coupled patterned ground structure[J]. IEEE Transactions on Microwave Theory and Techniques, 2009,

57(4): 848-855.

[58] LU Y J, CHEN S Y, HSU P, et al. A differential-mode wideband bandpass filter with enhanced common-mode suppression using slotline resonator[J]. IEEE Microwave and Wireless Components Letters, 2012, 22(10): 503-505.

[59] ZENG Z, YAO Y, ZHUANG Y, et al. A wideband common-mode suppression filter with compact-defected ground structure pattern[J]. IEEE Transactions on Electromagnetic Compatibility, 2015, 57(5): 1277-1280.

[60] GUAN Y Y, WU Y L, TENTZERIS M M, et al. A bidirectional absorptive common-mode filter based on interdigitated microstrip coupled lines for 5G "green" communications[J]. IEEE Access, 2020, 8: 20759-20769.

[61] SANS M, SELGA J, VÉLEZ P, et al. Compact wideband balanced bandpass filters with very broad common-mode and differential-mode stopbands[J]. IEEE Transactions on Microwave Theory and Techniques, 2018, 66(2): 737-750.

[62] KARIMI G, AMIRIAN M, LALBAKHSH A, et al. A new microstrip coupling system for realization of a differential dual-band bandpass filter[J]. AEU-International Journal of Electronics and Communications, 2019, 99: 186-192.

[63] LEE S, LIM J, OH S, et al. Differential-to-common-mode conversion suppression using mushroom structure on bent differential transmission lines[J]. IEEE Transactions on Components, Packaging and Manufacturing Technology, 2019, 9(4): 702-711.

[64] ADIPRABOWO T, LIN D B, ZHENG Y H, et al. Dual-band high absorbing and broadband suppressing common-mode noise filter[J]. IEEE Transactions on Electromagnetic Compatibility, 2022, 64(2): 386-395.

[65] 杨方旭, 唐旻, 毛军发. 一种用于高速差分线的宽带共模噪声滤波器[J]. 上海交通大学学报, 2017, 51(5): 598-602.

[66] LI X L, YANG G, CHEN Q, et al. A common-mode noise suppression filter for gigahertz differential signals based on substrate integrated waveguide resonators[J]. IEEE Access, 2020, 8: 180992-181002.

[67] LIU H W, CHENG C H, LI P J, et al. A novel compact single-stage absorption common-mode filter[J]. IEEE Transactions on Electromagnetic Compatibility, 2021, 64(1): 111-118.

[68] ZHUANG C Y, ADIPRABOWO T, LIN D B, et al. A broadband common-mode filter by using dual band transmission zero[C]. 2021 Asia-Pacific International Symposium on Electromagnetic Compatibility, Nusa Dua - Bali, Indonesia, 2021.

[69] NIU Z, ZHOU P, ZHAO H, et al. Wideband absorptive common-mode filter based on hybrid structures of quarter-wavelength slot and microstrip resonators[C]. 2022 IEEE MTT-S International Wireless Symposium, Harbin, China, 2022.

[70] HSIAO C Y, HUANG Y C, WU T L, et al. An ultra-compact common-mode bandstop filter with modified-T circuits in integrated passive device (IPD) process[J]. IEEE Transactions on Microwave Theory and Techniques, 2015, 63(11): 3624-3631.

[71] CHENG C H, WU T L. An ultracompact TSV-based common-mode filter (TSV-CMF) in three-dimensional integrated circuits (3-D ICs)[J]. IEEE Transactions on Electromagnetic Compatibility, 2016, 58(4): 1128-1135.

[72] CHAN C H, LIN Y S. Miniature common-mode rejection filter in silicon-based integrated passive device technology[C]. 2019 International Symposium on Electromagnetic Compatibility-EMC EUROPE, Barcelona, Spain, 2019.

[73] SHI Y, ZHOU P, FENG W, et al. A gaas-based ultra-wideband common-mode filter chip with four transmission zeros and equalization integration[J]. IEEE Transactions on Electromagnetic Compatibility, 2019, 62(5): 2002-2011.

[74] HUANG Y C, CHENG C H, WU T L, et al. A synthesized method for common-mode noise suppression filters with specified common-mode and differential mode response[J]. IEEE Transactions on Electromagnetic Compatibility, 2018, 61(3): 893-902.

[75] MALO-GOMEZ I, GALLEGO-PUYOL J D, DIEZ-GONZALEZ C, et al. Cryogenic hybrid coupler for ultra-low-noise radio astronomy balanced amplifiers[J]. IEEE Transactions on Microwave Theory and Techniques, 2009, 57(12): 3239-3245.

[76] WILLIAMS A B, TAYLOR F J. Electronic Filter Design Handbook[M]. New York: McGraw-Hill Education, 2006.
[77] KOOI J W, CHAMBERLIN R A, MONJE R, et al. Balanced receiver technology development for the caltech submillimeter observatory[J]. IEEE Transactions on Terahertz Science and Technology, 2012, 2(1): 71-82.
[78] TING H L, HSU S K, WU T L, et al. Broadband eight-port forward-wave directional couplers and four-way differential phase shifter[J]. IEEE Transactions on Microwave Theory and Techniques, 2018, 66(5): 2161-2169.
[79] XIA R L, QU S W, LI P F, et al. An efficient decoupling feeding network for microstrip antenna array[J]. IEEE Antennas and Wireless Propagation Letters, 2015, 14: 871-874.
[80] CAI Z, HE S, WANG Q, et al. Miniaturized branch-line coupler using delta stubs[C]. 2018 Cross Strait Quad-Regional Radio Science and Wireless Technology Conference, Xuzhou, China, 2018.
[81] BHOWMIK P, MOYRA T, DEB P K, et al. Size miniaturization of 3 dB branch line coupler by using open stubs[C]. 2015 2nd International Conference on Signal Processing and Integrated Networks, Noida, India, 2015.
[82] CHEN Y T, CHIU C S, CHUANG C W, et al. A miniature 92–95 GHz on-chip slow-wave branch-line coupler[C]. 2018 Asia-Pacific Microwave Conference, Kyoto, Japan, 2018.
[83] LETAVIN D A, KNYAZEV N S. Study of the influence of dielectric permittivity on effectiveness of branch-line coupler miniaturization[C]. 2017 IEEE International Conference on Microwaves, Antennas, Communications and Electronic Systems, Tel-Aviv, Israel, 2017.
[84] TAYEL M B, ALHAKAMI H S. Optimization and compact a wideband 3dB multisection quadrature coupler for 900MHz[C]. International Conference on Mobile IT Convergence, Gumi, Republic of Korea, 2011.
[85] ZHU L. Miniaturized lumped coupler with low frequency signals suppression[C]. 2019 Cross Strait Quad-Regional Radio Science and Wireless Technology Conference, Taiyuan, China, 2019.
[86] 夏卫鹏. 基于 LTCC 工艺的集总元件分支线电桥[D]. 南京：南京邮电大学, 2019.
[87] LIN Y S, LEE J H. Miniature butler matrix design using glass-based thin-film integrated passive device technology for 2. 5-GHz applications[J]. IEEE Transactions on Microwave Theory and Techniques, 2013, 61(7): 2594-2602.
[88] 赵宇, 冯文杰, 车文荃. 基于耦合线的高隔离度三频分支线耦合器[J]. 南京信息工程大学学报(自然科学版), 2017, 9(1): 97-100.
[89] CHI P L, LIU C C. Novel dual-band quasi-0-dB coupled-line coupler using the composite right/left-handed transmission lines[J]. IEEE Transactions on Components, Packaging and Manufacturing Technology, 2014, 4(2): 259-267.
[90] 孟志豪. 分支线耦合器发展现状研究[J]. 电子世界, 2019(20): 33-34.
[91] GAI C, JIAO Y, ZHAO Y, et al. Compact dual-band branch-line coupler with dual transmission lines[J]. IEEE Microwave and Wireless Components Letters, 2016, 26(5): 325-327.
[92] ZHAN L, LI Z, WU G, et al. Dual-band branch-line coupler with orthogonal coupled branches[C]. 2018 IEEE 19th Wireless and Microwave Technology Conference, Sand Key, FL, USA, 2018.
[93] FANG W, CHANG E, LIN Y, et al. Bridged-T coil for miniature dual-band branch-line coupler and power divider designs[J]. IEEE Transactions on Microwave Theory and Techniques, 2018, 66(2): 889-901.
[94] PAKDEH M R, TAJIK A, FAKHARZADEH M, et al. A novel dual-band transmission line with equal-phase responses[J]. IEEE Transactions on Microwave Theory and Techniques, 2021, 69(2): 1265-1272.
[95] FENG W, DUAN X, SHI Y, et al. Dual-band branch-line couplers with short/open-ended stubs[J]. IEEE Transactions on Circuits and Systems II: Express Briefs, 2020, 67(11): 2497-2501.
[96] ZHENG Y, WANG W, WU Y, et al. Miniaturized wideband 90° coupler based on shorted 4-line coupled-line sections[C]. 2021 IEEE MTT-S International Microwave Workshop Series on Advanced Materials and Processes for

RF and THz Applications, Chongqing, China, 2021.

[97] THAKUR V, TALLURI S R, SOOD M, et al. Wideband unequal power division branch line coupler with Chebyshev filter coefficients[C]. 2020 International Conference on Communication and Signal Processing, Chennai, India, 2020.

[98] HAOKA Y, KAWAI T, ENOKIHARA A, et al. Study of X-band broadband branch-line coupler utilizing two-stage coupled-transmission lines[C]. 2019 IEEE Asia-Pacific Microwave Conference, Singapore, 2019.

[99] DAI B, ZHANG B, NIU Z, et al. A novel ultra wideband branch waveguide coupler with low amplitude imbalance[J]. IEEE Transactions on Microwave Theory and Techniques, 2022, 70(8): 3838-3846.

[100] KUMAR K V P, ALAZEMI A J. A flexible miniaturized wideband branch-line coupler using shunt open-stubs and meandering technique[J]. IEEE Access, 2021, 9: 158241-158246.

[101] YAO H, SUN H. Analysis and design of high-directivity branch coupler on W-band[C]. 2019 International Conference on Microwave and Millimeter Wave Technology, Guangzhou, China, 2019.

[102] SHEN D, WANG K, ZHANG X, et al. A substrate integrated gap waveguide based wideband 3-dB coupler for 5G applications[J]. IEEE Access, 2018, 6: 66789-66806.

[103] SHOPOV S, AMAYA R E, ROGERS J W M, et al. High-performance reduced-size 70–80 GHz CMOS branch-line hybrid using CPW and CPWG guided-wave structures[C]. 2012 IEEE/MTT-S International Microwave Symposium Digest, Montreal, Canada, 2012.

[104] HAROUN I, PLETT C, HSU Y C, et al. Compact 60-GHz IPD-based branch-line coupler for system-on-package V-band radios[J]. IEEE Transactions on Components, Packaging and Manufacturing Technology, 2012, 2(7): 1070-1074.

[105] HASHIMOTO H, FUKUSHIMA T, LEE K W, et al. Highly efficient TSV repair technology for resilient 3-D stacked multicore processor system[C]. 2013 IEEE International 3D Systems Integration Conference, San Francisco, CA, USA, 2013.

[106] 周歆杰. 基于集成无源器件的小型化宽带功分器的设计[D]. 杭州：杭州电子科技大学, 2022.

[107] KIM K, NGUYEN C. An ultra-wideband low-loss millimeter-wave slow-wave Wilkinson power divider on 0. 18μm SiGe BiCMOS process[J]. IEEE Microwave and Wireless Components Letters, 2015, 25(5): 331-333.

[108] 陈鹏. 基于 LTCC 技术的小型化功分器与滤波器的研究[D]. 成都：电子科技大学, 2022.

[109] ZHU H, GUO Y J. Dual-band and tri-band balanced-to-single ended power dividers with wideband common-mode suppression[J]. IEEE Transactions on Circuits and Systems II: Express Briefs, 2021, 68(7): 2332-2336.

[110] MONZON C. A small dual-frequency transformer in two sections[J]. IEEE Transactions on Microwave Theory and Techniques, 2003, 51(4): 1157-1161.

[111] SRISATHIT S, VIRUNPHUN S, BANDUDEJ K, et al. A dual-band 3-dB three-port power divider based on a two-section transmission line transformer[C]. IEEE MTT-S International Microwave Symposium Digest, Philadelphia, PA, USA, 2003.

[112] WU L, YILMAZ H, BITZER T, et al. A dual-frequency Wilkinson power divider: For a frequency and its first harmonic[J]. IEEE Microwave and Wireless Components Letters, 2005, 15(2): 107-109.

[113] WU L, SUN Z, YILMAZ H, et al. A dual-frequency Wilkinson power divider[J]. IEEE Transactions on Microwave Theory and Techniques, 2006, 54(1): 278-284.

[114] LIN Z, CHU Q X. A novel approach to the design of in-phase/out-of-phase dual-band power divider[C]. 2010 International Conference on Microwave and Millimeter Wave Technology, Chengdu, China, 2010.

[115] WU Y, LIU Y, LIU X, et al. Dual-frequency power divider with isolation stubs[J]. Electronics Letters, 2008, 44(24): 1407-1409.

[116] ZHANG G, ZHANG Q, LIU Q, et al. Design of a new dual-band balanced-to-balanced filtering power divider based on the circular microstrip patch resonator[J]. IEEE Transactions on Circuits and Systems II: Express Briefs, 2021, 68(12): 3542-3546.

[117] ZHANG B, XIONG Y Z, WANG L, et al. 3D TSV transformer design for dc-dc/ac-dc converter[C]. 2010 Proceedings 60th Electronic Components and Technology Conference, Las Vegas, NV, USA, 2010.

[118] ZHANG B, XIONG Y Z, WANG L, et al. 3D transformer design by through silicon via technology and its application for circuit design[J]. Journal of Electromagnetic Waves & Applications, 2011, 25(17-18): 2513-2521.

[119] SALAH K. A TSV-based architecture for AC-DC converters[C]. 2013 8th IEEE Design and Test Symposium, Marrakesh, Morocco, 2013.

[120] FENG Z, LUECK M R, TEMPLE D S, et al. High-performance solenoidal RF transformers on high-resistivity silicon substrates for 3D integrated circuits[J]. IEEE Transactions on Microwave Theory and Techniques, 2012, 60(7): 2066-2072.

[121] LI S H, LIN C S, TSENG P L, et al. Fully 3-D symmetrical TSV monolithic transformer for RFIC[J]. Proceedings-Electronic Components and Technology Conference, 2015: 987-993.

[122] LI S H, HSU S S H, CHEN K W, et al. Fully symmetric 3-D transformers with through-silicon via IPD technology for RF applications[J]. IEEE Transactions on Components, Packaging and Manufacturing Technology, 2019, 9(11): 2143-2151.

第 2 章　基于 TSV 的毫米波交指型带通滤波器

毫米波在高速无线传输中表现出宽带、窄波束和高可靠性的特点。基于毫米波的无源元件对体积小、质量小有更高的要求。因此，各种毫米波电路的设计和探索越来越受到人们的关注。带通滤波器是一种只允许特定频率范围内的频率分量通过，同时将该频率分量范围外所有频率分量抑制到极低水平的滤波器，其对信号的选择能力越强，通信系统对外界的抗干扰能力也就越强。

交指型带通滤波器以其宽带大、损耗低、结构紧凑而被广泛使用，然而，交指型带通滤波器在低频情况下的大尺寸和高频下的高损耗已经无法满足电路的需要。TSV 技术作为三维集成电路的关键技术，其在高频领域下的小损耗、高性能、低延迟等良好的电学特性可以显著改善交指型带通滤波器在毫米波领域的各种缺陷[1]。

基于 3D IC 的高质量集成无源器件为毫米波通信系统提供了一种新的选择，如滤波器、功率分配器、传感器等，主要目标是在这些高频范围内降低电路面积，同时保持显著的灵敏度性能。因此，进一步对基于 TSV 的毫米波交指型带通滤波器进行研究具有十分重要的意义。

2.1　基于 TSV 的毫米波均匀阻抗交指型带通滤波器

交指型带通滤波器作为一种宽带高带外抑制的带通滤波器，广泛应用于射频前端的接收机系统中，可以通过频带中某一频率，但将频率外的频率衰减到非常低的水平，同时优化系统内的信噪比。交指型带通滤波器具有优良的带通滤波器特性，在射频系统中具有体积小、带宽大、寄生通带远、阻带衰减大等优点[2]。该结构采用使用 1/4 波长的微带均匀耦合线作为主体谐振单元，平行交叉阵列将耦合线进行排列，结构更加简单且更容易制造，并且可以有效地增加谐振单元间的耦合面积，在更小的尺寸下实现更大的宽带特性，在过去多用作慢波系统。然而，在射频和毫米波频带中，传统交指型带通滤波器的尺寸和损耗太大，无法满足近来对电路小型化和高性能的要求。近年来三维集成电路的发展带动了对过去一些慢波系统的研究，目的是保留其在慢波系统的某些优良特性，并在高频系统中进行应用。

为了填补这一空白，本章提出了两种基于 TSV 的毫米波均匀阻抗交指型带通滤波器，详细阐述在 V 波段和 W 波段下两种带通滤波器的设计，通过先进设计系统(ADS)证实了基于 TSV 结构的交指滤波器的优势，然后根据设计模型在高频结构仿真器(HFSS)中进行模型的建立和仿真，并对设计过程中部分关键参数对性能的影响进行了分析与研究。

根据终端谐振器连接结构上的不同，交指型带通滤波器可以分为两种不同的类型，其结构如图 2-1 所示。

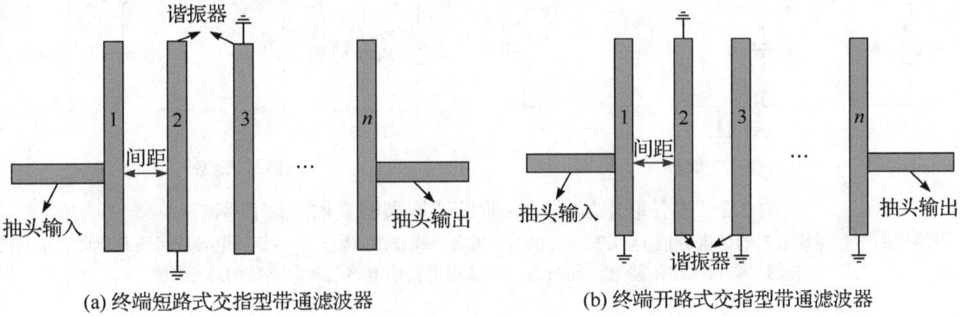

图 2-1　交指型带通滤波器的两种结构

图 2-1(a)中交指型带通滤波器的谐振器一端短路接地，另一端通过抽头输入或输出与外部电路连接，因此只起到阻抗变换作用，不参与电路的耦合作用，谐振器长度一般约为 1/4 波长。图 2-1(b)中的终端谐振器 1 和 n 两端都采用开路式结构，在实际设计过程中所有谐振器都可以参与电路耦合作用，相邻谐振器之间的耦合强度取决于谐振单元间耦合面积和间距的大小[3]。

2.1.1　奇偶模阻抗法

奇偶模阻抗法是将交指型带通滤波器中的每个谐振单元的奇模阻抗和偶模阻抗转化为谐振器的结构参数。基于交指型结构的电容矩阵理论，适用于 1/4 波长短截线滤波器、平行耦合线滤波器、交指滤波器以及相应的波导滤波器的设计过程。

首先根据滤波器的带内衰减和带内纹波指标可以求出滤波器的阶数 N，然后选择低通滤波器原型的近似函数确定其结构和低通原型滤波器的元件电导值，图 2-2 和图 2-3 为两种情况下的二端口 n 阶低通滤波器原型网络。切比雪夫响应的低通滤波器的阶数 N 由式(2-1)给出：

$$N \geqslant \frac{\cosh^{-1}\sqrt{\dfrac{10^{0.1L_{\mathrm{As}}}-1}{10^{0.1L_{\mathrm{Ar}}}-1}}}{\cosh^{-1}\Omega_{\mathrm{s}}} \tag{2-1}$$

式中，L_{As} 为滤波器的阻带内最小衰减值；L_{Ar} 为带内纹波，是滤波器通带内的最大衰减值；Ω_s 为滤波器的归一化截止频率。

当采用巴特沃思函数近似理想低通滤波器的频率响应时，低通滤波器的阶数 N 如式(2-2)所示：

$$N \geqslant \frac{\lg 10^{0.1L_{As}} - 1}{2\lg \Omega_s} \tag{2-2}$$

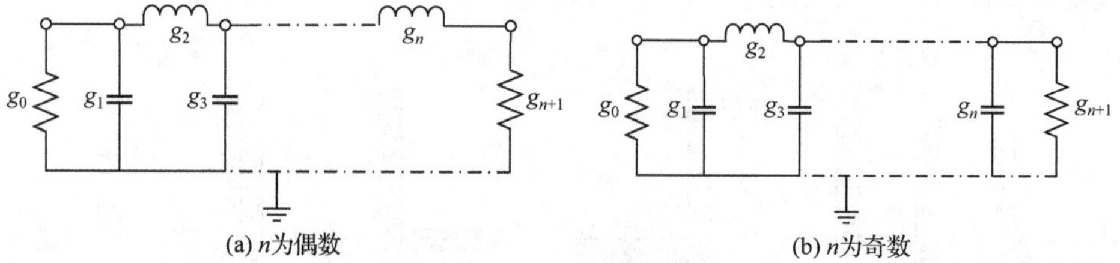

图 2-2　先并联电容器时 n 阶低通原型滤波器二端口网络

g_i-网络中的电感器或电容器的电导值($i = 1,2,3,\cdots,n$)；g_0-源电导或者源电阻；g_{n+1}-负载电导或者负载电阻；n-低通滤波器二端口网络的阶数，同时表示滤波器电路中电容器和电感器的总元件数

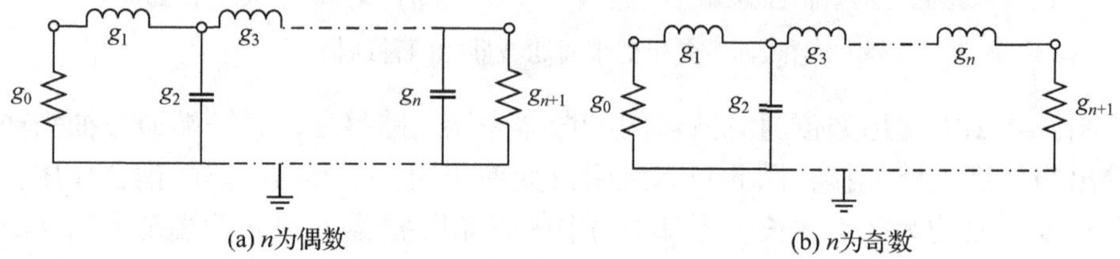

图 2-3　先串联电感器时 n 阶低通原型滤波器二端口网络

根据低通滤波器原型网络计算 n 阶滤波器的归一化元件电导值，切比雪夫低通滤波器原型的 n 个元件电导值可由式(2-3)～式(2-5)计算：

$$g_1 = \frac{2a_1}{\lambda} \tag{2-3}$$

$$g_k = \frac{4a_{k-1}a_k}{b_{k-1}g_{k-1}}, \quad k = 2,3,\cdots,n \tag{2-4}$$

$$g_{n+1} = \begin{cases} 1, & n\text{为奇数} \\ \coth^2\left(\dfrac{\beta}{4}\right), & n\text{为偶数} \end{cases} \tag{2-5}$$

式中，

$$\beta = \ln\left(\coth\left(\frac{L_{Ar}}{17.37}\right)\right) \tag{2-6}$$

$$b_k = \gamma^2 + \sin^2\left(\frac{k\pi}{2n}\right), \quad k = 1,2,\cdots,n \tag{2-7}$$

$$a_k = \sin\left(\frac{(2k-1)\pi}{2n}\right), \quad k = 1,2,\cdots,n \tag{2-8}$$

$$\gamma = \sinh\left(\frac{\beta}{2n}\right) \tag{2-9}$$

对于巴特沃思低通滤波器原型，二端口中对应的电感电容值如式(2-10)所示：

$$g_k = 2\sin\left(\frac{(2k-1)\pi}{2n}\right), \quad k = 1,2,\cdots,n-1 \tag{2-10}$$

$$g_0 = g_1 = 1 \tag{2-11}$$

在交指型带通滤波器的电路结构中，所有谐振器都会产生耦合效应，通常为了简化设计，便于对整个滤波器网络进行综合，在设计过程中一般忽略非相邻谐振器之间的耦合影响，只考虑相邻谐振杆之间的耦合。以一个三阶交指型耦合线阵为例，如图 2-4 所示，每个谐振器单元都可以使用归一化自电容和谐振器之间的归一化互电容表示，其中自电容为谐振器对地的分布电容，互电容为各谐振器之间的分布电容。

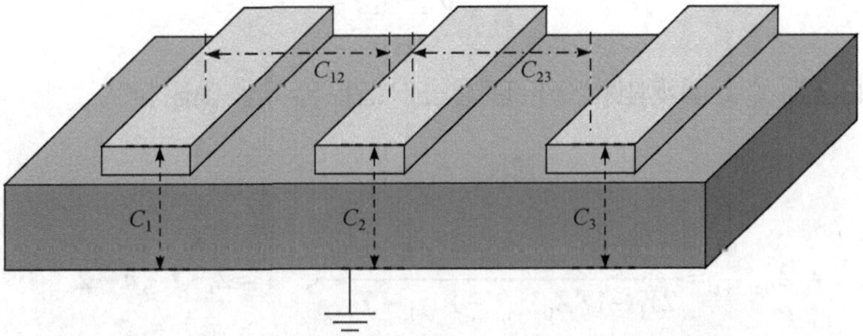

图 2-4　三阶交指型耦合线阵的归一化自电容和互电容示意图

对于采用抽头输入输出作为终端谐振器与外电路连接的结构，其相邻谐振器间的互导纳如式(2-12)～式(2-14)所示：

$$\theta = \frac{\pi}{2}\left(1 - \frac{\mathrm{FBW}}{2}\right) \tag{2-12}$$

$$Y = \frac{Y_1}{\tan\theta} \tag{2-13}$$

$$Y_{i,i+1} = \frac{Y_1}{\sqrt{g_i g_{i+1}}}\sin\theta \tag{2-14}$$

式中，Y_1 为谐振器 1 的特征导纳；$Y_{i,i+1}$ 为相邻谐振器之间的互导纳。

滤波器终端谐振单元的自电容如式(2-15)和式(2-16)所示：

$$C_1 = \frac{Y_1 - Y_{1,2}}{v} \tag{2-15}$$

$$C_n = \frac{Y_1 - Y_{n-1,n}}{v} \tag{2-16}$$

式中，v 为光速。

第 i 条谐振单元的自电容如式(2-17)所示：

$$C_i = \frac{Y_1 - Y_{i-1,i} - Y_{i,i+1}}{v}, \quad i = 2,3,\cdots,n-1 \tag{2-17}$$

式中，C_i 为谐振器的自电容。

相邻谐振器之间的互电容如式(2-18)所示：

$$C_{i,i+1} = \frac{Y_{i,i+1}}{v}, \quad i = 1,2,\cdots,n-1 \tag{2-18}$$

式中，$C_{i,i+1}$ 为相邻谐振单元间的互电容。

对于图 2-1 中交指型带通滤波器采用的抽头输入输出结构，特性阻抗一般为 50Ω，特征导纳如式(2-19)所示：

$$Y_t = Y_1 - \frac{Y_{1,2}^2}{Y_1} \tag{2-19}$$

根据滤波器的奇偶模阻抗分析理论法，谐振器的偶模阻抗为

$$Z_{0\mathrm{e}1,2} = \frac{1}{Y_1 - Y_{1,2}} \tag{2-20}$$

$$Z_{0\mathrm{e}i,i+1} = \frac{1}{2Y_1 - 1/Z_{0\mathrm{e}i-1,i} - Y_{i,i+1} - Y_{i-1,i}}, \quad i = 2,3,\cdots,n-2 \tag{2-21}$$

$$Z_{0\mathrm{e}n-1,n} = \frac{1}{Y_1 - Y_{n-1,n}} \tag{2-22}$$

谐振器的奇模阻抗为

$$Z_{0\mathrm{o}1,2} = \frac{1}{Y_1 + Y_{1,2}} \tag{2-23}$$

$$Z_{0\mathrm{o}i,i+1} = \frac{1}{2Y_1 + 1/Z_{0\mathrm{e}i-1,i}}, \quad i = 2,3,\cdots,n-2 \tag{2-24}$$

$$Z_{0\mathrm{o}n-1,n} = \frac{1}{Y_1 + Y_{n-1,n}} \tag{2-25}$$

奇偶模阻抗 $Z_{0\mathrm{o}}$、$Z_{0\mathrm{e}}$ 与交指型带通滤波器谐振器的电容关系由式(2-26)和式(2-27)表示：

$$\sqrt{\varepsilon_r}Z_{0e}=\frac{376.7\varepsilon}{C_{0e}} \tag{2-26}$$

$$\sqrt{\varepsilon_r}Z_{0o}=\frac{376.7\varepsilon}{C_{0o}} \tag{2-27}$$

式中，ε_r 为上下导体之间介质的相对介电常数；ε 为上下介质之间的介电常数；C_{0e} 为偶模激励时谐振器对地的归一化电容；C_{0o} 为奇模激励时谐振器对地的归一化电容。

在式(2-20)～式(2-25)中得到奇偶模阻抗后，两条相邻谐振线间的归一化互电容可由式(2-28)表示：

$$\frac{\Delta C}{\varepsilon}=\frac{188.3}{\sqrt{\varepsilon_r}}\left(\frac{1}{Z_{0o}}-\frac{1}{Z_{0e}}\right)=\frac{1}{2}\left(\frac{C_{0o}}{\varepsilon}-\frac{C_{0e}}{\varepsilon}\right) \tag{2-28}$$

在获取单位长度下的自电容和互电容后，根据图 2-5 中平行耦合矩形谐振杆的边缘电容和平板电容分布示意图，总的奇模电容和偶模电容分别为

$$\frac{C_{0o}}{\varepsilon}=2\left(\frac{C_p}{\varepsilon}+\frac{C_{fo}}{\varepsilon}+\frac{C_f}{\varepsilon}\right) \tag{2-29}$$

$$\frac{C_{0e}}{\varepsilon}=2\left(\frac{C_p}{\varepsilon}+\frac{C_{fe}}{\varepsilon}+\frac{C_f}{\varepsilon}\right) \tag{2-30}$$

式中，C_{fe}、C_{fo} 为谐振线之间的偶模、奇模边缘电容；C_f 为谐振线与基板间的边缘电容；C_p 为谐振线与地平面之间的平行板电容。

奇偶模边缘电容之间有以下关系：

$$C_{fo}=\Delta C+C_{fe} \tag{2-31}$$

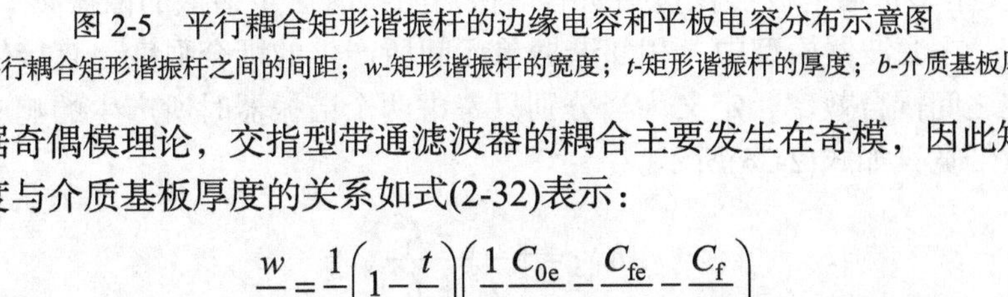

图 2-5　平行耦合矩形谐振杆的边缘电容和平板电容分布示意图

S-平行耦合矩形谐振杆之间的间距；w-矩形谐振杆的宽度；t-矩形谐振杆的厚度；b-介质基板厚度

依据奇偶模理论，交指型带通滤波器的耦合主要发生在奇模，因此矩形谐振杆的宽度与介质基板厚度的关系如式(2-32)表示：

$$\frac{w}{b}=\frac{1}{2}\left(1-\frac{t}{b}\right)\left(\frac{1}{2}\frac{C_{0e}}{\varepsilon}-\frac{C_{fe}}{\varepsilon}-\frac{C_f}{\varepsilon}\right) \tag{2-32}$$

相邻谐振器的间距与介质基板厚度的关系如式(2-33)所示：

$$\frac{S}{b}=\frac{1}{\pi}\ln\left(\frac{K_2+1}{K_2-1}\right) \tag{2-33}$$

$$K_1=\frac{C_{\mathrm{i}}}{\pi\left(1-\dfrac{t}{b}\right)\ln 2} \tag{2-34}$$

$$K_2=\exp\left(\frac{\dfrac{\Delta C}{\varepsilon}}{K_1}\right) \tag{2-35}$$

在获得交指型带通滤波器的谐振器的长度和宽度以及初步的谐振器间距后，在 ANSYS HFSS 中进行建模仿真，然后基于参数优化功能进行循环仿真，并迭代优化至达到预计的性能指标。

由此可见，基于奇偶模分析理论和网络综合法的传统设计方法虽然适用性更强，但是在实际应用中只适合一些结构简单的滤波器，对于阶数和结构都更加复杂的滤波器，计算量较大，设计周期更长和迭代次数更大。因此，针对交指型带通滤波器这类需要谐振单元耦合作用的带通滤波器，通常采用设计更加简洁准确的耦合系数法。

2.1.2　基于 TSV 的改进耦合系数法

耦合系数法适用于任何形式的耦合谐振滤波器，具有相当大的通用性和灵活性。经过 2.1.1 小节中的分析，之前的交指型带通滤波器设计方法所需要的结构参数需要二端口网络中以及谐振器间距的归一化边缘电容计算得到。在一些关于滤波器设计的文献中，存在不同类型的模型参数用于等效或推导滤波器的网络，针对任意谐振单元通过耦合方式产生的集总滤波器或分布式带通滤波器，可以使用三个关键参数(f_0、$K_{i,i+1}$、Q)来描述带通滤波器。通过这三个基本参数类型可以直接对带通滤波器进行量化。

f_0：交指型带通滤波器在包括所有谐振器阻抗时产生谐振的谐振频率。

$K_{i,i+1}$：在滤波器模型中，相邻谐振单元间所产生的耦合强度，直接体现了相邻谐振腔之间耦合效率，定义为当分别只考虑两个谐振器时所产生的响应峰值之间的分数带宽，如式(2-36)所示。

$$K_{1,2}=\pm\frac{f_2^2-f_1^2}{f_2^2+f_1^2} \tag{2-36}$$

式中，f_2、f_1分别是相邻谐振器产生互耦效应时谐振耦合电路的本征频率。

Q：滤波器与在外部电路相连接的终端谐振器的外部品质因数，定义为单独考虑终端谐振器时，回波损耗降低3dB时的分数带宽，如式(2-37)所示：

$$Q=\frac{g_0 g_1}{\mathrm{FBW}}=\frac{g_N g_{N+1}}{\mathrm{FBW}} \tag{2-37}$$

式中，FBW为滤波器的分数带宽。

耦合系数法通过叉指型电容结构的归一化电导值推导出滤波器谐振器之间的耦合系数，然后建立相应的耦合系数矩阵，如式(2-38)和式(2-39)所示。通过三维电磁仿真软件确定相邻谐振单元的电路模型，确认谐振模型产生耦合效应时的本征频率，即可确定此时滤波器的模型耦合系数。

$$M_{N,N+1}=\frac{\mathrm{FBW}}{\sqrt{g_N g_{N+1}}} \tag{2-38}$$

$$M=\begin{bmatrix} m_{11} & m_{12} & m_{13} & \cdots & m_{1n} \\ m_{21} & m_{22} & m_{23} & \cdots & m_{2n} \\ m_{31} & m_{32} & m_{33} & \cdots & m_{3n} \\ \vdots & \vdots & \vdots & & \vdots \\ m_{n1} & m_{n2} & m_{n3} & \cdots & m_{nn} \end{bmatrix} \tag{2-39}$$

由式(2-36)和式(2-38)可知，当相邻谐振器之间的耦合系数K与滤波器电路模型的耦合系数M匹配时，将确定交指型带通滤波器的相邻谐振器间的间距。

然而，实际设计过程中交指型带通滤波器使用的接地通孔具有寄生电感效应，对圆柱TSV的寄生电感分析，在TSV的介质层和内部导体层之间均存在寄生电感，内电感取决于导体内部的电流分布情况，外电感与外部电路的连接结构和介质材料有关，因此TSV寄生电感为内外电感之和。寄生电感会随频率的增加而减小，虽幅度很小，仍然会对设计结果产生很大影响。当接地通孔为圆柱形TSV时，寄生电感如式(2-40)所示：

$$L_{\mathrm{cyl}}=L_{\mathrm{cyl\_int}}+L_{\mathrm{cyl\_out}}=\frac{\mu_0\mu_{\mathrm{m}}h}{8\pi}+L_{\mathrm{cyl\_out}} \tag{2-40}$$

$$L_{\mathrm{cyl\_out}}=\frac{\mu_0\mu_{\mathrm{m}}h}{2\pi}\left[\ln\left(\frac{h+\sqrt{r^2+h^2}}{r}\right)+r-\sqrt{r^2+h^2}\right] \tag{2-41}$$

式中，μ_0为真空磁导率；μ_{m}为相对磁导率；h为基底的高度；r为TSV接地通孔的半径。

一般情况下，由于趋肤效应的存在，导体内的内寄生电感远小于外寄生电感，因此实际设计过程中只考虑外寄生电感。当使用式(2-40)计算寄生电感值时，会发现计算过程中存在一个问题，即无法准确地知道寄生电感值如何影响滤波器性能，并且只要存在接地通路，就无法消除该误差。

因此，在设计过程中往往需要尽早地考虑通孔与谐振器之间的寄生电感影响。基于奇偶模阻抗理论的传统设计方法在设计过程中一般转化为自电容和互电容进行分析，在设计阶数较高的交指型带通滤波器时，设计过程过于复杂，周期更长，并且使用奇偶模阻抗方法设计时，所得出的带通滤波器的结构尺寸与实际尺寸往往有较大误差。因此，为了克服这一缺点，在实际设计过程中，应考虑接地通孔对谐振器的影响，并在设计的每个步骤中计算接地通孔来提高设计的准确性。在设计谐振器的物理尺寸时，考虑在计算模拟耦合系数时尽早将 TSV 作为谐振器的接地通孔。在局部谐振仿真的基础上，给出耦合系数法的优化步骤和分析过程，该方法更能反映谐振器之间的耦合细节。

2.2　基于 TSV 的 V 波段均匀阻抗交指滤波器设计

根据上述的网络综合法和耦合系数法对比，网络综合法的设计方法复杂且计算量较大，设计周期过长，并不具有普适性，因此实际过程中往往采用耦合系数法。

2.2.1　结构设计

V 波段(55～70GHz)作为现代高分辨率汽车雷达和高数据速率通信系统终端中最常用的毫米波频段，其带宽更大和传输速率更高的优点引起了广泛关注和研究。为了设计一种具有低插入损耗和高频选择性的带通滤波器，有必要针对交指型带通滤波器在 V 波段中的应用进行研究。V 波段均匀阻抗交指滤波器的设计指标：中心频率 $f_0 = 63.5\text{GHz}$，插入损耗为 3dB，回波损耗为 20dB，带宽分数为 26.8%，带外抑制特性在 $1.3f_0$ 处大于 45dB，带内纹波 $L_{\text{Ar}} = 0.1\text{dB}$。

由带通滤波器的设计原理分析可以得出，在阶数相同、通带衰减也相同时，基于切比雪夫响应函数得到的低通滤波器，在阻带衰减率上比巴特沃思低通滤波器更快，阻带性能更优，因此在设计过程中一般选用切比雪夫响应函数作为低通滤波器原型。

在确定滤波器的响应函数后，根据设计指标选用带内纹波为 0.1dB 的切比雪夫低通原型滤波器，根据式(2-2)可以确定终端短路式交指型带通滤波器的阶数，如式(2-42)～式(2-45)所示：

$$\Omega_1 = \tan\frac{\pi\varpi_1}{2\varpi_0} = \tan\frac{\pi f_1}{2f_0} \tag{2-42}$$

$$\Omega_N = \tan\frac{\pi\varpi_N}{2\varpi_0} = \tan\frac{\pi f_N}{2f_0} \tag{2-43}$$

$$a = 10^{\frac{L_{As}}{20}} \tag{2-44}$$

$$b = \sqrt{10^{\frac{L_{Ar}}{20}} - 1} \tag{2-45}$$

式中，f_1 为滤波器通带的截止频率；f_N 为滤波器的阻带衰减频率。

可知终端短路式交指型带通滤波器阶数 $N \geqslant 4.3$，然后根据滤波器的中心工作频率确定交指型带通滤波器的谐振器长度，如式(2-46)所示：

$$L_2 = \frac{\lambda}{4} = \frac{c}{4f_0\sqrt{\varepsilon_r}} \tag{2-46}$$

带内纹波 $L_{Ar} = 0.1\text{dB}$ 时切比雪夫低通滤波器 n 阶归一化电导值如表 2-1 所示。

表 2-1　带内纹波 $L_{Ar} = 0.1\text{dB}$ 时切比雪夫低通滤波器 n 阶归一化电导值

n	g_1	g_2	g_3	g_4	g_5	g_6	g_7	g_8
1	0.3053	1.0000	—	—	—	—	—	—
2	0.8431	0.6220	1.3554	—	—	—	—	—
3	1.0316	1.1474	1.0316	1.0000	—	—	—	—
4	1.1088	1.3062	1.7704	0.8181	1.3554	—	—	—
5	1.1468	1.3712	1.9750	1.3712	1.1468	1.0000	—	—
6	1.1681	1.4040	2.0562	1.5171	1.9029	0.8618	1.3554	—
7	1.1812	1.4228	2.0967	1.5734	2.0967	1.4228	1.1812	1.0000

考虑到寄生电感的影响，通过在 ANSYS HFSS 中进行基于 TSV 的相邻谐振器建模，其中本征模式下相邻谐振器的模型如图 2-6 所示。在分析相邻谐振器产生耦合时的本征频率后，进而可求出相邻谐振器之间的耦合系数。由 2.1.2 小节中的介绍可知，当谐振器模型中产生的耦合系数与低通原型滤波器中的归一化电导值计算出的耦合系数相等时，得到交指型带通滤波器的初步间距参数。

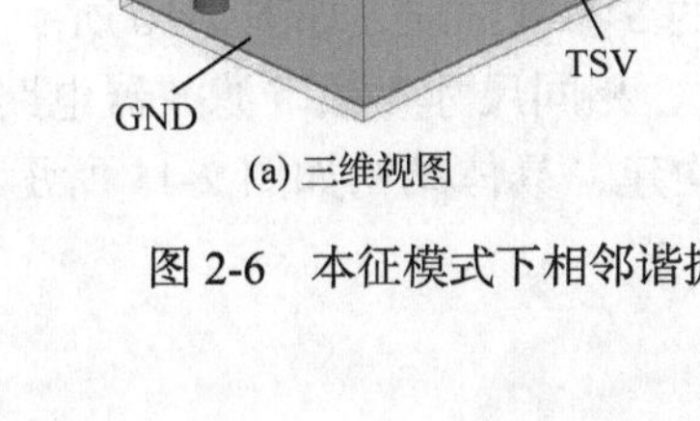

(a) 三维视图

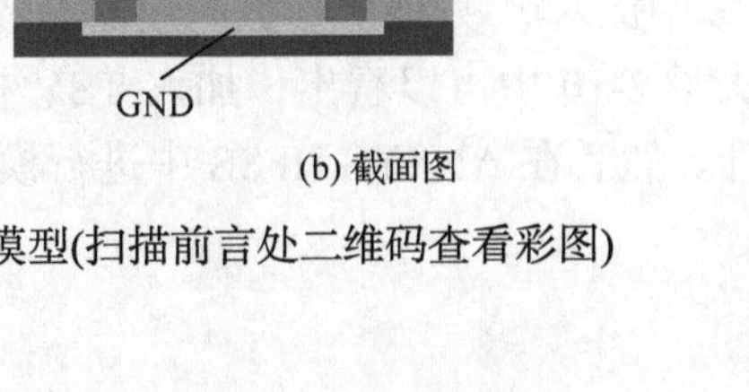

(b) 截面图

图 2-6　本征模式下相邻谐振器的模型(扫描前言处二维码查看彩图)

在获得相邻谐振器之间的间距后，使用 ADS 建立交指型带通滤波器的理想模型，具体的等效电路模型与等效电路的 S 参数曲线分别如图 2-7 与图 2-8 所示。

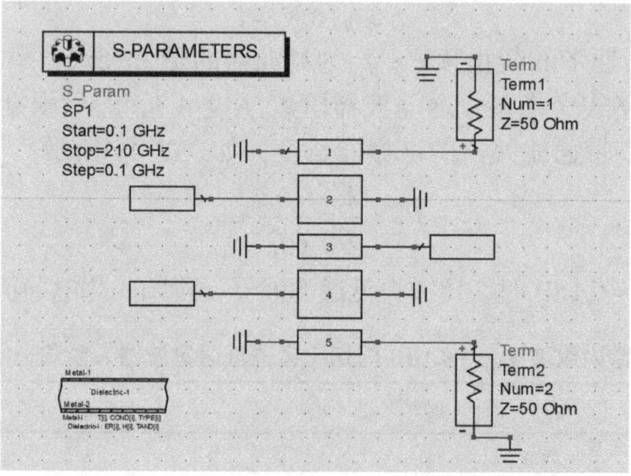

图 2-7　ADS 中交指型带通滤波器等效电路模型

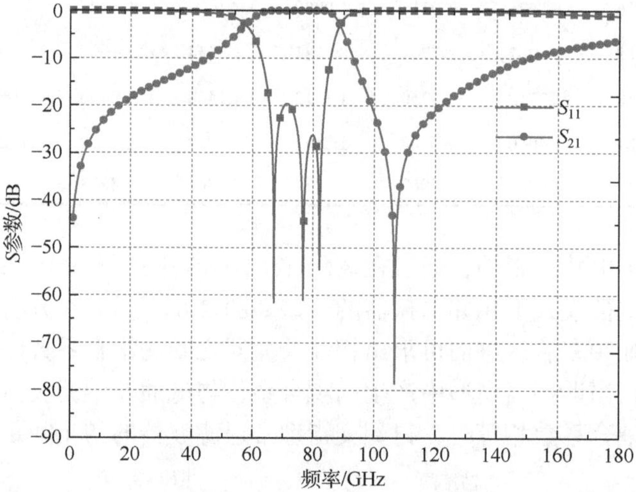

图 2-8　ADS 中交指型带通滤波器等效电路的 S 参数曲线

为了验证基于 TSV 的交指型带通滤波器在性能上的提升，在电路模型中考虑 TSV 受理想电路模型的影响，将 TSV 作为一个二端口等效网络，在 ANSYS Q3D 软件生成 TSV 的 S2P 参数文件，将其导入 ADS 中使用，如图 2-9 所示。进而得出在 ADS 中加入等效 TSV 参数滤波器等效电路的 S 参数曲线，如图 2-10 所示。

从图 2-10 中可以看出，加入 TSV 模型后，相同尺寸参数下滤波器电路的性能提升。然后在 ANSYS HFSS 中进行模型的构建，具体结构如图 2-11 所示。

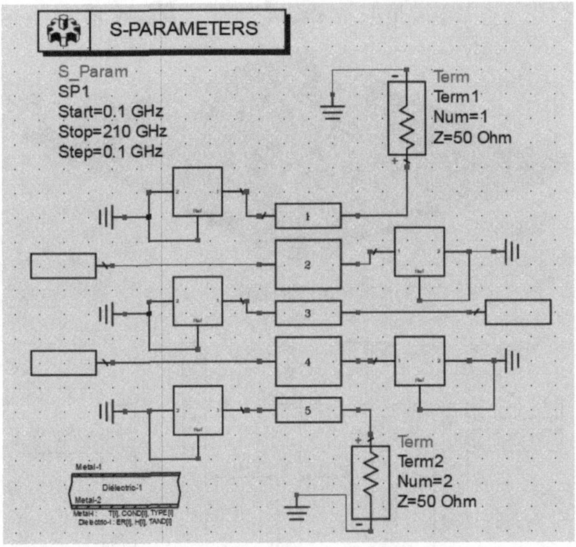

图 2-9　在 ADS 中加入等效 TSV 参数滤波器等效电路模型

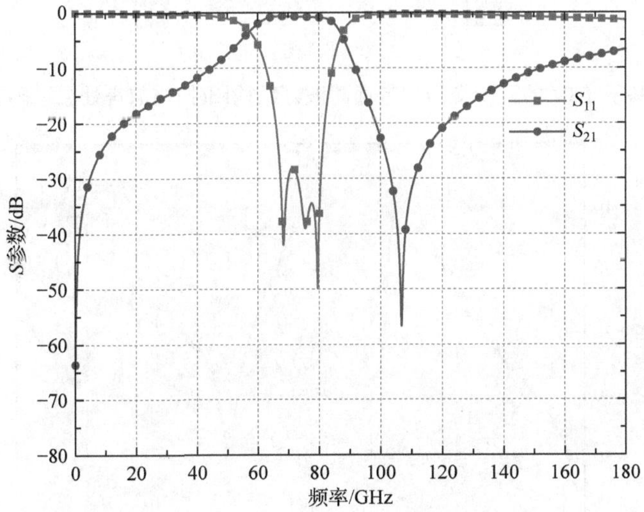

图 2-10　在 ADS 中加入等效 TSV 参数滤波器等效电路的 S 参数曲线

综上可知，在 ADS 中建立的五阶交指型带通滤波器理想模型的结构，在加入 TSV 等效模型后性能确实有较大提升，基于 TSV 的交指型电路结构可以保证带通滤波器在毫米波下的传输稳定性，极大地减小了在高频情况下的损耗。

在 ANSYS HFSS 中建立等效模型时，在空气腔体外添加辐射边界，模拟在实际情况中的使用，最后得到的滤波器 S 参数曲线如图 2-12 所示。

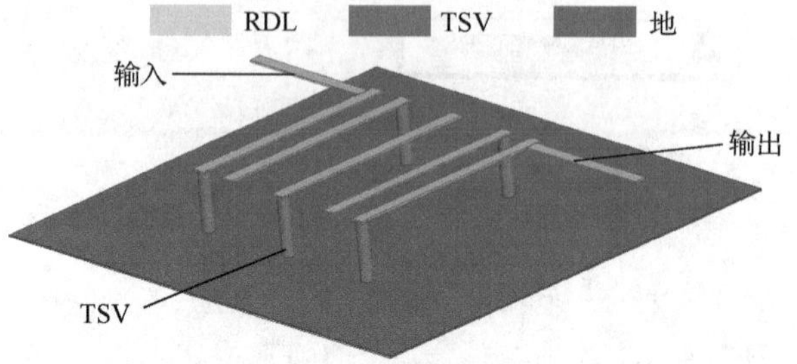

(a) 三维视图

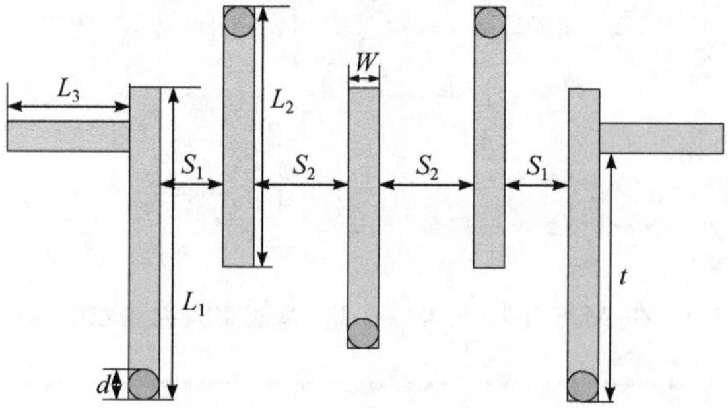

(b) 平面图

图 2-11　基于 TSV 的五阶交指型带通滤波器结构图(扫描前言处二维码查看彩图)

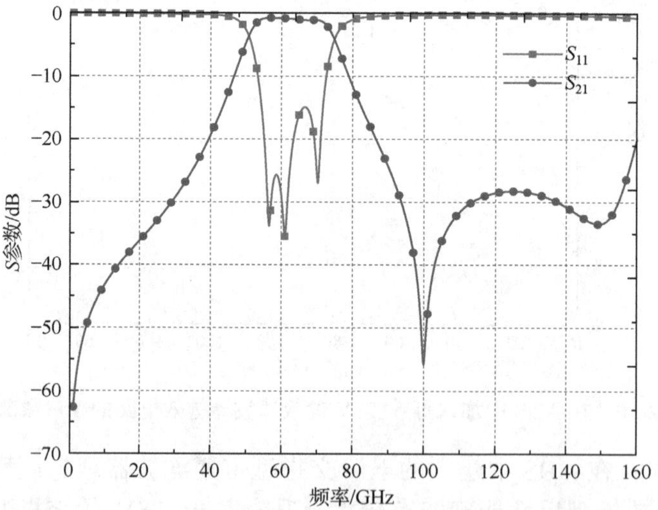

图 2-12　基于 TSV 的五阶交指型带通滤波器的 S 参数曲线

从图 2-12 中可以看出，基于 ANSYS HFSS 模型中的交指滤波器的性能与 ADS 中的存在较大差距，这是因为在设计过程中忽略了非相邻谐振器之间的耦合影响。实际情况下，相邻谐振器之间的耦合强度是大于所计算的耦合系数的，因此在优化过程中考虑增大谐振器的间距进行交指滤波器的性能优化。

2.2.2　结果与分析

在确定基本的五阶交指型带通滤波器结构后，需要对滤波器的结构参数进行分析，完成对交指型带通滤波器的性能优化。本小节根据基于 TSV 的五阶交指型带通滤波器的结构，分析衬底电阻率、通孔直径及高度对性能的影响。

1) TSV 半径对滤波器的性能影响

在交指型带通滤波器的结构中，TSV 作为连接上层 RDL 与下层 GND 的途径，上层 RDL 的谐振器宽度为 20μm，因此 TSV 通孔的参数对于滤波器的整体性能非常关键，用 r 表示 TSV 的半径，保持其他参数不变，分析 TSV 半径 $r = 6\mu m$，$r = 8\mu m$，$r = 10\mu m$ 对滤波器性能的影响，其 S 参数曲线如图 2-13 所示。

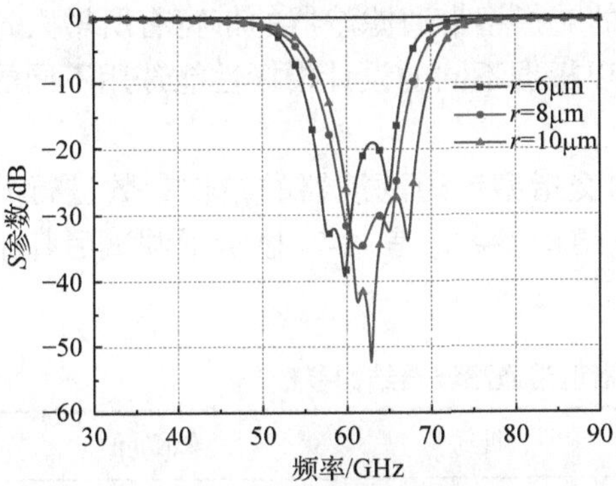

(a) 回波损耗S_{11}

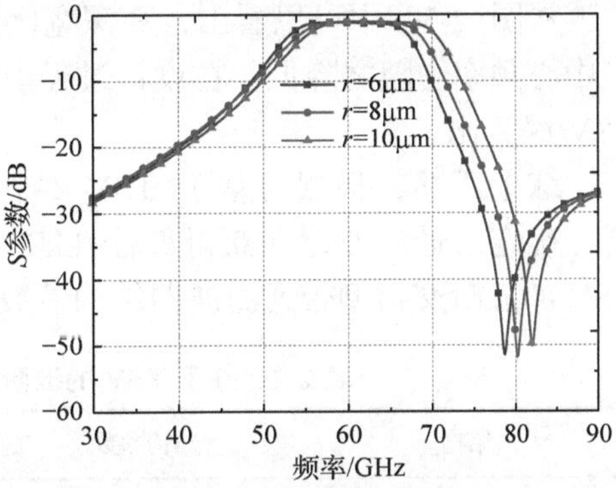

(b) 插入损耗S_{21}

图 2-13　不同 TSV 半径下滤波器的 S 参数曲线

从图 2-13 中可以看出，通孔的半径不仅影响交指型带通滤波器的矩形系数，而且影响滤波器的中心频率，在 TSV 的直径小于谐振器的宽度时，即当 r=6μm，r=8μm 时滤波器的矩形度较差，滤波器的中心频率左移，带宽减小，这是因为交指型带通滤波器的谐振器与 TSV 之间存在电磁泄漏，从而导致中心频率左移以及滤波器的性能变差。

2) TSV 深宽比对滤波器的性能影响

从成本和实际应用的需求来说，一般情况下 TSV 的深宽比(高度与直径的比值)为 5∶1～10∶1，对于毫米波电路，随着频率的增加，衬底材料的厚度随之减小。经过前面的分析可知，当 TSV 直径等于 20μm 时，两种不同 TSV 深宽比下交指型带通滤波器的 S 参数曲线如图 2-14 所示。

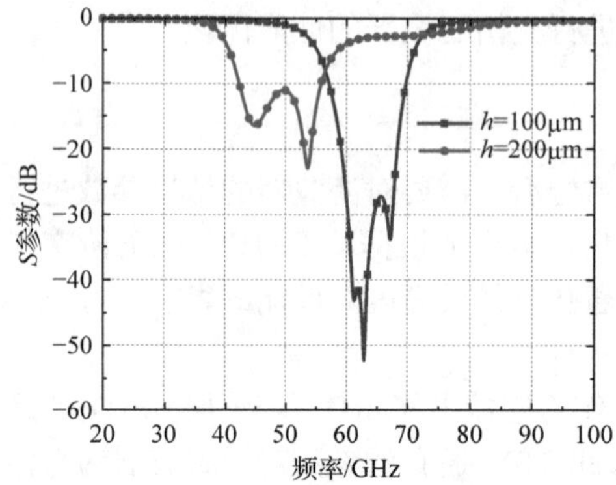

(a) 回波损耗S_{11}

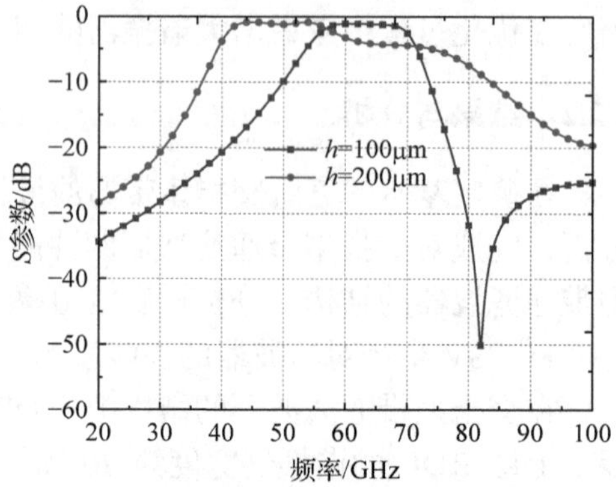

(b) 插入损耗S_{21}

图 2-14　不同 TSV 深宽比下滤波器的 S 参数曲线

从图 2-14 中可以看出，高深宽比下的交指型带通滤波器的带宽有所增大，且中心频率会随之降低，在设计过程中可以根据不同的设计指标性能选用不同的 TSV 深宽比。

综上所述，根据对基于 TSV 结构的交指型带通滤波器的结构参数进行分析，确定带通滤波器在获得最佳性能时的结构参数。表 2-2 显示了调试后基于 TSV 的五阶交指型带通滤波器结构参数。

表 2-2　基于 TSV 的五阶交指型带通滤波器结构参数

结构	结构参数	符号	取值/μm
TSV	TSV 直径	d	10
	TSV 高度	H	100
RDL	金属 RDL 长度	L_1	450
		L_2	367
间距	相邻谐振器的距离	S_1	34
		S_2	98

最终优化后的 TSV 五阶交指型带通滤波器的 S 参数曲线如图 2-15 所示。基于 TSV 的五阶交指型带通滤波器以 63.5GHz 为中心，分数带宽(FBW)为 25%，在 $1.3f_0$ 处带外抑制大于 50dB，插入损耗为 1.1dB，回波损耗为 27.4dB，符合设计指标。

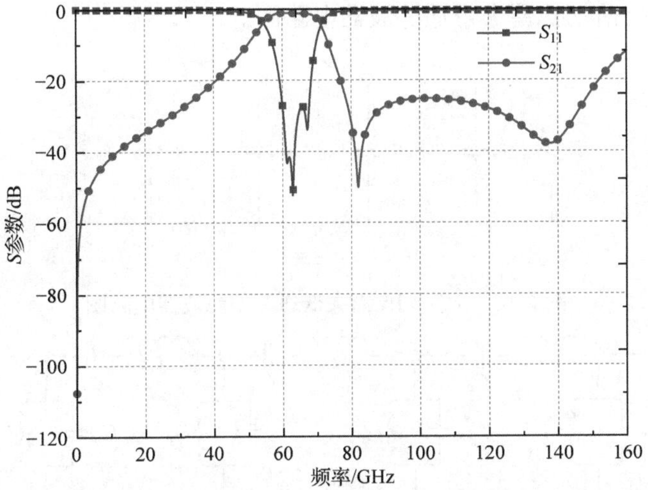

图 2-15　优化后的 TSV 五阶交指型带通滤波器 S 参数曲线

2.3　基于 TSV 的 W 波段均匀阻抗交指滤波器设计

在毫米波频段中，W 波段滤波器凭借其带宽大、大气衰减小、信噪比低等优点，在雷达、成像、安防等领域得到广泛的应用。因此，有必要开发一种适用于 W 波段的宽带带通滤波器。

2.3.1　结构设计

基于 TSV 的 W 波段宽带交指型带通滤波器的设计参数：中心频率 $f_0 = 85$GHz，插入损耗为 3dB，回波损耗为 20dB，分数带宽为 60%，带外抑制特性在 50GHz 处大于 25dB，通带带内纹波 $L_{Ar} = 0.01$dB。

为满足三维集成电路设计的需要，鉴于硅具有介电常数高、成本低、损耗小等优点，因此该设计选用高阻硅作为基板衬底材料，滤波器的电路材料采用的是金属铜作为上层 RDL 的设计，以及在衬底下方使用一层金属铜作为信号地。

由滤波器的基本原理可知，在给定相同的通带内衰减和滤波器阶数 N 后，使用切比雪夫函数近似低通滤波器时，阻带衰减率大于巴特沃思函数，在设计过程中一般选用切比雪夫响应函数作为低通滤波器原型。

在确定滤波器的响应函数时，根据设计指标选用 0.01dB 的切比雪夫低通滤波器原型，根据式(2-16)可以确定终端短路式交指型带通滤波器的阶数，由式(2-41)～式(2-46)可知终端短路式交指型带通滤波器阶数 $N \geqslant 6.69$，考虑到滤波器的插入损耗会随着滤波器的体积增大而增大，滤波器的阶数最后确定为七阶。图 2-16 为七阶切比雪夫低通原型滤波器电路图，图 2-17 为基于切比雪夫的七阶低通原型滤波器推导的七阶切比雪夫带通滤波器电路图。

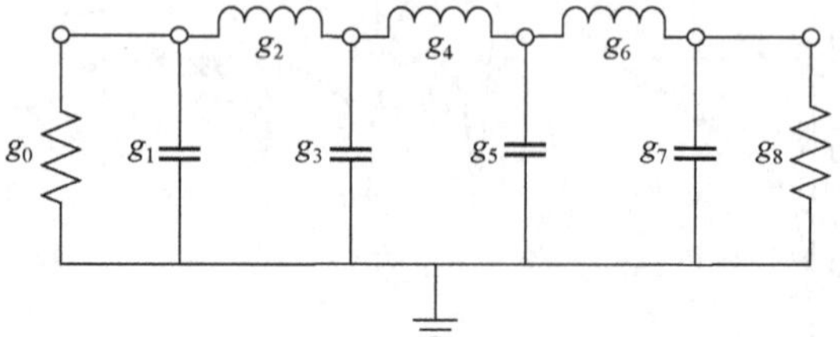

图 2-16　七阶切比雪夫低通原型滤波器电路图

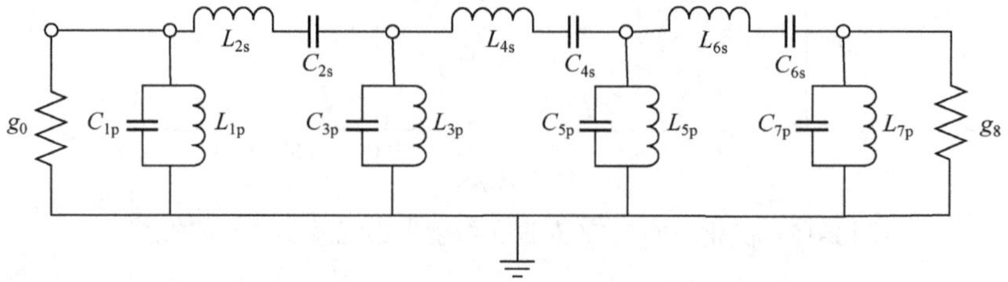

图 2-17　七阶切比雪夫带通滤波器电路图

带内纹波 L_{Ar}=0.01dB 时切比雪夫低通滤波器原型中各元件电导值如表 2-3 所示，根据表 2-3 可得七阶低通原型滤波器元件电导值 $g_8 = 1.0000$，$g_1 = g_7 = 0.7969$，$g_2 = g_6 = 1.3924$，$g_3 = g_5 = 1.7481$，$g_4 = 1.6331$，相邻谐振器之间的间距可通过 TSV 技术和耦合系数法的组合获得。

表 2-3　带内纹波 L_{Ar} = 0.01dB 时切比雪夫低通滤波器原型中各元件电导值

n	g_1	g_2	g_3	g_4	g_5	g_6	g_7	g_8	g_9
1	0.0960	1.0000	—	—	—	—	—	—	—
2	0.4489	0.4078	1.1008	—	—	—	—	—	—
3	0.6292	0.9703	0.6292	1.0000	—	—	—	—	—
4	0.7169	1.2004	1.3213	0.6476	1.1008	—	—	—	—
5	0.7563	1.3049	1.5773	1.3049	0.7563	1.0000	—	—	—
6	0.7814	1.3600	1.6897	1.5350	1.4970	0.7098	1.1008	—	—
7	0.7969	1.3924	1.7481	1.6331	1.7481	1.3924	0.7969	1.0000	—
8	0.8073	1.4131	1.7825	1.6833	1.8529	1.6193	1.5555	0.7334	1.1008

根据滤波器的中心工作频率确定交指型带通滤波器的谐振器长度，如式(2-47)所示：

$$L_2 = \frac{\lambda}{4} = \frac{c}{4 f_0 \sqrt{\varepsilon_r}} \tag{2-47}$$

式中，c 为光速；f_0 为带通滤波器的中心频率；ε_r 为相对介电常数。

在确定七阶交指型带通滤波器电导值后，考虑电磁泄漏和 TSV 制造工艺要求，采用纵横比为 10∶1 的圆柱形 TSV，直径为 10μm，高度为 100μm。由 2.1 节中的分析可知，谐振单元与 TSV 之间存在电磁泄漏，因此交指型带通滤波器的 RDL 谐振器的宽度与 TSV 直径相等。基于 TSV 的七阶交指型带通滤波器的平面结构如图 2-18 所示。

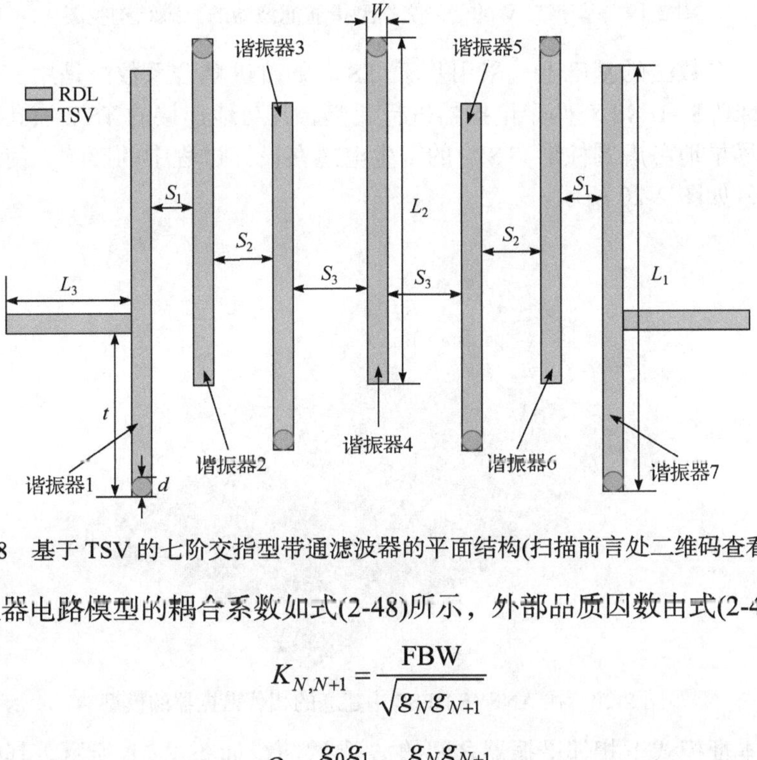

图 2-18　基于 TSV 的七阶交指型带通滤波器的平面结构(扫描前言处二维码查看彩图)

滤波器电路模型的耦合系数如式(2-48)所示，外部品质因数由式(2-49)确定。

$$K_{N,N+1}=\frac{\text{FBW}}{\sqrt{g_N g_{N+1}}} \tag{2-48}$$

$$Q=\frac{g_0 g_1}{\text{FBW}}=\frac{g_N g_{N+1}}{\text{FBW}} \tag{2-49}$$

式中，Q 为交指型带通滤波器外部品质因数；FBW 为滤波器的分数带宽；g_1 为交指型带通滤波器第一条耦合线的归一化电导值；g_N 为交指型带通滤波器第 N 条耦合线的归一化电导值。

交指型带通滤波器的谐振器耦合系数由式(2-50)确定：

$$M_{N,N+1}=\pm\frac{f_{N+1}^2-f_N^2}{f_{N+1}^2+f_N^2} \tag{2-50}$$

当低通滤波器电路模型的耦合系数 $M_{N,N+1}$ 与三维结构模型中谐振单元之间的耦合系数 $K_{N,N+1}$ 相匹配时，即可获得谐振器之间的大致间距。图 2-19 为基于 TSV 的七阶交指型带通滤波器的三维结构视图。

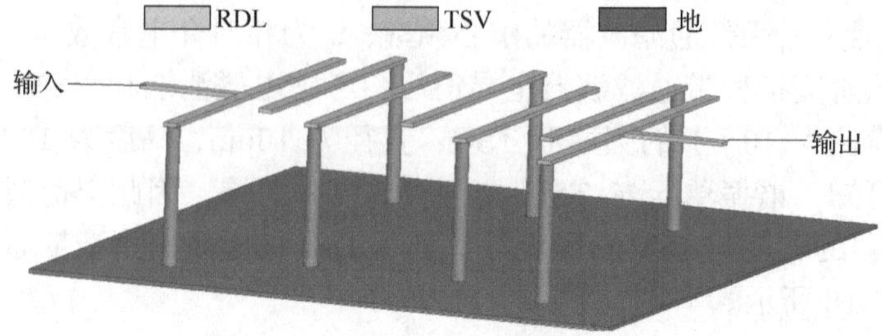

图 2-19 基于 TSV 的七阶交指型带通滤波器的三维结构视图

在耦合系数法的基础上，采用基于 TSV 的改进耦合系数法是用三维电磁仿真软件 ANSYS HFSS 对两个谐振器进行建模，其与地连接的 TSV 通孔随模型一起建立，尽早地考虑圆柱形 TSV 的寄生电感在设计过程中的影响，使后续计算更加准确，如图 2-20 所示。

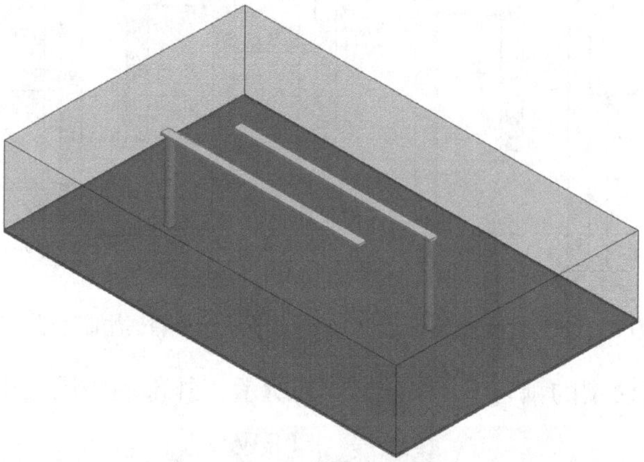

图 2-20 在 ANSYS HFSS 中建立的相邻谐振器的模型

所获本征模式下相邻谐振器之间的 S 参数曲线如图 2-21 所示。其中，两个谐振频率f_1、f_2随相邻谐振器的间距而变化，然后可以通过式(2-50)获得相邻谐振器的耦合系数。

当其与切比雪夫低通原型滤波器的耦合系数相匹配时，相邻谐振器之间的间距是最合适的。经过上述步骤，可以大致确定三组相邻谐振器之间的间距，下面针对交指型带通滤波器的性能对滤波器进行优化。

2.3.2 结果与分析

经过上述的分析可知，当相邻谐振器之间的耦合系数与滤波器电路模型的耦合系数匹配时，将确定交指型带通滤波器的相邻谐振器间的间距。最后，对交指型带通滤波器的三组谐振器的间距进行模拟和优化。

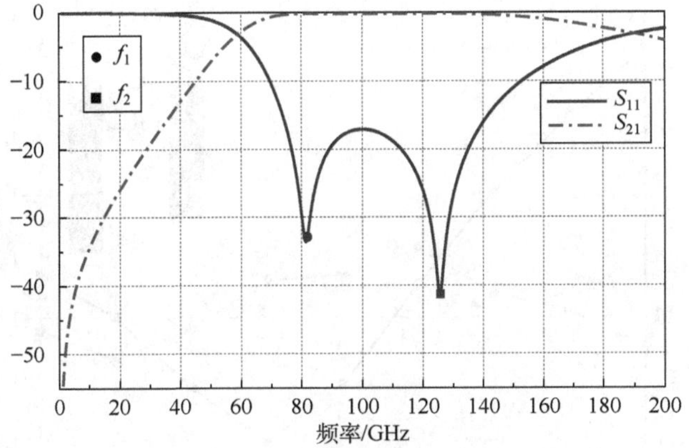

图 2-21　本征模式下相邻谐振器之间的 S 参数曲线

图 2-22～图 2-24 展示了三组相邻谐振器的间距 P 对 S_{11} 和 S_{21} 的影响，当 P_1 = 41.5μm，P_2 = 36.5μm，P_3 = 20.0μm 时，回波损耗 S_{11} 在 85GHz 的中心频率处获得最小值，交指型带通滤波器性能随着间距的增加先提高后降低，滤波器耦合系数随耦合间距的增大而增大，但当耦合间距过大时，相邻谐振器之间的耦合系数会减小。

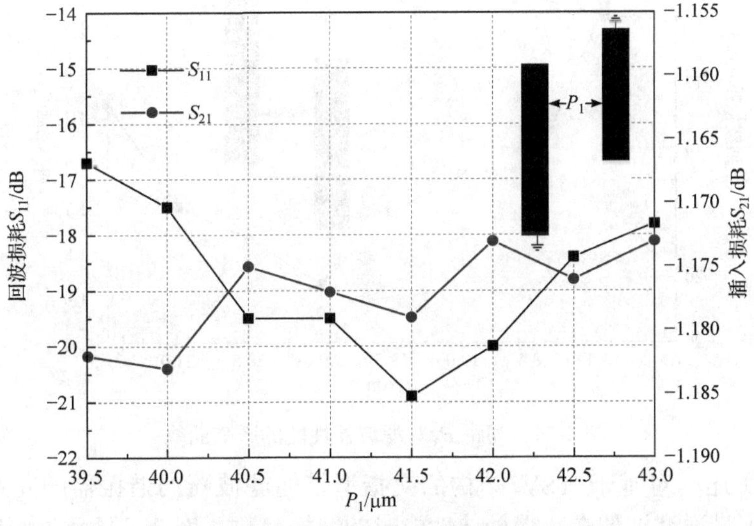

图 2-22　间距 P_1 对滤波器性能的影响曲线

在上述设计中，通过将 TSV 技术与改进的耦合系数法相结合，考虑了接地通路对谐振器的影响，减小了寄生电感在内部的影响，同时缩短了设计周期，提升了设计精度。

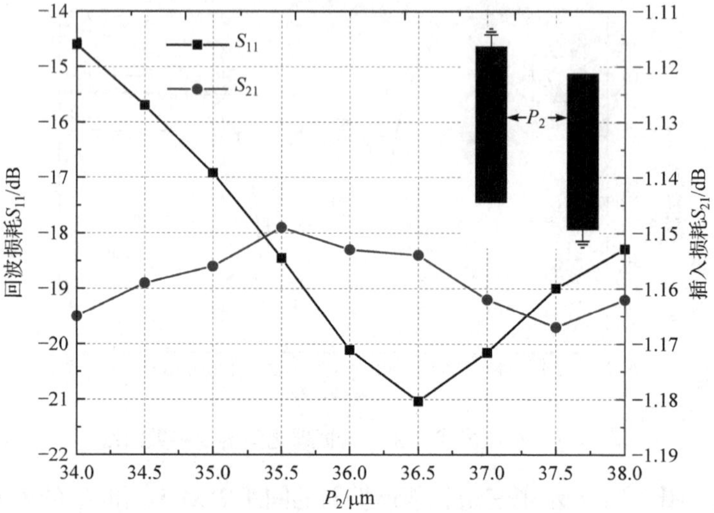

图 2-23 间距 P_2 对滤波器性能的影响曲线

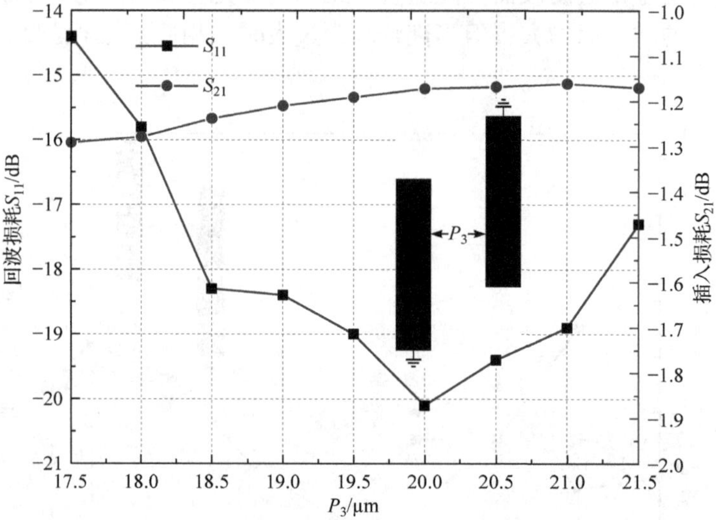

图 2-24 间距 P_3 对滤波器性能的影响曲线

综上所述，对基于 TSV 结构的交指型带通滤波器的谐振器的间距进行分析，确定了带通滤波器在获得最佳性能时的结构参数。表 2-4 显示了调试后基于 TSV 的七阶交指型带通滤波器结构参数。

表 2-4 基于 TSV 的七阶交指型带通滤波器结构参数

结构	结构参数	符号	数值/μm
TSV	TSV 直径	*d*	10

续表

结构	结构参数	符号	数值/μm
TSV	TSV 高度	H	100
RDL	金属 RDL 长度	L_1	314.3
	金属 RDL 长度	L_2	250.7
	金属 RDL 长度	L_3	72
	金属 RDL 宽度	W	10
间距	相邻谐振器的间距	P_1	41.5
	相邻谐振器的间距	P_2	36.5
	相邻谐振器的间距	P_3	20.0

最终优化后的基于 TSV 的毫米波交指型带通滤波器的 S 参数曲线如图 2-25 所示。基于 TSV 的交指型带通滤波器以 85GHz 为中心，分数带宽(FBW)达到 63%，插入损耗为 1.3dB，通带中的反射高于 20dB。此外，该滤波器具有良好的带外抑制特性，在 0.6GHz 频率点处的带外抑制特性大于 87dB。

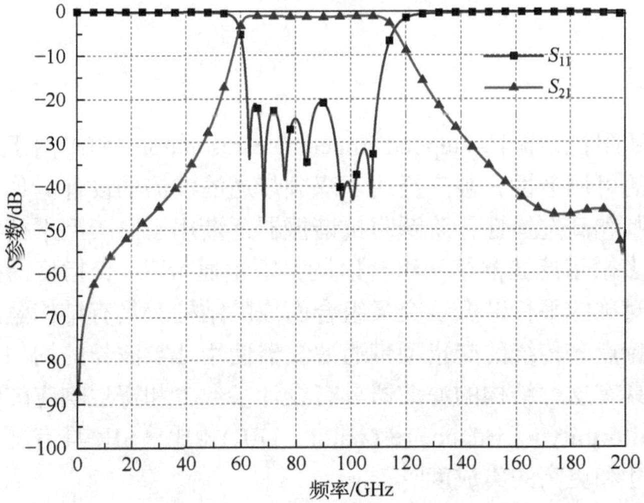

图 2-25　基于 TSV 的毫米波交指型带通滤波器的 S 参数曲线

在表 2-5 中，将基于 TSV 的 W 波段交指型带通滤波器与工作在相同频段的传统 W 波段带通滤波器的性能进行对比。

表 2-5　基于 TSV 的 W 波段交指型带通滤波器与传统 W 波段带通滤波器的性能对比

滤波器种类	分数带宽/%	中心频率/GHz	带外抑制特性/dB	插入损耗/dB	回波损耗/dB	物理尺寸/mm×mm	相对尺寸/$\lambda_g \times \lambda_g$
文献[4]滤波器	5.8	95.5	37	3.7	18.6	0.95×0.40	1.09×0.46

续表

滤波器种类	分数带宽/%	中心频率/GHz	带外抑制特性/dB	插入损耗/dB	回波损耗/dB	物理尺寸/mm×mm	相对尺寸/$\lambda_g \times \lambda_g$
文献[5]滤波器	8.3	90	44	1.5	17.4	4.88×4.98	2.18×2.22
文献[6]滤波器	2.5	80	58	3.3	14.7	30×5	11.9×1.98
本节滤波器	63	85	87	1.3	20.0	0.50×0.34	0.48×0.33

比较结果表明，基于 TSV 的 W 波段交指型带通滤波器不仅保留了带宽大、阻带衰减高、尺寸小的优点，而且 TSV 技术在高频下所具备的稳定性和高性能，极大克服了在毫米波领域下交指型带通滤波器损耗大、性能低的缺点。相比之下，该滤波器大大减小了尺寸，并且具有更大的带宽和更高的带外抑制特性。

2.4　基于 TSV 的 W 波段 SIR 交指型带通滤波器设计

2.4.1　结构设计

过去，阶跃阻抗谐振器(stepped impedance resonator，SIR)由于具有设计灵活性和寄生通带的可调节性，被广泛用于双频带通滤波器的设计。如今，为了获得更好的带外抑制和高选择性，阶跃阻抗谐振器逐渐用于紧凑型平衡滤波器设计。SIR 可以与许多微带滤波器结构组合以调整寄生通带[7]。交指型谐振器结构就是一种使用多组对称的平行谐振线交叉组合而成的结构，具有结构紧凑、带宽大、寄生通带远等特点。传统的交指型带通滤波器使用 1/4 波长的均匀耦合线作为谐振器，然而，具有这种结构的滤波器具有设计参数少和寄生响应的缺点。与均匀阻抗谐振器(uniformity impedance resonator，UIR)相比，SIR 具有更大的设计自由度、更小的尺寸和更高的集成度[8]。

SIR 还可以与许多微带滤波器结构相结合，以调节寄生通带，在过去广泛用于双频带甚至三频带微带带通滤波器中。根据组成 SIR 的传输线波长的不同，SIR 可以分为$\lambda_g/4$ 型(1/4 波长)、$\lambda_g/2$ 型(1/2 波长)和λ_g 型(全波长)三种基本结构，如图 2-26～图 2-28 所示。$\lambda_g/4$ 型作为最基本的 SIR 结构，其体积更小、杂散频率距离中心频率更远，因此本节仅对$\lambda_g/4$ 型 SIR 进行分析。在图 2-26 中，SIR 传输线分别由短路端高阻抗传输线和开路端低阻抗传输线部分组成，特性阻抗分别为 Z_1 和 Z_2，等效电长度为 θ_1 和 θ_2。

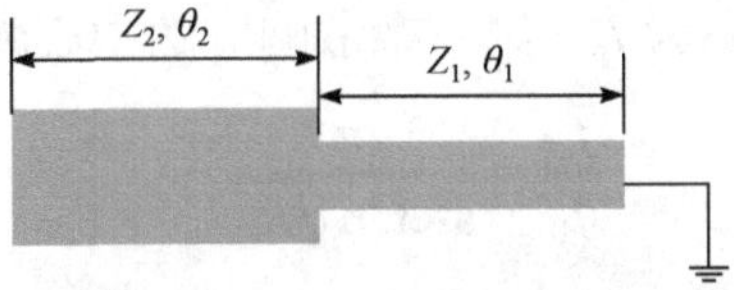

图 2-26　1/4 波长阶跃阻抗谐振器

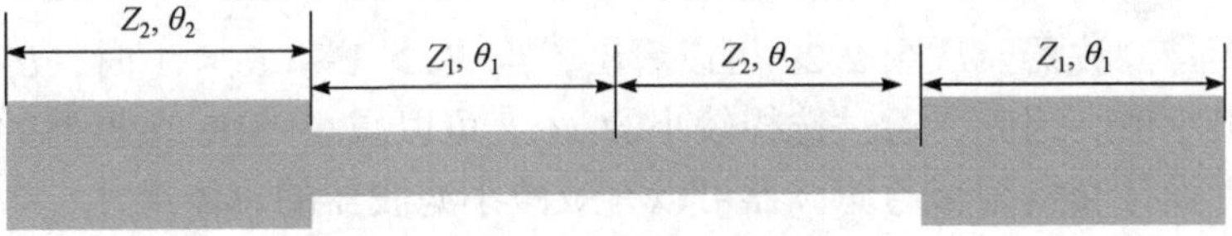

图 2-27　1/2 波长阶跃阻抗谐振器

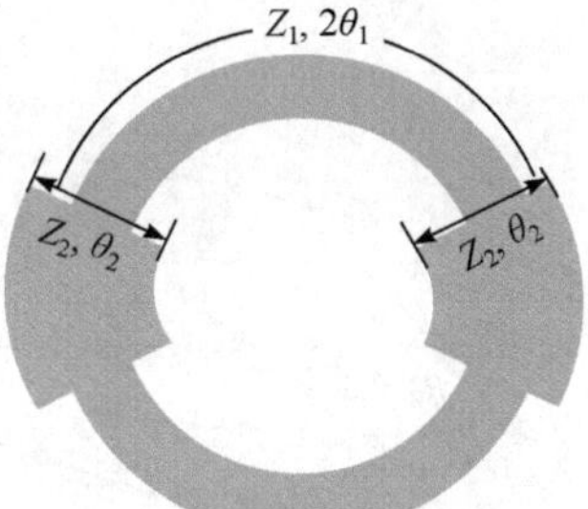

图 2-28　全波长阶跃阻抗谐振器

同等阻抗比情况下，$\lambda_g/4$ 型 SIR 比$\lambda_g/2$ 型 SIR 具有更小的尺寸，更高的杂散频率位置，因此$\lambda_g/4$ 型 SIR 更适用于微带滤波器，杂散频率的位置取决于 SIR 结构阻抗比的大小，阻抗比越大，距离本征频率也就越远，通带内性能也就更加稳定。因此，在设计过程中根据不同的设计指标灵活选用不同的阻抗比，极大地提升设计的自由度，拓宽滤波器的阻带，减小第二通带的影响。本节选择 1/4 波长类型的 SIR。

忽略阻抗阶跃面不连续性的影响，$\lambda_g/4$ 型 SIR 的输入阻抗 Z_{IN} 如式(2-51)所示：

$$Z_{\mathrm{IN}} = \mathrm{j}Z_2 \frac{Z_1 \tan\theta_1 + Z_2 \tan\theta_2}{Z_2 - Z_1 \tan\theta_1 \tan\theta_2} \tag{2-51}$$

当传输线谐振时，SIR 的阻抗比 R_Z 如式(2-52)所示：

$$R_Z = \tan\theta_1 \tan\theta_2 \tag{2-52}$$

$\lambda_g/4$ 型 SIR 结构的总电长度为

$$\theta_{\mathrm{TA}} = \theta_1 + \arctan(R_Z / \tan\theta_1) \tag{2-53}$$

1/4 波长 UIR 的电长度为$\pi/2$，因此 SIR 谐振器的归一化长度 L_n 为

$$L_n = \theta_{\mathrm{TA}} / (\pi / 2) = 2\theta_{\mathrm{TA}} / \pi \tag{2-54}$$

SIR 谐振器的谐振频率为 f_0，第一杂散响应的中心频率为 f_{s1}，有

$$\frac{f_{s1}}{f_0}=\frac{\pi}{\arctan\sqrt{R_Z}}-1 \tag{2-55}$$

从式(2-55)中可以看出，SIR 结构不仅可以根据阻抗比调节杂散频带的位置，减小对通带的影响，还可以利用阻抗间的关系将其设置为第二通带，实现双频甚至多频带滤波器。从图 2-29 可以看出，当 $R_Z \geqslant 1$ 和 $R_Z < 1$ 时，L_n 分别具有最大值和最小值。因此，通过选择较小的 R_Z，可以减小 SIR 谐振器的长度。利用这一特性设计交指型带通滤波器可以有效减小滤波器的总体尺寸。

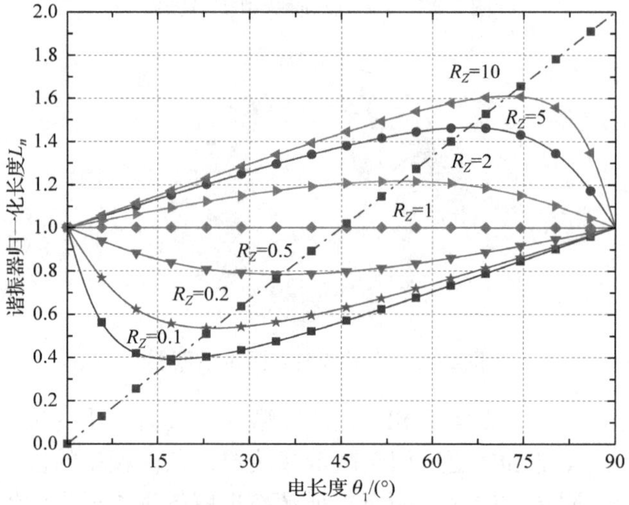

图 2-29　1/4 波长 SIR 结构的归一化长度与电长度的变化关系

采用 SIR 结构作为交指型带通滤波器的主体谐振单元，根据图 2-29 以及式(2-52)可以选用阻抗比为 0.8，其中 $\theta_1 = 40.3°$，$\theta_2 = 40.3°$，利用 ADS 确定电长度比为 0.85，其中 $Z_1 = 95\Omega$，$Z_2 = 78.5\Omega$。

在确定$\lambda_g/4$ 型 SIR 的阻抗比和电长度比后，下面将根据滤波器的设计指标中心频率通过式(2-46)确定 SIR 交指型带通滤波器的谐振器长度。针对 2.3 节中 TSV 改进耦合系数法，下面将对设计方法进行进一步的改进。

交指滤波器电路模型的耦合系数如式(2-56)所示，外部品质因数由式(2-57)确定：

$$K_{N,N+1}=\frac{\text{FBW}}{\sqrt{g_N g_{N+1}}} \tag{2-56}$$

$$Q=\frac{g_0 g_1}{\text{FBW}}=\frac{g_N g_{N+1}}{\text{FBW}} \tag{2-57}$$

式中，Q 为交指型带通滤波器外部品质因数；FBW 为交指滤波器的分数带宽；g_1 为交指型带通滤波器第 1 条耦合线的归一化电导值；g_N 为交指型带通滤波器第 N 条耦合线的归一化电导值。

表 2-6 为研究的 SIR 交指型带通滤波器模型参数。

表 2-6 SIR 交指型带通滤波器模型参数

参数	取值	参数	取值
g_0	1.0	g_6	1.3924
g_1	0.7969	g_7	0.7969
g_2	1.3924	g_8	1.0
g_3	1.7481	K_{12}	0.475
g_4	1.6331	K_{23}	0.320
g_5	1.7481	K_{34}	0.296

忽略非相邻谐振器之间的耦合，交指型带通滤波器的谐振器耦合系数为

$$M_{N,N+1}=\pm\frac{f_{N+1}^2-f_N^2}{f_{N+1}^2+f_N^2} \tag{2-58}$$

式中，f_N 和 f_{N+1} 分别是相邻谐振器的谐振频率。在 ANSYS HFSS 中建立本征模式(eigenmode)下相邻 SIR 结构的模型图，如图 2-30 所示。

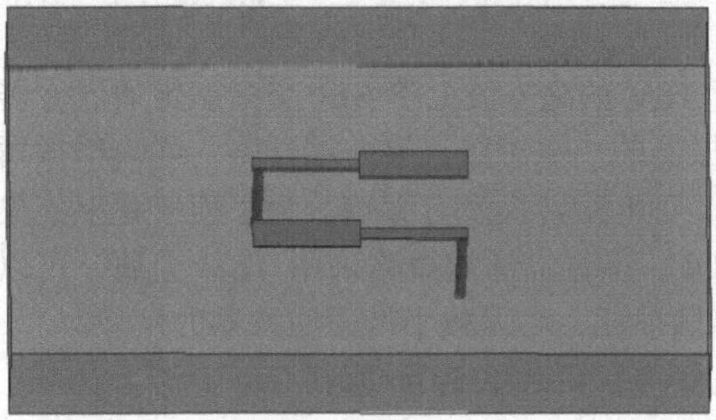

图 2-30 本征模式下相邻 SIR 结构的模型图

当 $K_{N,N+1}$ 匹配模型滤波器的耦合系数 $M_{N,N+1}$ 时，获得相邻谐振器之间的间距 $S_{N,N+1}$，相邻谐振器间距与耦合系数的关系如图 2-31 所示。

基于 TSV 的毫米波七阶 SIR 交指型带通滤波器的三维结构如图 2-32 所示，从上到下依次为二氧化硅绝缘层，作为谐振电路的上层金属 RDL，直径 5μm、高度 100μm 的 TSV 圆柱，作为信号地的下层金属铜。

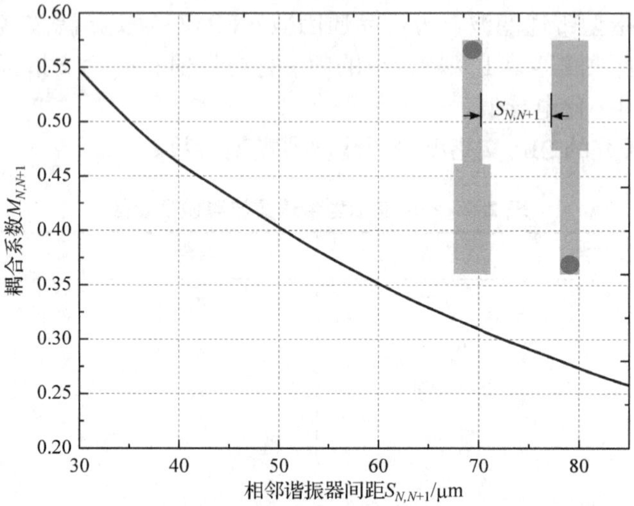

图 2-31　相邻谐振器间的耦合系数随间距的变化曲线

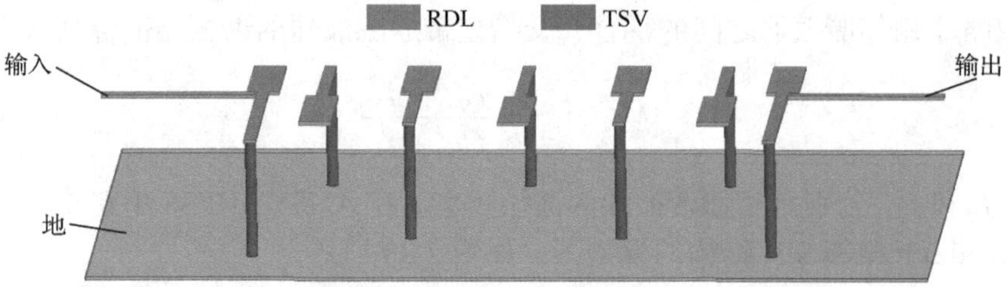

图 2-32　基于 TSV 的毫米波七阶 SIR 交指型带通滤波器的三维结构

图 2-33 为基于 TSV 的毫米波七阶 SIR 交指型带通滤波器俯视图，该结构是轴对称的。每个谐振器的一端短路，另一端开路。终端谐振器起到阻抗转换和外部电路连接的作用，对电路转换没有影响。为了便于片上集成，交指型带通滤波器的谐振器采用 RDL，谐振器通过短路采用 TSV 金属，可以降低交指型带通滤波器在 W 波段的传输损耗，大大减小带通滤波器的尺寸。

t 为抽头与地的距离，由式(2-59)计算：

$$t=\frac{2(L_2+L_3)}{\pi}\arcsin\sqrt{\frac{\pi Z_0}{4Z_{01}Q}} \tag{2-59}$$

式中，L_2 和 L_3 分别是终端 SIR 结构的低阻抗部分长度和高阻抗部分长度；Z_0 是特性阻抗为 50Ω 的抽头 RDL；$Z_{0\mathrm{I}}$ 是并联耦合线的特性阻抗。

根据设计方案可以得出交指型带通滤波器的谐振器间距大致为 52μm、82μm、87μm，根据理论计算出的参数所得到的模型 S 参数曲线如图 2-34 所示。

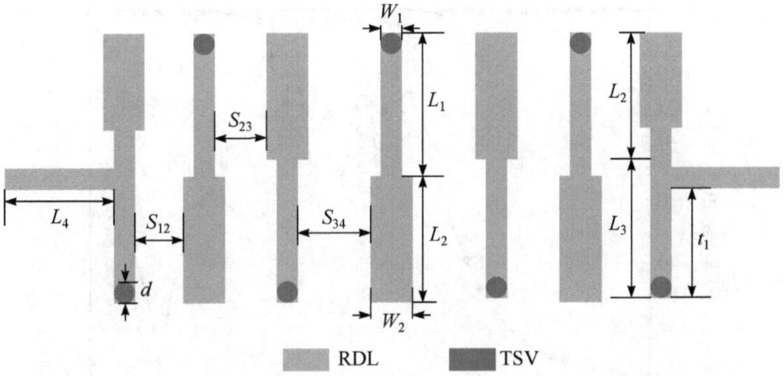

图 2-33　基于 TSV 的毫米波七阶 SIR 交指型带通滤波器俯视图

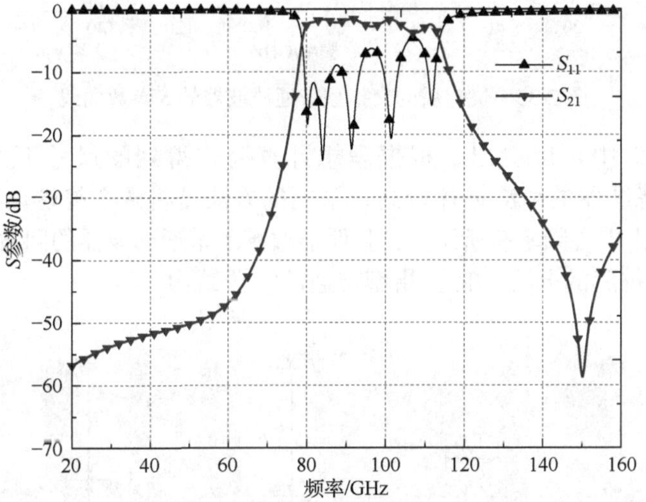

图 2-34　交指型带通滤波器的 S 参数曲线

2.4.2　结果与分析

因为在设计过程中忽略了非相邻谐振器之间的耦合，所以在实际过程中实现相同的耦合强度所需要谐振器的间距一定比理想情况下的距离小。因此，在后续改进过程中，考虑将三组谐振器的间距进行向下优化。

2.4.1 小节对于 SIR 交指型带通滤波器的设计，确定了滤波器的结构以及基本参数，下面将从抽头位置、终端谐振器的长度、谐振器间距等方面对滤波器的性能进行优化分析。

由于端效应的影响，实际滤波器电路中谐振器比理想中的小，因此考虑到补偿作用，对终端谐振器进行适当延长，增加交指型带通滤波器的有效耦合面积，优化后的曲线如图 2-35 所示。

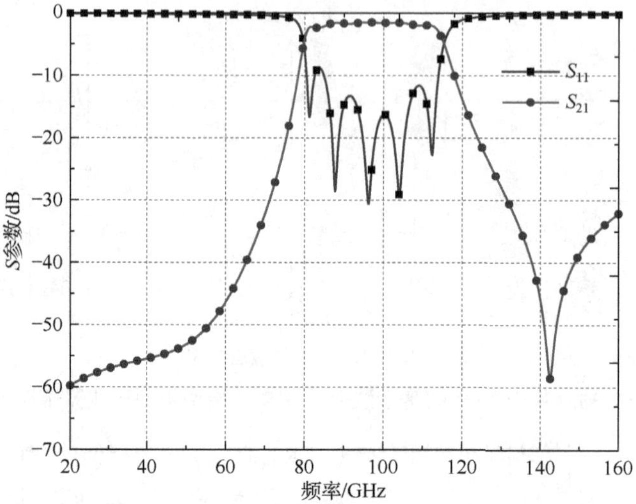

图 2-35　优化后的交指型带通滤波器的 S 参数曲线

从图 2-35 中可以看出，根据理想计算公式得到的尺寸下中心频率偏低 1GHz，并且滤波器的回波损耗较高，采用的方法是将两个终端谐振器的短路端延长，可以看出中心频率有所调整，且明显改善了带通滤波器的回波损耗。图 2-36 为改进终端阻抗后的七阶 SIR 交指型带通滤波器结构。

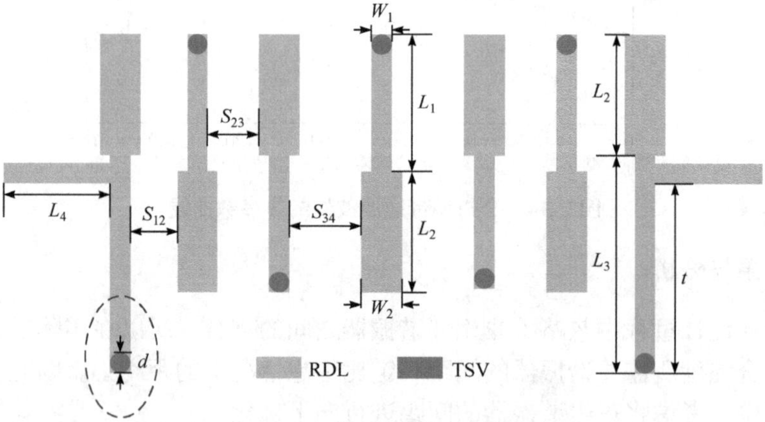

图 2-36　改进终端阻抗后的七阶 SIR 交指型带通滤波器结构

由于交指型带通滤波器的中心频率、带宽、通带内性能与滤波器的结构参数息息相关，因此优化交指型带通滤波器的仿真性能可以通过调整其关键结构参数来实现，从而达到设计要求。例如，滤波器的中心频率受谐振器长度的直接影响，在保证其他结构参数相同时，谐振器的长度越长，滤波器的中心频率也就越低。一方面，交指型带通滤波器的耦合强度主要受谐振器的间距及有效耦合面积的影响，直接影响滤波器的耦合系数。另一方面，耦合系数的大小决定着带宽的宽度，耦合系数越大，所对应滤波器的带宽也就越宽。因此，优化提升交指型带通滤波器的性能可以从其关键结构参数出发。下面将对 SIR 的三组谐振器的间距参数进行分析，分别研究在不同间距下 SIR 交指型带通滤波器的性能变化趋势。其中，SIR 交指型带通滤波器性能随间距 S_1 变化关系如图 2-37 所示。

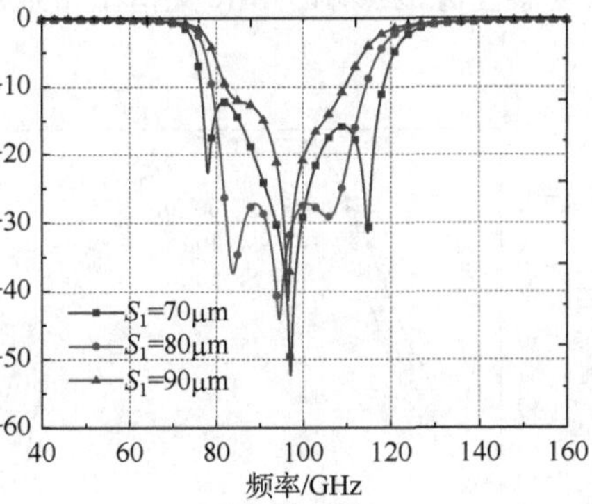

(a) 回波损耗S_{11}

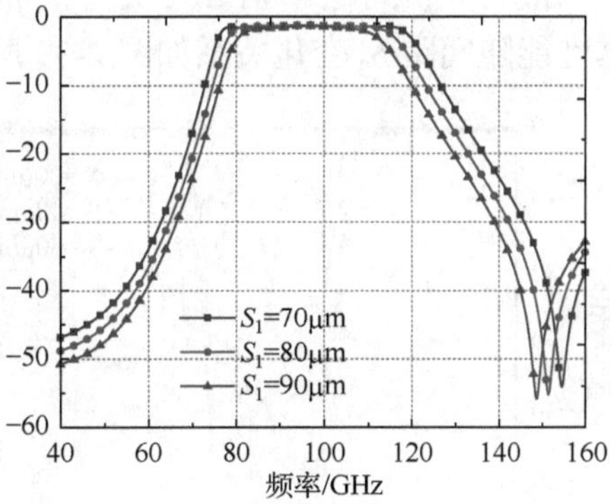

(b) 插入损耗S_{21}

图 2-37 SIR 交指型带通滤波器性能随间距 S_1 变化关系

在图 2-37 中，根据 2.4.1 小节中耦合系数法获得大致间距后，保持第二组和第三组谐振器的间距不变，可以发现滤波器的回波损耗在 80μm 时性能最优，但分数带宽随间距的增大而减小，表明当 S_1 大于 80μm 时，谐振器之间的耦合系数减小，滤波器的性能开始下降，证明在中心频率 98.5GHz 处第一组谐振器的间距在 80μm 附近处滤波器可以获得最佳性能。

接下来分析间距 S_2 对 SIR 交指型带通滤波器性能的影响，得出 SIR 交指型带通滤波器性能随间距 S_2 变化关系如图 2-38 所示。

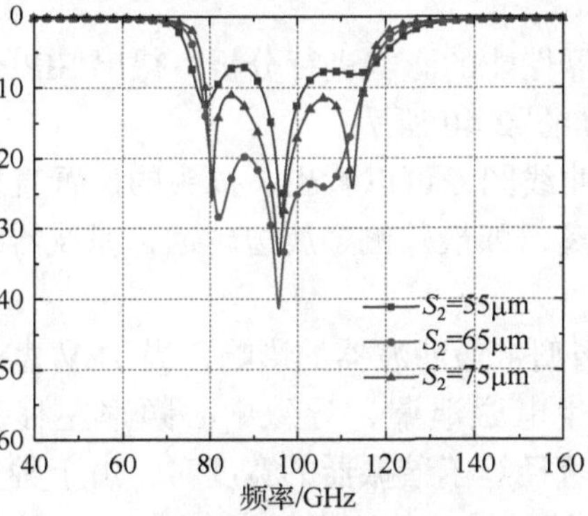

(a) 回波损耗S_{11}

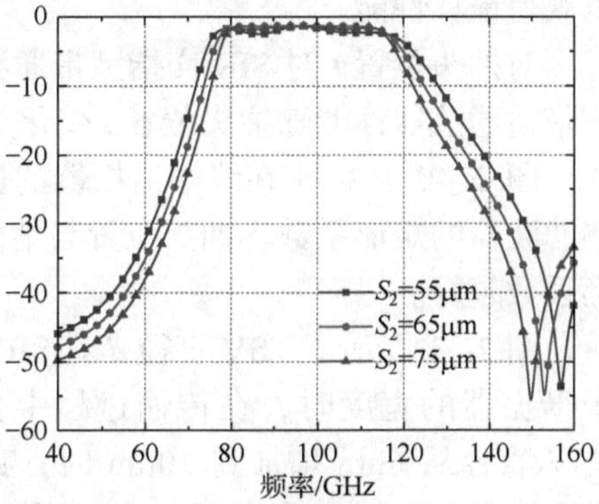

(b) 插入损耗S_{21}

图 2-38 SIR 交指型带通滤波器性能随间距 S_2 变化关系

在图 2-38 中，在获取第二组交指型带通滤波器的谐振间距后，保持第一组和第三组谐振器的间距不变，可以发现滤波器的回波损耗在小于 65μm 时可以获得最优性能，但分数带宽随间距的增大而减小，表明当 S_2 大于 65μm 时，谐振器之间的耦合系数减小，滤波器的性能开始下降，证明在中心频率 98.5GHz 处第二组谐振器的间距在 65μm 附近处滤波器可以获得最佳性能。

最终分析间距 S_3 对 SIR 交指型带通滤波器性能的影响，SIR 交指型带通滤波器性能随间距 S_3 变化关系如图 2-39 所示。

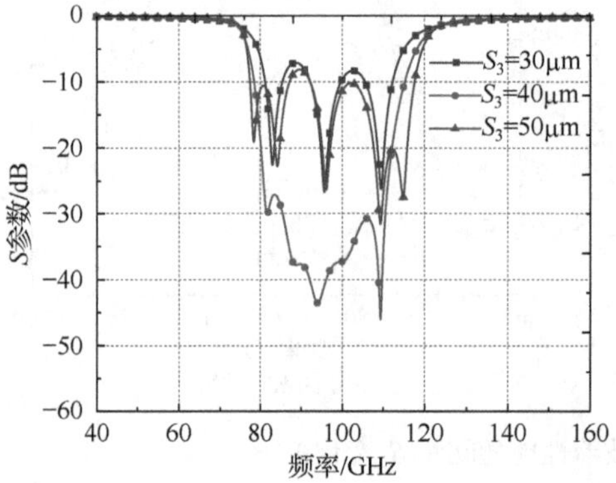

(a) 回波损耗 S_{11}

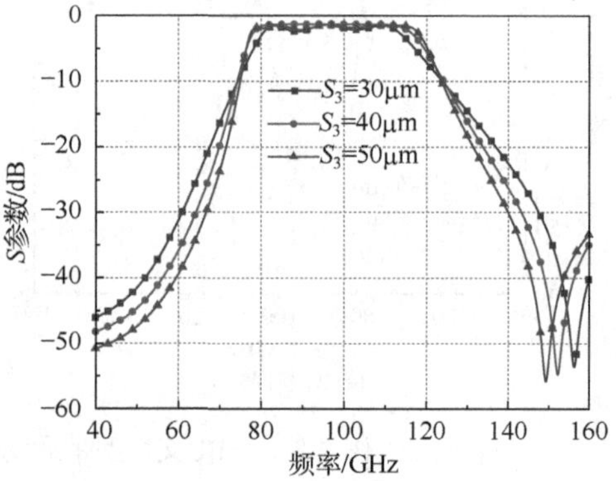

(b) 插入损耗 S_{21}

图 2-39　SIR 交指型带通滤波器性能随间距 S_3 变化关系

在图 2-39 中，在获取第三组交指型带通滤波器的谐振间距后，控制第一组和第二组谐振器的间距不变，可以发现滤波器的回波损耗在 40μm 处具有更显著的性能，可以看出 SIR 交指型带通滤波器的第一组间距主要影响带外抑制特性，随着间距的增大，阻带带外抑制衰减更高，当大于 40μm 时，滤波器的性能开始下降，证明在中心频率 98.5GHz 处第一组谐振器的间距在 40μm 左右处滤波器可以获得最佳性能。

对抽头位置 t 对 SIR 交指型带通滤波器性能的影响进行分析，得出 SIR 交指型带通滤波器性能随抽头位置 t 变化关系如图 2-40 所示。

图 2-40 为抽头在终端谐振器的位置曲线图，可以看出，抽头的位置直接影响滤波器的矩形系数。抽头位置与地的距离，即最外侧金属边越远，滤波器的矩形系数越好。

图 2-41 展示了 TSV 直径 d 对 SIR 交指型带通滤波器的影响，当 TSV 直径小于谐振器的宽度时，在传输过程中会产生电磁泄漏，导致中心频率左移，当 TSV 直径从 6μm 增加到 10μm 时，TSV 直径等于谐振器的宽度时，由于避免了谐振器与 TSV 之间的能量损失，因此带通滤波器的传输损耗也会减小。

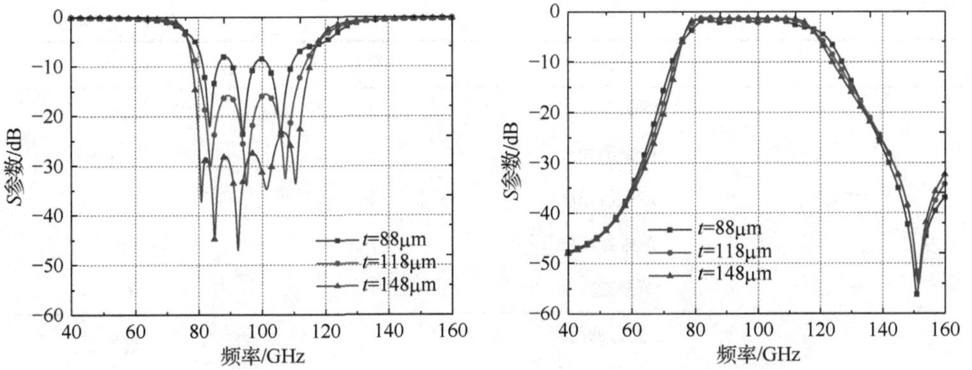

(a) 回波损耗S_{11}　　(b) 插入损耗S_{21}

图 2-40　SIR 交指型带通滤波器随抽头位置 *t* 变化关系

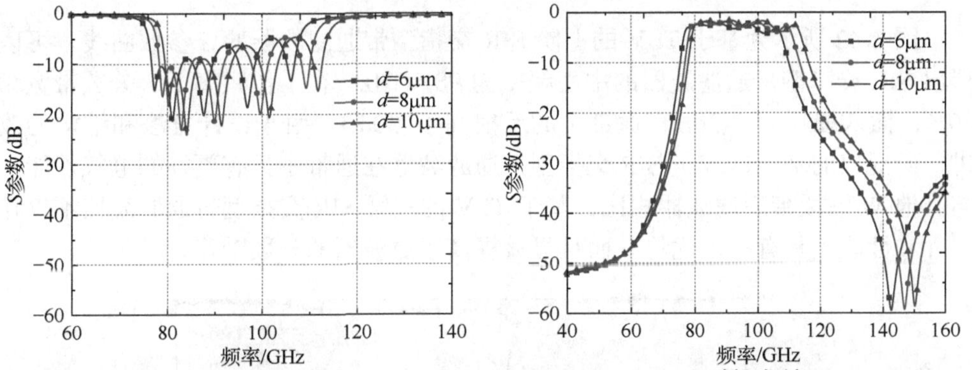

(a) 回波损耗S_{11}　　(b) 插入损耗S_{21}

图 2-41　TSV 直径对 SIR 交指型带通滤波器的影响

从图 2-37～图 2-39 中可以看出，当谐振器的间距减小时，相应的 3dB 带宽增大，耦合强度也增大。采用三维全波场求解器高频结构仿真器(HFSS)对基于 TSV 的 SIR 交指型带通滤波器的三维结构模型进行仿真。经过优化，基于 TSV 的毫米波 SIR 交指型带通滤波器模型参数如表 2-7 所示。其中，L_1、L_2分别代表作为谐振器的五个谐振单元的高阻抗部分长度和低阻抗部分长度，S_{12}、S_{23}、S_{34}分别代表三组相邻谐振器之间的间距。

表 2-7　基于 TSV 的毫米波 SIR 交指型带通滤波器模型参数

结构	结构参数	符号	取值/μm
TSV	金属铜半径	d_1	4.7
	二氧化硅直径	d_2	5
	TSV 高度	H	100

续表

结构	结构参数	符号	取值/μm
RDL	谐振器长度	L_1	98.8
	谐振器长度	L_2	84.8
	谐振器长度	L_3	158
	谐振器宽度	W_1	10
	谐振器宽度	W_2	26.8
间距	谐振器的间距	S_{12}	40.4
	谐振器的间距	S_{23}	67.5
	谐振器的间距	S_{34}	77.4

图 2-42 所示为基于 TSV 的七阶 SIR 交指型带通滤波器的 S 参数曲线，可以得出 SIR 交指型带通滤波器的中心频率为 98.5GHz。在工作频率下，分数带宽为 40%，插入损耗为 1.3dB，通带中的反射高于 30dB。由于设计方法和结构的改进，所提出的基于TSV的SIR交指型带通滤波器在通带中具有更好的电气性能。与其他 W 波段带通滤波器相比，基于 TSV 的三维 SIR 交指型带通滤波器不仅在尺寸和性能上具有一定优势，而且显著提高了滤波器的分数带宽。

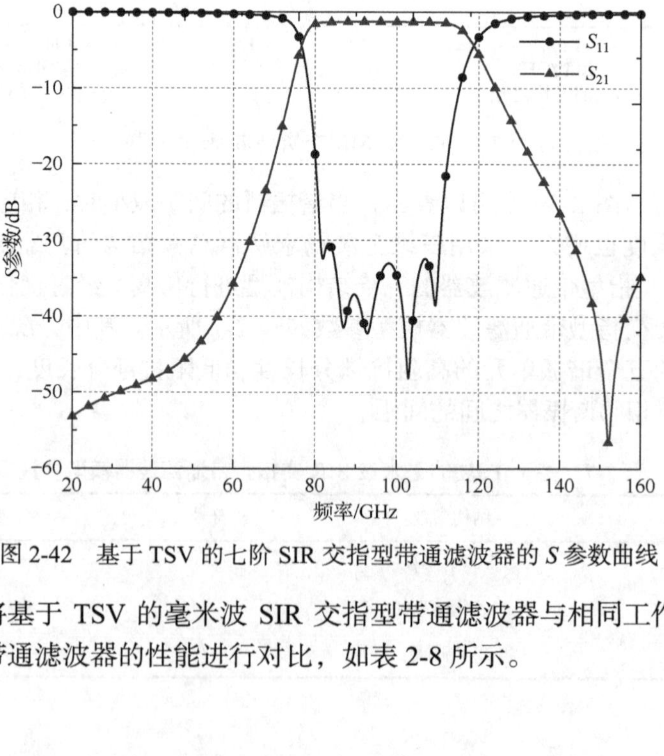

图 2-42　基于 TSV 的七阶 SIR 交指型带通滤波器的 S 参数曲线

此外，将基于 TSV 的毫米波 SIR 交指型带通滤波器与相同工作频段的其他结构毫米波带通滤波器的性能进行对比，如表 2-8 所示。

表 2-8　基于 TSV 的毫米波 SIR 交指型带通滤波器与相同工作频段的其他结构毫米波带通滤波器的性能对比

滤波器种类	分数带宽/%	中心频率/GHz	插入损耗/dB	回波损耗/dB	面积/mm×mm	相对尺寸 $/\lambda_g \times \lambda_g$
文献[1]滤波器	63.0	85.0	1.3	20.0	0.50×0.34	5.28×1.85
文献[4]滤波器	5.8	95.5	3.7	18.6	0.95×0.40	1.09×0.46
文献[9]滤波器	5.3	91.3	0.9	18.0	3.81×2.54	1.71×1.14
文献[10]滤波器	5.0	90.0	1.8	15.0	2.28×2.29	1.33×1.34
文献[11]滤波器	7.3	94.8	1.2	16.0	4.85×1.70	5.28×1.85
本节滤波器	40.0	98.5	1.3	30.4	0.24×0.70	0.28×0.79

结果表明，基于 SIR 的交指型带通滤波器(IBPF)具有结构紧凑、宽带显著的优点。此外，与传统的奇偶模分析法相比，本节利用 TSV 技术和耦合系数法提高了设计的准确性。在匹配性优于其他结构的同频段带通滤波器，具有显著的优势，证明基于 TSV 的交指型带通滤波器设计是可行且有效的。同时，该交指结构显著提高了滤波器的分数带宽，频率信号可以以接近无损的大小在结果中复现，因此更加接近输入信号，响应更快。

综上所述，基于 SIR 的交指型带通滤波器具有结构紧凑和显著带宽的优点。从表 2-8 中可以观察到，本节所提出的三维 SIR 交指型带通滤波器具有最佳电气性能。同时，基于三维集成技术的 TSV 可以在高频、小体积和有利于芯片集成的情况下实现最佳传输性能。

2.5　基于 TSV 的 U 波段 SIR 双交指型带通滤波器设计

2.5.1　结构设计

对于 SIR 带通滤波器，阻抗比越低，谐振器的长度越短，根据 2.4 节中的分析可知，相应的杂散频率越远，带通滤波器的稳定性越好。传统 SIR 交指型阻抗比较低，通常很难获得足够的宽带耦合。根据 2.4 节中对 SIR 交指型带通滤波器的分析，本节提出一种基于 TSV 的 SIR 双交指型带通滤波器。通过使用交指耦合线，实现相邻谐振器之间的强耦合。同时，为了减小滤波器尺寸，延长上阻带，所设计的双交指型 SIR 带通滤波器可以实现更低的阻抗比。此外，通过引入非相邻谐振腔之间的交叉耦合，可以很容易地在通带两侧获得一对传输零点，从而提高所提出的双交指宽带带通滤波器的选择性。

双交指结构由两个交指耦合结构和一个联轴器组成。对于交指型谐振器结构，左侧与右侧通过联轴器连接，并关于联轴器对称，通过上下谐振器产生电磁耦合，耦合强度由间隙宽度决定，如图 2-43 所示。

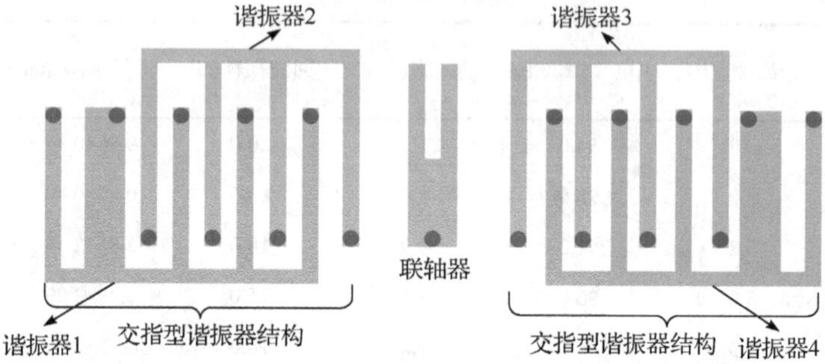

图 2-43　基于 TSV 的 SIR 双交指型谐振器结构示意图

所设计的 SIR 双交指滤波器在输入输出端口由多条平行耦合薄带组成低阻抗部分，再由一条短路的薄带组成高阻抗部分，并在每个带的开路端使用 TSV 与底层 RDL 连接。

在基于 TSV 的双交指型带通滤波器的设计中，需要关注的是输入输出端口采用 SIR 结构的阻抗比，上下谐振器之间的耦合长度，抽头的位置以及联轴器公共短路节的长度。不同的尺寸参数会产生不同的外部品质因数 Q 和耦合系数 K。根据图 2-44 中对基于 TSV 的双交指型结构模型的参数标注，固定主体谐振 RDL 单元的宽度为 10μm，为了研究不同结构参数下双交指型带通滤波器的性能影响，在电磁仿真软件 ANSYS HFSS 上对上述结构进行模型建立，如图 2-45 所示，对不同尺寸下的 TSV 双交指型带通滤波器的性能进行分析。

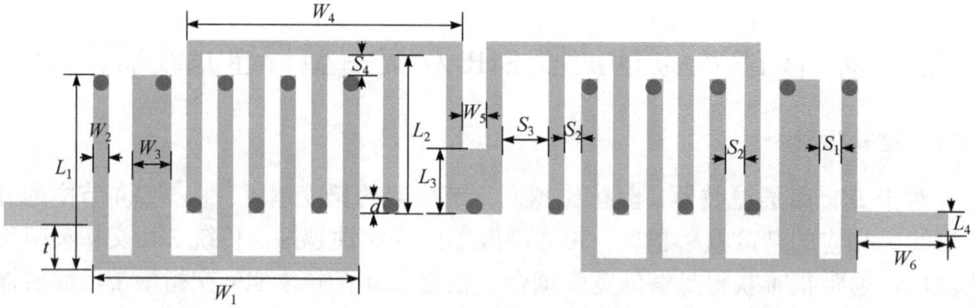

图 2-44　基于 TSV 的双交指型结构模型

以一个 U 波段交指型 SIR 带通滤波器设计为例，设计指标：中心频率 $f_0 =$ 57GHz，插入损耗为 3dB，回波损耗为 20dB，分数带宽为 10.5%，带外抑制特性在 40GHz 处大于 35dB。该结构采用 1/4 波长阶跃阻抗谐振器作为交指型带通滤波器的谐振单元，其阻抗比 $R_Z = 0.62$。基于 TSV 的毫米波 SIR 双交指型带通滤波器模型参数如表 2-9 所示。

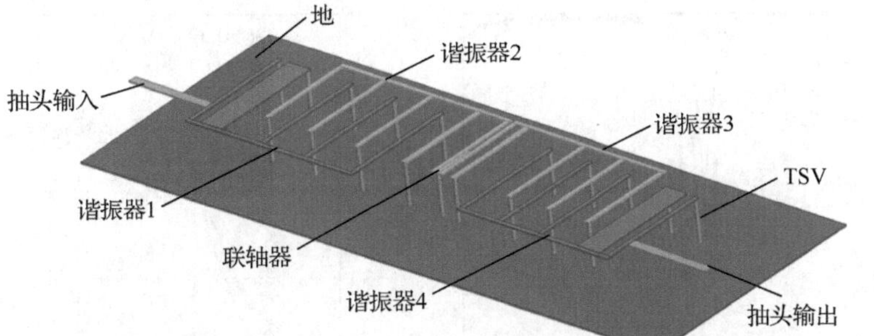

图 2-45　基于 TSV 的毫米波 SIR 双交指型带通滤波器三维结构

表 2-9　基于 TSV 的毫米波 SIR 双交指型带通滤波器模型参数

结构	结构参数	符号	取值/μm
TSV	金属铜半径	d_1	4.7
	二氧化硅半径	d_2	5
	TSV 高度	H	100
RDL	谐振器长度	L_1	273
	谐振器长度	L_2	230
	谐振器长度	L_3	100
	谐振器宽度	W_1	425
	谐振器宽度	W_2	10
	谐振器宽度	W_3	55
	谐振器宽度	W_4	8
间距	谐振器的间距	S_1	20
	谐振器的间距	S_2	40
	谐振器的间距	S_3	73
	谐振器的间距	S_4	40

2.5.2　结果与分析

1) SIR 阻抗比的性能分析

基于 TSV 的双交指型带通滤波器的 SIR 阻抗比的大小影响带通滤波器的杂散频率位置。根据微带线特性阻抗公式，分别对阻抗比为 0.52 和 0.72 的 SIR 双交指型带通滤波器进行分析，此时 SIR 另一谐振器的宽度分别为 86.1μm、36.38μm。下面将根据不同 SIR 阻抗比的双交指型带通滤波器进行分析，如图 2-46 所示。

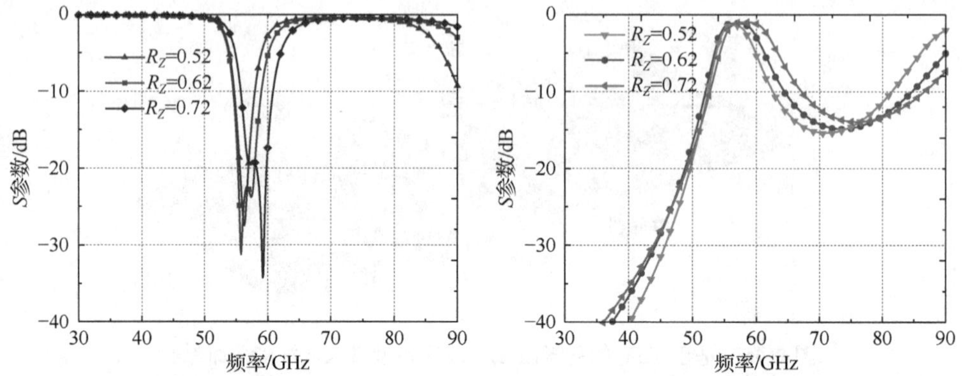

(a) 回波损耗S_{11}　　(b) 插入损耗S_{21}

图 2-46　SIR 阻抗比对双交指型带通滤波器性能的影响

从图 2-46 可以看出，SIR 阻抗比对带通滤波器的下阻带性能影响最大，分数带宽会随着阻抗比的增大而增大，这是因为在交指谐振器之间实现强耦合较为容易获得宽带耦合性能。但是，经过前面的分析可以知道，阻抗比的增大会导致杂散频率靠近带通滤波器的通带，从而影响双交指型带通滤波器的性能。在实际设计过程中，通常根据设计指标选择需要带宽更大或者性能更优、更稳定的双交指型带通滤波器。

2) 上下谐振器间的耦合长度对性能的影响

双交指型带通滤波器的耦合强度取决于上下谐振器之间的距离，这里将谐振器从左到右编号为 1～4，对于双交指型带通滤波器左右两端的 SIR 结构，为了减小滤波器的尺寸，同时为了加强输入输出端的耦合，采用的是折叠结构。下面将通过调整谐振器 1 和 2 之间的间隙宽度对带通滤波器的性能进行分析，结果如图 2-47 所示。

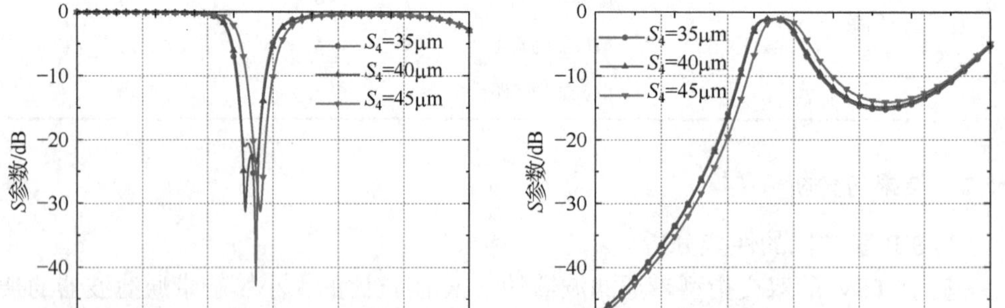

(a) 回波损耗S_{11}　　(b) 插入损耗S_{21}

图 2-47　上下谐振器间距对带通滤波器性能的影响

双交指型 SIR 带通滤波器的谐振器 1 和谐振器 2，以及谐振器 3 和谐振器 4 之间形成强电容耦合，其耦合强度取决于相邻谐振器的间隙宽度、谐振器宽度以及平行连接薄带谐振器的数量。可以看出，基于 TSV 的双交指型带通滤波器的中心频率受每组相邻谐振器之间间隙宽度的影响，随宽度的增大，中心频率右移。此外，由于间隙宽度的增大，谐振器 1 和谐振器 2 的耦合强度变小，相应的耦合系数也减小，从而导致带通滤波器的带宽减小，高频带外传输零点右移，且对阻带的抑制性也会变差。因此，在实际设计中，不管是为了减小滤波器的结构尺寸，还是为了实现更大的耦合强度，一般要求结构更加紧凑，缩短上下谐振器之间的间隙宽度。

3) 抽头与公共传输线的距离对性能的影响

基于 TSV 的 SIR 双交指型带通滤波器的抽头输入和输出直接影响滤波器对频率的选择能力，其与公共传输线的距离 t 通过影响滤波器的输入阻抗和输出阻抗，改变其外部品质因数。抽头输入输出馈线的特性阻抗为是 50Ω，保持其他参数不变，抽头与公共传输线距离分别取 150μm、200μm、250μm，回波损耗和插入损耗随抽头位置变化曲线如图 2-48 所示。

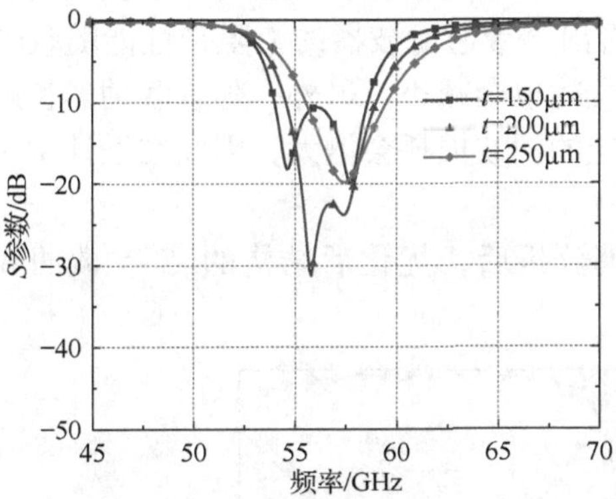

(a) 回波损耗S_{11}

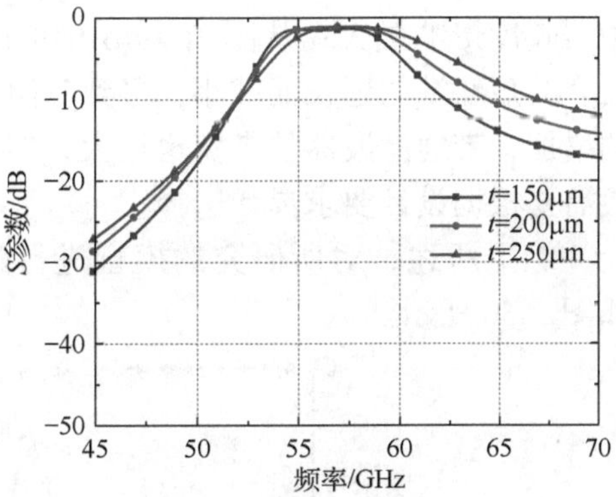

(b) 插入损耗S_{21}

图 2-48　抽头位置对带通滤波器性能的影响

从图 2-48 中可以看出，基于 TSV 的双交指型带通滤波器的回波损耗受抽头位置影响较大，由于耦合系数减小，SIR 双交指型带通滤波器的带宽随抽头与公共传输线的距离增大而减小，并且中心频率随 t 的增大而右移。此外，根据式(2-59)可知抽头位置受外部品质因数的影响，t 的增大导致外部品质因数减小，滤波器对频率的选择能力也会变弱。

4) 联轴器对性能的影响

联轴器作为 SIR 双交指型带通滤波器两端对称结构的连接器件，其耦合方式主要是谐振器 2 和谐振器 3 之间的磁耦合，谐振器 2 和谐振器 3 之间的耦合强度直接取决于联轴器短路端的长度，因此联轴器的变化主要影响滤波器传输性能。保持其他参数不变，联轴器的长度分别取 70μm、100μm、130μm，回波损耗和插入损耗随联轴器长度的变化曲线如图 2-49 所示。

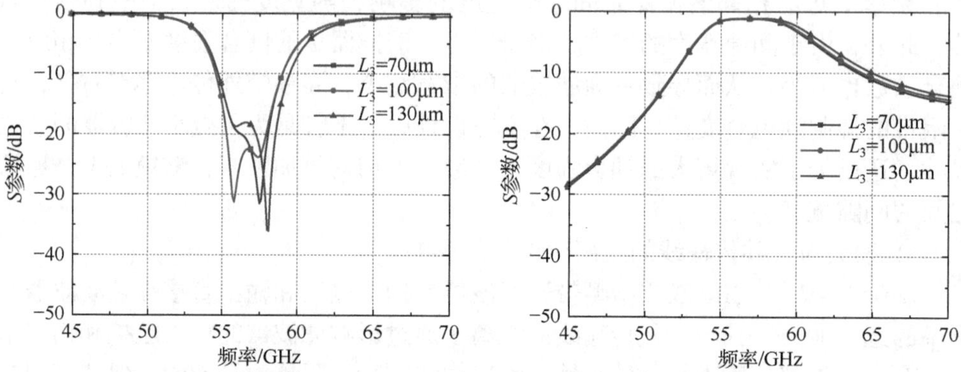

(a) 回波损耗S_{11}　　(b) 插入损耗S_{21}

图 2-49　联轴器对带通滤波器性能的影响

从图 2-49(a)中可以看出，基于 TSV 的双交指型带通滤波器的回波损耗受联轴器长度影响较大；从图 2-49(b)中可以看出，带通滤波器的上阻带性能随联轴器公共短路端的延长而减小，导致其阻带衰减也会减小。另外，随着联轴器长度的增加，带通滤波器的带宽也增大，但相应的回波损耗会增大，因此在设计中一般需要根据设计要求灵活选择。

综上所述，对所研究的模型进行建模分析后，优化后结构的 S 参数曲线如图 2-50 所示。

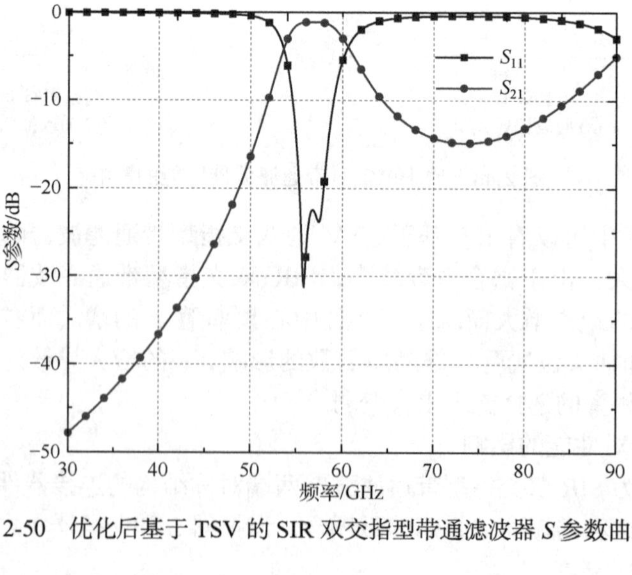

图 2-50　优化后基于 TSV 的 SIR 双交指型带通滤波器 S 参数曲线

本节提出的基于 TSV 的 SIR 双交指型带通滤波器不仅保留了 SIR 交指型带通滤波器寄生通带远的特点，具有良好的带外抑制特性和上阻带性能，而且大大改善了交指型带通滤波器不能应用于毫米波频段的缺点。在图 2-50 中，基于 TSV 的 SIR 双交指型带通滤波器以 57GHz 为中心，插入损耗为 1.2dB，通带中的反射高于 22dB。此外，该滤波器具有良好的带外抑制(OBS)特性和上阻带性能，30GHz 频率点处的带外抑制特性大于 45dB。

2.6 小　结

本章首先从交指滤波器的两种设计方法出发，根据设计原理，对耦合系数法进行了改进。通过 ADS 对 TSV 技术实现的理想交指滤波器进行验证，验证了 TSV 结构下带通滤波器相对于传统微带结构滤波器在毫米波频段下能够保持更高的性能。此外，通过分析圆柱 TSV 的直径和高度，确定获得最优性能时 TSV 的尺寸。通过分析滤波器的优化过程以及关键参数的影响，分析和验证了基于 TSV 结构的交指滤波器确实可以显著提升其传输性能，确保其在高频传输中更加稳定，并且与传统 W 波段带通滤波器相比，其尺寸更小，带宽更大。

根据阶跃阻抗谐振器的工作原理，通过 1/4 波长阶跃阻抗谐振器对毫米波带通滤波器进行了设计，并分析滤波器的优化过程以及关键参数的影响。通过应用于相同频段的毫米波带通滤波器，证明了阶跃阻抗谐振器结构可以显著减小滤波器尺寸。在此基础上，提出一种折叠 SIR 结构，设计了一种基于 TSV 的 SIR 双交指型带通滤波器，具有良好的带外抑制特性和上阻带性能。

参 考 文 献

[1] WANG F, ZHANG K, YIN X, et al. A miniaturized wideband interdigital bandpass filter with high out-band suppression based on TSV technology for w-band application[J]. IEEE Transactions on Very Large Scale Integration Systems, 2022, 30(7): 989-992.

[2] 王俐聪, 朱捷, 孙炘, 等. 抽头式微带交指型带通滤波器的设计[J]. 制导与引信, 2017, 38(4): 48-52.

[3] 甘本祓, 吴万春. 现代微波滤波器的结构与设计(上册)[M]. 北京: 科学出版社, 1973.

[4] CHEN B, TANG Y, ZHU H, et al. Design of W band hairpin filter with IPD technology[C]. 2019 IEEE MTT-S International Wireless Symposium, Guangzhou, China, 2019.

[5] QIONG B, BINZHEN Z, JUNPING D, et al. Design of W-band rectangular waveguide filter[C]. 2017 IEEE 9th International Conference on Communication Software and Networks, Guangzhou, China, 2017.

[6] HAO Z C, DING W, HONG W, et al. Developing low-cost W-band SIW bandpass filters us-ing the commercially available printed-circuit-board technology[J]. IEEE Transactions on Microwave Theory and Techniques, 2016, 64(6): 1775-1786.

[7] LIU H, LIU T, ZHANG Q, et al. Compact balanced bandpass filter design using asymmetric SIR pairs and spoof surface plasmon polariton feeding structure[J]. IEEE Microwave and Wireless Components Letters, 2018, 28(11): 987-989.

[8] FIRMANSYAH T, M ALAYDRUS, WAHYU Y, et al. A highly independent multiband band-pass filter using a multi-coupled line stub-SIR with folding structure[J]. IEEE Access, 2020, 8: 83009-83026.

[9] XU K D, XIA S, GUO Y J, et al. W-band E-plane waveguide bandpass filter based on meand-er ring resonator[J]. IEEE Microwave and Wireless Components Letters, 2021, 31(12): 1267-1270.

[10] JGUIRIM N, DALMAY C, PASSERIEUX D, et al. W-band micro-fabricated waveguide bandpass filters[C]. 2020 IEEE/MTT-S International Microwave Symposium (IMS), Los Angeles, CA, USA, 2020.

[11] HUANG Z, JIANG Y, WU W, et al. W-band bandpass filter using rectangular microcoaxial structure [J]. IEEE Microwave and Wireless Components Letters, 2021, 31(8): 957-960.

第 3 章　基于 TSV 的无反射滤波器设计

随着通信领域的革新，对无反射滤波器有了更高的需求，传统的滤波器将阻带信号反射回源，在实际的通信应用中，特别是在 5G 通信中，会导致混频器的互调干扰变大、高增益放大器产生增益波动[1]，并在模数转换器中产生混叠谐波影响其运行[2]。然而，无反射滤波器会将这些不必要的信号尽可能吸收掉，有效地减小阻带信号的反射，从而提高了相邻有源电路的稳定性。因此，无反射滤波器近年来备受关注。

无反射滤波器与传统带通滤波器的最直观区别在于回波损耗(S_{11})，如图 3-1 所示，传统带通滤波器的阻带回波损耗(S_{11})趋近于 0dB，意味着所有信号从输入端口进入后，阻带信号将反射回输入端口，无反射滤波器的回波损耗(S_{11})理论上为-∞，但实际应用时最低要求是低于 10dB，意味着最多只有十分之一的信号会反射回输入端口。

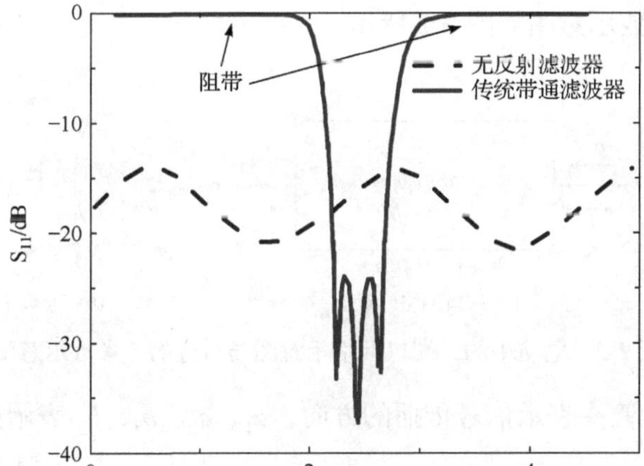

图 3-1　无反射滤波器与传统带通滤波器的回波损耗 S_{11} 对比图

在很多系统中，传统带通滤波器对系统的性能会造成部分负面影响，因此改变传统的反射式滤波器，研究无反射滤波器具有十分重要的意义。

3.1　基于 TSV 的对称结构无反射滤波器设计

本节主要介绍一种基于 TSV 的对称结构二端口无反射滤波器。首先，根据二端口网络的基本理论与奇偶模分析法对无反射滤波器电路原理图进行设计。采用逆切比雪夫响应确定电路中各个器件的电感值、电容值，并通过 ADS 软件对其搭建、仿真、优化。其次，在 ANSYS Q3D 软件中搭建 TSV 电感模型与 RDL 电容模型，分析各参数对电感值、电容值的影响，得出所需准确的电感值、电容值。再次，根据设计好的电路，在 ANSYS HFSS 软件中利用 ANSYS Q3D 仿真得出的电感器、电容器对整体模型进行搭建。最后，对比 ADS 与 ANSYS HFSS 中的仿真结果，分析导致出现误差的耦合效应，验证设计的可行性。分析完结果后，对其基础电路进行改进，采用相同的构造方法，提出了一种基于 TSV 的具有高边带选择性(高矩形系数)的准椭圆响应滤波器。

3.1.1 基础对称结构无反射滤波器设计

3.1.1.1 基础对称结构电路设计

绝大多数射频器件为二端口网络，因此本章设计的第一款无反射滤波器也从二端口网络出发。同时，为便于采用奇偶模分析法对电路进行判断，本节对二端口网络无反射滤波器的要求是结构完全对称。

二端口网络是射频电路中最常见的结构之一[3]，在电路中的二端口网络示意图与对应的 S 参数示意图如图 3-2 所示。

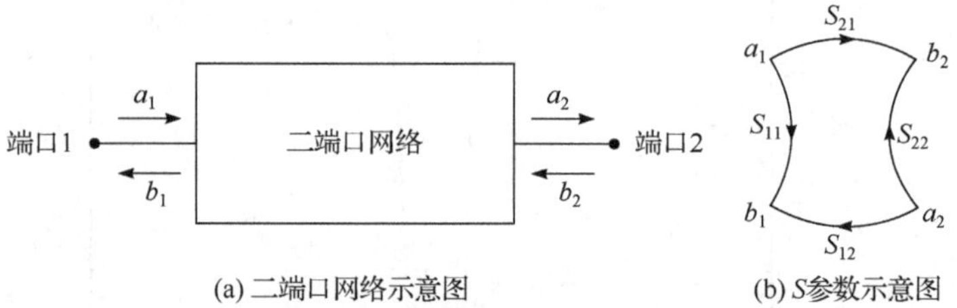

图 3-2　电路中的二端口网络示意图与对应的 S 参数示意图

图 3-2 中，箭头表示信号传播的方向，a_1、a_2、b_1、b_2 表示归一化之后的信号振幅。

端口的输入电压与输入电流可表示为

$$V_{a_1} = a_1\sqrt{Z_0} \tag{3-1}$$

$$I_{a_1} = \frac{a_1}{\sqrt{Z_0}} \tag{3-2}$$

端口的输出电压与输出电流可表示为

$$V_{b_1} = b_1\sqrt{Z_0} \tag{3-3}$$

$$I_{b_1} = -\frac{b_1}{\sqrt{Z_0}} \tag{3-4}$$

式中，Z_0 是特性阻抗，一般为 50Ω，且通常认为输入电流传播方向为正，因此式(3-4)中表现为负。无反射滤波器的重点在于 S_{11} 参数，需要通过输入阻抗与特性阻抗来求解，此时，输入端口 1 的阻抗为

$$Z_{\text{in}} = \frac{V_{a_1} + V_{b_1}}{I_{a_1} + I_{b_1}} = \frac{(a_1 + b_1)\sqrt{Z_0}}{(a_1 - b_1)/\sqrt{Z_0}} = Z_0 \frac{a_1 + b_1}{a_1 - b_1} \tag{3-5}$$

将二端口网络信号的流通对应于 S 参数，如图 3-2(b)所示，将其通过矩阵表示为

$$\begin{pmatrix} b_1 \\ b_2 \end{pmatrix} = [S]\begin{pmatrix} a_1 \\ a_2 \end{pmatrix} = \begin{pmatrix} S_{11} & S_{12} \\ S_{21} & S_{22} \end{pmatrix}\begin{pmatrix} a_1 \\ a_2 \end{pmatrix} \tag{3-6}$$

$$[S] = \begin{pmatrix} S_{11} & S_{12} \\ S_{21} & S_{22} \end{pmatrix} \tag{3-7}$$

将式(3-6)代入式(3-5)，得

$$Z_{\text{in}} = Z_0 \frac{a_1 + S_{11}a_1}{a_1 - S_{11}a_1} = Z_0 \frac{1 + S_{11}}{1 - S_{11}} \tag{3-8}$$

综上所述，S_{11} 便可用输入阻抗与特性阻抗来表示：

$$S_{11} = \frac{Z_{\text{in}} - Z_0}{Z_{\text{in}} + Z_0} = \frac{Z - 1}{Z + 1} \tag{3-9}$$

式中，Z 为归一化阻抗，是输入阻抗与特性阻抗的比值，即 $Z = Z_{\text{in}} / Z_0$。对于理想无反射滤波器，需要输入端口没有反射信号，因此输入阻抗与特性阻抗相等，即 $Z_{\text{in}} = Z_0$，也就是 S_{11}=0。

奇偶模分析法是二端口网络中最常用的分析方法之一[4]，因此也是本书设计的关键方法之一。

奇偶模分析法是针对对称网络的，如图 3-3(a)所示，首先将电路从对称面分开，对称面相当于使用导线连接，如图 3-3(b)所示。左右两部分端口分别采用偶模激励与奇模激励，因此左半部分电路为偶模等效电路，右半部分电路为奇模等效电路。

在偶模激励下，将两个相同的信号同时输入对称电路的输入、输出端口，两个电流同时到达对称面时，在对称面任何一个点的相位相同，并且此点的电流为零。也就是说，对称面相当于开路，如图 3-3(c)所示，因此对称电路经对称面分开后的左半部分被称为偶模等效电路。此电路在加入偶模激励后的反射系数为 Γ_{even}。

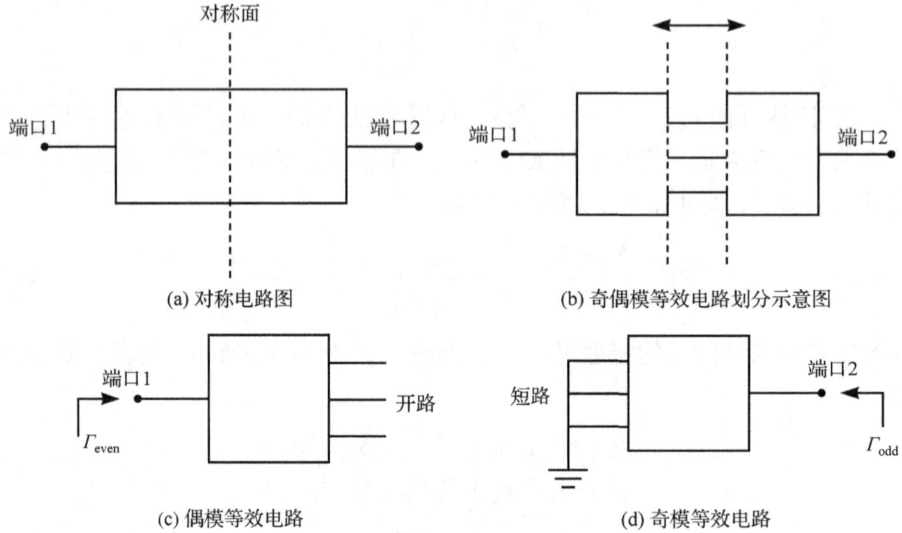

图 3-3　奇偶模分析法示意图

对于端口 1，有

$$\Gamma_{\text{even}} = S_{11} + S_{12} \tag{3-10}$$

在奇模激励下，将两个相同的信号同时输入对称电路的输入、输出端口，两个电流同时到达对称面时，在对称面任何一个点的相位具有 180°的相位差，因此电流互为相反数。也就是说，对称面相当于短路(接地)，如图 3-3(d)所示，因此对称电路经对称面分开后的右半部分被称为奇模等效电路。此电路在加入奇模激励后的反射系数为Γ_{odd}。

对于端口 2，有

$$\Gamma_{\text{odd}} = S_{22} - S_{21} \tag{3-11}$$

因此，二端口网络总的 S_{11} 为

$$S_{11} = \frac{1}{2}(\Gamma_{\text{even}} + \Gamma_{\text{odd}}) \tag{3-12}$$

本章研究内容为无反射滤波器，因此希望 S_{11} 趋近于 0(取 dB 形式趋近于$-\infty$)，因此可以得出

$$\Gamma_{\text{even}} = -\Gamma_{\text{odd}} \tag{3-13}$$

也就是，偶模反射系数等于奇模反射系数的相反数。将式(3-9)代入式(3-13)得

$$\frac{Z_{\text{even}}-1}{Z_{\text{even}}+1} = -\frac{Z_{\text{odd}}-1}{Z_{\text{odd}}+1} = \frac{1-Z_{\text{odd}}}{Z_{\text{odd}}+1} = \frac{Y_{\text{odd}}-1}{Y_{\text{odd}}+1} \tag{3-14}$$

得出

$$\begin{cases} Z_{\text{even}} = Y_{\text{odd}} \\ Z_{\text{odd}} = Y_{\text{even}} \end{cases} \tag{3-15}$$

由式(3-15)可以得出结论，偶模等效电路的阻抗、导纳与奇模等效电路的阻抗、导纳互为倒数，因此二端口无反射电路的奇偶模等效电路应互为对偶电路。

当传输响应相同时，低通滤波器与高通滤波器互为对偶电路。由于输出端口为奇模部分，因此如果要设计一个二端口无反射低通滤波器电路，其偶模等效电路将要设计为高通滤波电路，奇模等效电路将要设计为低通滤波电路。

以设计三阶低通无反射滤波器为例，首先构造出偶模等效电路——三阶高通滤波电路，其次构造出奇模等效电路——三阶低通滤波电路，如图 3-4(a)所示，采用最简单的π形网络，最后部分的电阻是为了吸收阻带的能量。从当前电路结构不能马上看出是二端口网络沿对称面分开，因此还需要根据奇偶模分析法在电路上做出一些不影响整体性能的构造，使其成为对称结构的同时，实现无反射滤波器功能。采用的方法是，偶模等效电路的对称面相当于开路，因此可以消除连接到开路上的元器件，或者增加元器件到对称面。奇模等效电路的对称面相当于短路，因此可以将元器件连接到对称面，相当于接地。

根据奇偶模分析法对二端口无反射滤波器整体结构的构造如图 3-4(b)、(c)所示。

首先，如图 3-4(b)所示，偶模部分，交换电阻器、电感器顺序，为后续构造对称结构做铺垫，此时交换顺序不会对电路性能造成影响[5]。

其次，如图 3-4(b)所示，奇模部分，由于对称面相当于短路(接地)，因此将第一个连接到地的电感器改为直接连接到对称面。

再次，如图 3-4(c)所示，偶模部分，由于对称面相当于开路，为实现对称性，在第一个电容器前加上一个连接到对称面的电感器，此电感器需要与奇模部分的电感器相同。同时，在最后一个电容器前连接一个导线到对称面。至此，所有添加与交换的元器件都不会对电路性能产生影响，并且对称结构已初见雏形。

根据对偶条件式(3-15)，偶模部分的输入阻抗进行归一化后等于奇模部分进行归一化之后的输入导纳。如图 3-4(a)所示，低通滤波电路中的首个器件电感器与高通滤波电路中的首个器件电容器形成对偶，低通滤波电路中的第二个器件电容器与高通滤波电路中的第二个器件电感器形成对偶，依次递推。因此，在如图 3-4(d)所示电路中，对称位置的元器件归一化后的 g_k 值都是相等的，终端的电阻也是经过归一化的电阻，即 $R = 1/R = 1$。

最后，将对称面剥离，对称面相当于导线，此时奇模部分与偶模部分连接，最终的二端口无反射低通滤波器拓扑结构就如图 3-4(d)所示。

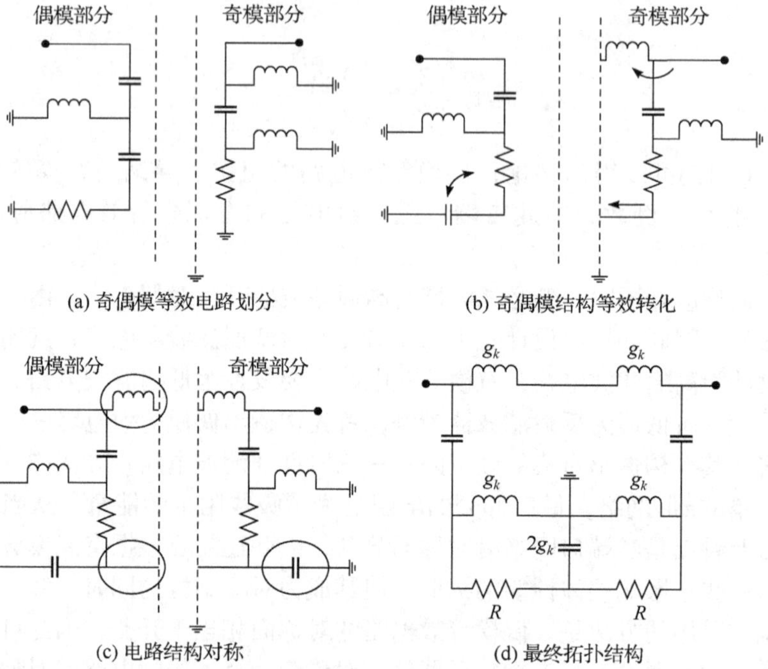

(a) 奇偶模等效电路划分　(b) 奇偶模结构等效转化

(c) 电路结构对称　(d) 最终拓扑结构

图 3-4　低通无反射滤波器设计过程

接下来通过 S 参数与反射系数对其进行验证。

偶模等效电路阻抗为

$$Z_{\text{even}} = S^{-1} + (S^{-1} + (1+S^{-1})^{-1})^{-1} = \frac{S^3+2S^2+S+1}{S^3+S^2+S} \tag{3-16}$$

奇模等效电路阻抗为

$$Z_{\text{odd}} = (S^{-1} + (S^{-1} + (S^{-1}+1)^{-1})^{-1})^{-1} = \frac{S^3+S^2+S}{S^3+2S^2+S+1} \tag{3-17}$$

从而可以得出偶模部分的反射系数为

$$\varGamma_{\text{even}} = \frac{Z_{\text{even}}-1}{Z_{\text{even}}+1} = \frac{S^2+1}{2S^3+3S^2+2S+1} \tag{3-18}$$

奇模部分的反射系数为

$$\varGamma_{\text{odd}} = \frac{Z_{\text{odd}}-1}{Z_{\text{odd}}+1} = \frac{-S^2-1}{2S^3+3S^2+2S+1} \tag{3-19}$$

通过反射系数反推出 S_{11}：

$$S_{11} = S_{22} = \frac{\varGamma_{\text{even}}+\varGamma_{\text{odd}}}{2} = 0 \tag{3-20}$$

通过式(3-20)，可以发现前文构造的二端口无反射低通滤波器的 $S_{11}=0$，当取 dB 形式时 $S_{11}=-\infty$，实现了无反射，电路的可行性得到了理论验证。

根据式(3-18)和式(3-19)，可以得出 S_{21} 为

$$S_{21}=S_{12}=\frac{\Gamma_{\text{even}}-\Gamma_{\text{odd}}}{2}=\frac{S^2+1}{2S^3+3S^2+2S+1} \tag{3-21}$$

为求出其频率响应，首先将 S 替换为 $\mathrm{j}\omega$，然后对其进行平方处理(便于计算，且不影响其极点与零点的计算)，因此得

$$\left|S_{21}(\mathrm{j}\omega)\right|^2=\left|\frac{(\mathrm{j}\omega)^2+1}{2(\mathrm{j}\omega)^3+3(\mathrm{j}\omega)^2+2(\mathrm{j}\omega)+1}\right|^2=\frac{(\omega^2-1)^2}{4\omega^2\left(\omega^2-1\right)^2+\left(3\omega^2-1\right)^2} \tag{3-22}$$

令式(3-22)的分子为 0 得归一化频率 $\omega=1$，即传输函数的零点。

为求出其极点，对传输函数求导并令其为 0：

$$\frac{\mathrm{d}\left|S_{21}(\mathrm{j}\omega)\right|^2}{\mathrm{d}\omega}=\frac{\mathrm{d}}{\mathrm{d}\omega}\left(\frac{\left(\omega^2-1\right)^2}{4\omega^2\left(\omega^2-1\right)^2+\left(3\omega^2-1\right)^2}\right)=0 \tag{3-23}$$

对式(3-23)进行化简可得

$$(\omega^2-1)(\omega^2-3)\omega^5=0 \tag{3-24}$$

取频率 ω 为正，可得 $\omega=0$，$\omega=1$，$\omega=\sqrt{3}$。其中，$\omega=0$ 为传输响应的零点，$\omega=\sqrt{3}$ 为传输响应在阻带的最小值。

当 $\omega=\sqrt{3}$ 时，传输响应为

$$S_{21}(\mathrm{j}\sqrt{3})=\frac{-3+1}{\mathrm{j}6\sqrt{3}-9+2\mathrm{j}\sqrt{3}+1}=\frac{1}{4+2\mathrm{j}\sqrt{3}} \tag{3-25}$$

将 S_{21} 转换成插入损耗(insertion loss，IL)为

$$\mathrm{IL}=10\log\left(\frac{1}{\left|S_{21}\right|^2}\right)\approx 14.5(\mathrm{dB}) \tag{3-26}$$

也就是，当归一化频率 $\omega=\sqrt{3}$ 时，其阻带抑制最大为 14.5dB。

对于本节的二端口无反射低通滤波电路，其基本原理与框架得到了叙述，为获得具有应用价值的滤波器，还需要对最后一个参数 g_k 进行介绍。本节采用的是逆切比雪夫(切比雪夫Ⅱ)滤波响应，因此将针对此响应进行推导。

首先逆切比雪夫频率响应为

$$\left|H(\mathrm{j}\omega)\right|=\frac{1}{\sqrt{1+\varepsilon^{-2}T_N^{-2}(\omega^{-1})}}=\sqrt{\frac{\varepsilon^2T_N^2(\omega_0/\omega)}{1+\varepsilon^2T_N^2(\omega_0/\omega)}} \tag{3-27}$$

当采用 3 阶时 $N=3$，其传输零点将化简为

$$z=\omega=\sec\left(\frac{\pi}{2}\frac{2k-1}{N}\right)=\sec\left(\frac{\pi}{2\cdot N}\right) \tag{3-28}$$

$$g_k=\omega^{-1}=\cos\left(\frac{\pi}{2\cdot 3}\right)=\frac{\sqrt{3}}{2}\approx 0.87 \tag{3-29}$$

因此，三阶逆切比雪夫滤波器的归一化元件值 $g_k=0.87$，其中阻带开始于归一化之后的单位频率。通过参数 g_k 可以得出所需电感值、电容值如表 3-1 所示。

表 3-1　L、C 计算公式

低通滤波器	高通滤波器
$L=\frac{g_k Z_0}{\omega}$	$C=\frac{1}{Z_0 g_k \omega}$
$C=\frac{g_k}{Z_0\omega}$	$L=\frac{Z_0}{g_k\omega}$

通过传输零点得到的参数是理想设计参数，实际设计时根据通带的范围进行选择，最主要的是 1dB 带宽与 3dB 带宽。

根据式(3-27)，为获得所需参数，对其进行平方运算：

$$\left|H(\mathrm{j}\omega_{\mathrm{IL}})\right|^2=\frac{1}{1+\varepsilon^{-2}T_N^{-2}(\omega_{\mathrm{IL}}^{-1})}=10^{-\mathrm{IL}/10} \tag{3-30}$$

式中，IL 为所需的插入损耗；ω_{IL} 为所需插入损耗对应的频率；ε 为纹波系数；

$$T_N(\omega_{\mathrm{IL}}^{-1})=\cosh\left(N\cosh^{-1}\omega_{\mathrm{IL}}^{-1}\right)=\frac{1}{\varepsilon\sqrt{10^{\mathrm{IL}/10}-1}} \tag{3-31}$$

$$\omega_{\mathrm{IL}}^{-1}=\cosh\left(\frac{1}{N}\cosh^{-1}\left(\frac{1}{\varepsilon\sqrt{10^{\mathrm{IL}/10}-1}}\right)\right) \tag{3-32}$$

为了让所需 1dB 或 3dB 带宽成为设计的通带范围，需要将原参数 g_k 与逆切比雪夫响应得到的频率相乘，即

$$g_k'=g_k\omega_{\mathrm{IL}}=\frac{g_k}{\cosh\left(\frac{1}{N}\cosh^{-1}\left(\frac{1}{\varepsilon\sqrt{10^{\mathrm{IL}/10}-1}}\right)\right)} \tag{3-33}$$

当选取 1dB 带宽时，可以得到：

$$g_k' = g_k \omega_{1\mathrm{dB}} = \frac{\dfrac{\sqrt{3}}{2}}{\cosh\left(\dfrac{1}{3}\cosh^{-1}\left(\dfrac{1}{\varepsilon\sqrt{10^{1/10}-1}}\right)\right)} \approx 0.56 \tag{3-34}$$

当选取 3dB 带宽时，可以得到：

$$g_k' = g_k \omega_{3\mathrm{dB}} = \frac{\dfrac{\sqrt{3}}{2}}{\cosh\left(\dfrac{1}{3}\cosh^{-1}\left(\dfrac{1}{\varepsilon\sqrt{10^{3/10}-1}}\right)\right)} \approx 0.66 \tag{3-35}$$

综上，将 g_k' 代入表 3-1 中计算公式便可得所需频带下的无反射低通滤波器。现根据以上结论设计出一款工作在 6.7GHz 的二端口无反射低通滤波器。该频段用于多种无线电业务，其中 5.92～6.7GHz 频段用于地面对太空卫星的固定以及移动通信，6.7～7.07GHz 频段主要用于地面对太空以及太空对地面的卫星固定业务[6]。

本节采用 3dB 带宽作为电路通带的截止点，由式(3-35)得 $g_k' = 0.66$，根据前文所述，所有电感值相等，所有电容值相等，通过表 3-1 可得

$$L = \frac{g_k' Z_0}{\omega} = \frac{0.66 \times 50\Omega}{2\pi \times 6.7\mathrm{GHz}} \approx 0.784\mathrm{nH} \tag{3-36}$$

$$C = \frac{g_k'}{Z_0 \omega} = \frac{0.66}{50\Omega \times 2\pi \times 6.7\mathrm{GHz}} \approx 0.314\mathrm{pF} \tag{3-37}$$

通过 ADS 软件构造出整个二端口无反射滤波电路原理图，如图 3-5(a)所示。由于所有电感值相同，所有电容值相同，因此采用相同变量 L 和相同变量 C，R 取标准 50Ω 阻抗与输入、输出阻抗匹配。

仿真结果如图 3-5(b)所示，测试频率为 0～30GHz，采样间隔为 1GHz。从图中可以看出，其 3dB 带宽为 6.7GHz，与所设计指标相同，其阻带抑制最大值为 14.5dB，与式(3-26)理论值相同。S_{11} 与 S_{22} 曲线基本重合，都在−60dB 以下，满足了小于−10dB 的基本标准，实现了输入、输出两个端口的无反射，表明所设计的二端口无反射低通滤波器具有可行性。

回波损耗 S_{11} 的 dB 形式之所以不为负无穷，是因为计算时数据保留了小数点后三位有效数字，由此也可以发现理论值的微调对 S_{11} 影响较大，但对 S_{12} 影响相对较小，在之后的 ANSYS HFSS 模型搭建时需要考虑电感、电容理论值与实际值的差异对性能的影响。

3.1.1.2 基于 TSV 的电感、电容

本小节的设计思路是通过基于 TSV 的无源器件对无反射滤波器电路进行

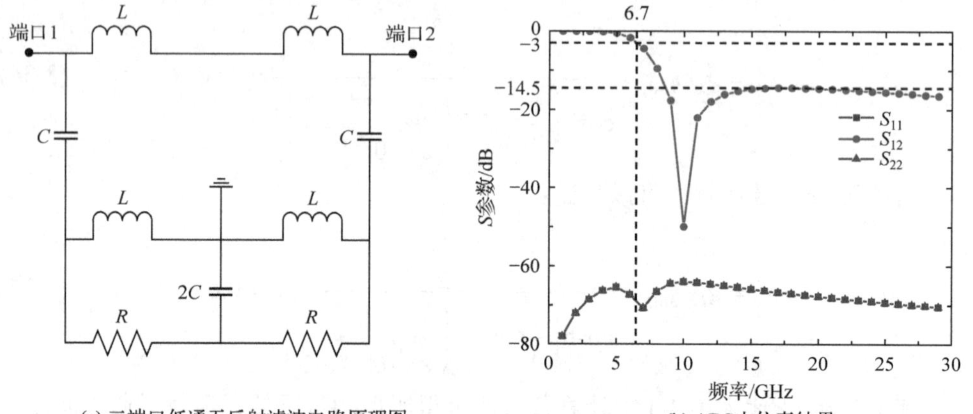

(a) 二端口低通无反射滤波电路原理图　　(b) ADS中仿真结果

图 3-5　二端口低通无反射滤波电路原理图与 ADS 中仿真结果

实现，因此在确定电路后需要明确如何产生基于 TSV 的电感、电容。本节采用的是 TSV 电感器与 RDL 电容器，因此本小节将对二者进行介绍与分析。

本节采用的TSV电感器由三部分组成，分别是TSV(埋藏于硅衬底之中)、顶部和底部的RDL(埋藏于二氧化硅衬底之中)。其中，TSV 组成部分为内层的金属铜柱与外层的二氧化硅隔离层。TSV 电感器的 3D 视图、主视图、俯视图与等效电路如图 3-6 所示。

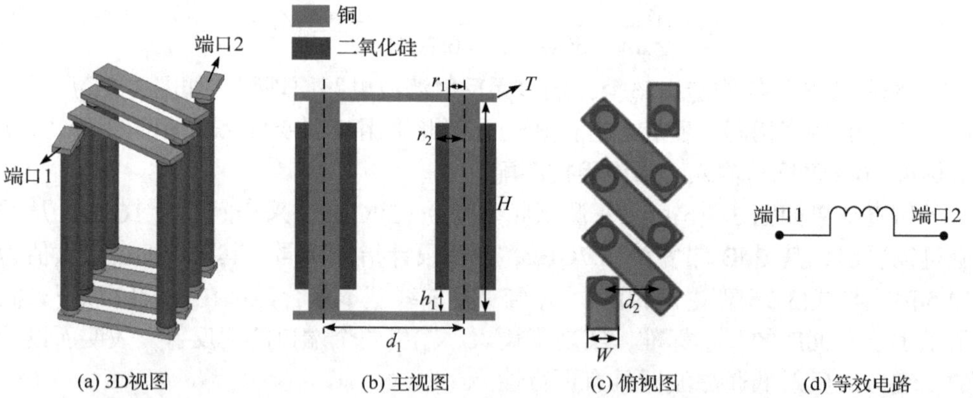

(a) 3D视图　　(b) 主视图　　(c) 俯视图　　(d) 等效电路

图 3-6　TSV 电感器的 3D 视图、主视图、俯视图与等效电路(扫描前言处二维码查看彩图)

W-RDL 铜宽度；*T*-RDL 铜厚度；r_1-铜柱内径；d_1-相对铜柱距离；d_2-相邻铜柱距离；*H*-铜柱高度；r_2-二氧化硅柱内径；h_1-接触孔的高度

为了获得所需的电感值，需要对各个参数对电感值的影响进行分析，其中影响电感值的主要因素为铜柱根数、相对铜柱距离 d_1、相邻铜柱距离 d_2 以及铜柱高度 *H*。

TSV 电感器为形成螺旋结构至少需要 4 根铜柱，因此采用控制变量法，固定其他变量，只改变铜柱根数(4、6、8)，通过 ANSYS Q3D 软件仿真观察铜柱对电感值的影响。固定的 TSV 电感参数如表 3-2 所示。之后对其他参数采用控制变量法分析时，其余固定参数也使用此表中的数据。

表 3-2　固定的 TSV 电感参数

结构	参数名称	符号	取值/μm
TSV	铜柱内径	r_1	4.7
	SiO_2 柱内径	r_2	5
	铜柱高度	H	100
	接触孔的高度	h_1	3
	相对铜柱距离	d_1	30
	相邻铜柱距离	d_2	20
RDL	铜宽度	W	10
	铜厚度	T	3

4 根、6 根、8 根、10 根铜柱的 TSV 电感器 3D 视图如图 3-7 所示，最终通过仿真得到的 TSV 电感值如图 3-8(a)所示。

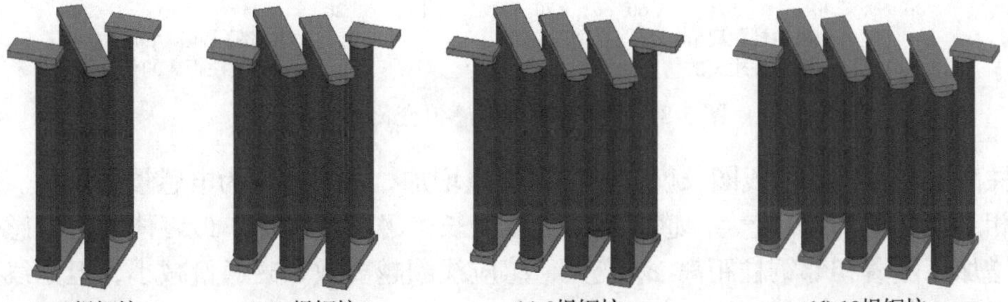

(a) 4根铜柱　(b) 6根铜柱　(c) 8根铜柱　(d) 10根铜柱

图 3-7　4 根、6 根、8 根、10 根铜柱的 TSV 电感器 3D 视图

当采用 6 根铜柱时，根据表 3-2，保证其他参数不变只改变铜柱高度(100μm、150μm、200μm、250μm)对 TSV 电感值进行仿真，其结果如图 3-8(b)所示。只改变相对铜柱距离 d_1(30μm、40μm、50μm、60μm)对 TSV 电感值进行仿真，其结果如图 3-8(c)所示。只改变相邻铜柱距离 d_2(20μm、25μm、30μm、35μm)对 TSV 电感值进行仿真，其结果如图 3-8(d)所示。

通过改变铜柱根数，可以直观地看出随着铜柱根数的增加，电感值越来越大，这是因为铜柱根数的增加相当于电感线圈匝数增加、磁通量增加，最终体现为电感量的增加。随着铜柱高度的增高，电感值提升较为明显，这是因为随着

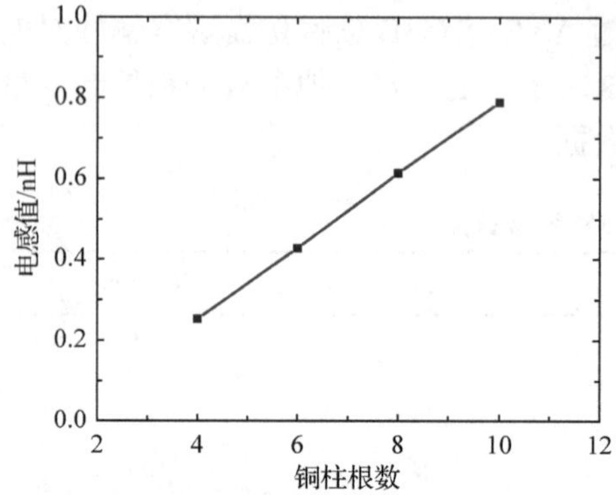

(a) 不同铜柱根数的仿真结果

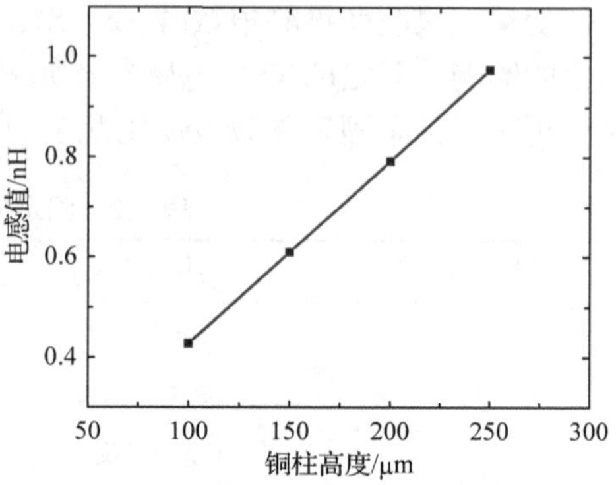

(b) 不同铜柱高度的仿真结果

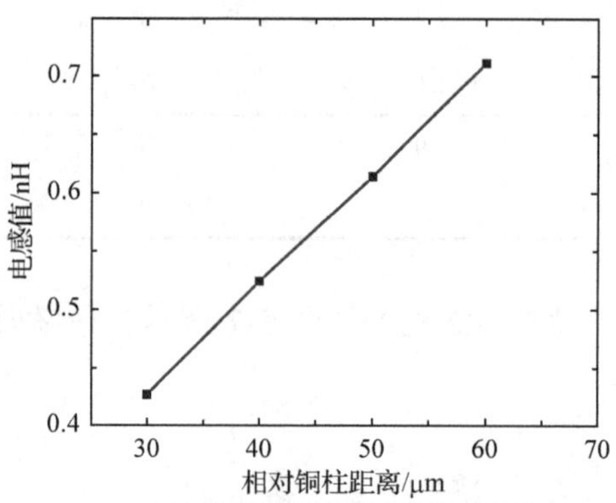

(c) 不同相对铜柱距离的仿真结果

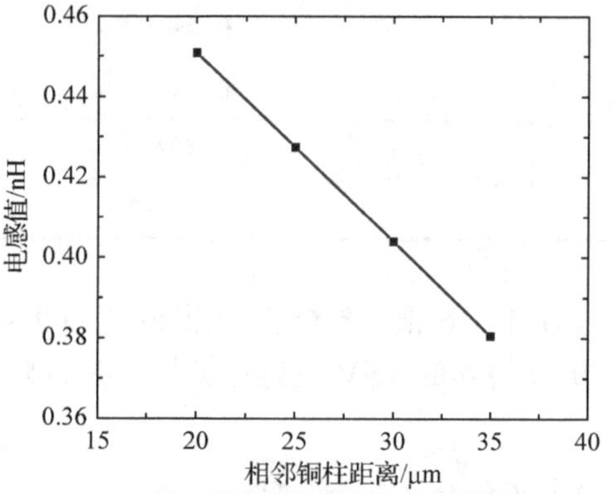

(d) 不同相邻铜柱距离的仿真结果

图 3-8　不同参数对电感值变化的影响

铜柱高度变大，感应线圈长度变长、磁通量增加，最终体现为电感量的增加。随着相对铜柱距离 d_1 变大，感应线圈长度变长、磁通量增加，最终体现为电感量的增加。随着相邻铜柱距离 d_2 变大，感应线圈越离散、磁通量减小，但是线圈越密集才会使磁通量增加、电感量变大。

综上所述，本节为得到准确的电感值，采用的方法是，先通过改变铜柱根数与铜柱高度 H 使电感值处于精确值附近，再通过改变相对铜柱距离 d_1 与相邻铜柱距离 d_2 来调节至精确值。

本节采用的是 RDL 电容器。RDL 属于 TSV 技术中的一部分，起着 XY 平面电气延伸和互连的作用。通过在晶元表面沉积金属层和相应的介质层，形成金属布线。本节所采用的 RDL 电容器就是通过金属布线形成电容，如图 3-9 所示，整体结构需要掩埋于硅衬底中。整体采用金属铜材质，每根铜柱采用长方体形状，分为上下两层且每层结构为插指状，上层左半部分的铜柱与下层右半部分的铜柱相连，上层右半部分的铜柱与下层左半部分的铜柱相连，每根铜柱不仅存在上下层的正对面积，还有相邻铜柱的正对面积，增加了极板的总正对面积，等效电路如图 3-9(c)所示。所有铜柱之间的距离为 2μm，其余参数如表 3-3 所示。

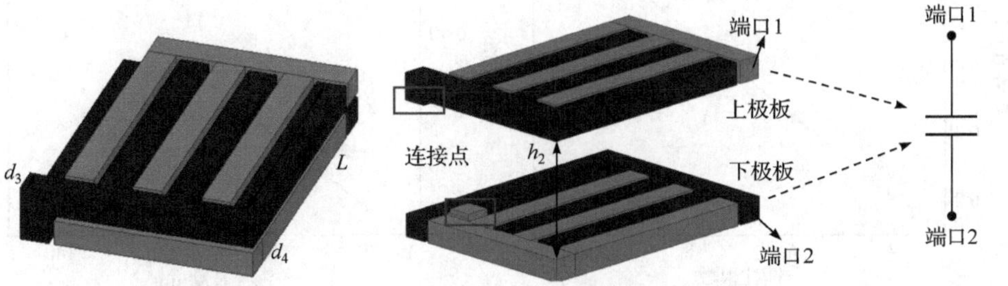

(a) 整体结构　(b) 上下层示意图　(c) 等效电路

图 3-9　RDL 电容器的整体结构、上下层示意图与等效电路(扫描前言处二维码查看彩图)

表 3-3　RDL 电容器参数

参数名称	符号	取值/μm
极板间距	h_2	2
铜柱长度	L	100
铜柱宽度	d_3	10
铜柱高度	d_4	10

为了获得所需电感值，需要对各个参数对电感值的影响进行分析，其中对 RDL 电容值影响最大的为插指铜柱根数与铜柱长度 L。

使用表 3-3 所示参数，对插指铜柱上下两层根数进行改变(4 根、6 根、8 根、10 根)，如图 3-10 所示，通过 ANSYS Q3D 仿真观察铜柱根数对电容值的影响，其结果如图 3-11(a)所示。选取铜柱根数为 6，对插指铜柱长度进行改变(80μm、100μm、120μm、140μm)，通过 ANSYS Q3D 仿真观察铜柱根数对电容值的影响，其结果如图 3-11(b)所示。

图 3-10　不同铜柱根数的 RDL 电容器

从仿真结果可以看出，铜柱根数和铜柱长度两个参数的增加，导致电容值增加。其原因为铜柱根数的增加与铜柱长度 L 的增加导致相邻极板正对面积的增加，最终表现为电容量的增加。

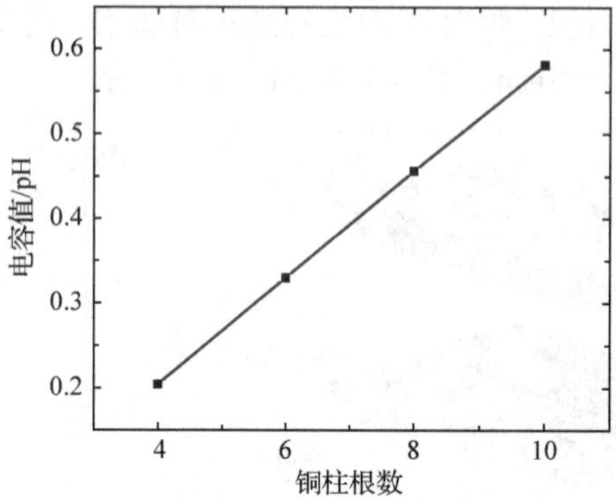

(a) 不同铜柱根数的仿真结果

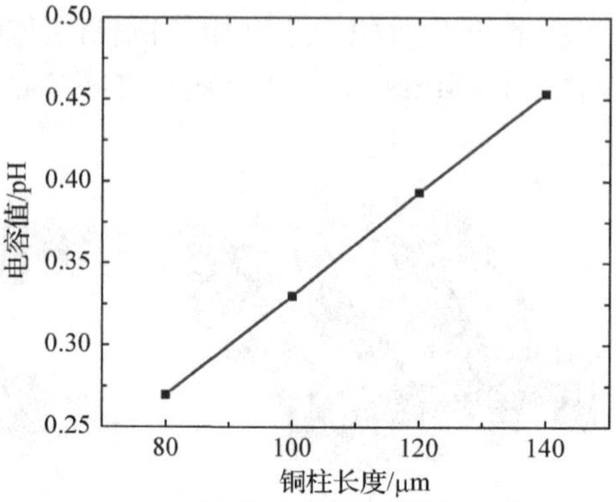

(b) 不同铜柱长度的仿真结果

图 3-11　不同参数对电容值变化的影响

综上所述，为得到准确的电容值，可以先改变铜柱根数，使电容值处于精确值附近，再通过改变相对铜柱长度 L 来调节至精确值。

3.1.1.3　三维结构搭建

根据 3.1.1.2 小节中的调节方法与基本参数表 3-2、表 3-3，在 ANSYS Q3D 绘制前文所计算出电感值为 0.796nH、电容值为 0.318pF 的电感器与电容器。由于绘制精度为 5μm，因此设计的电感与电容的实际值与理论值有部分差异。在 ANSYS HFSS 软件中根据 ADS 中的电路图进行连接，其整体三维结构如图 3-12(a)所示，分为 3 个部分：最上层的 RDL 电容器与互连线掩埋于二氧化硅衬底中；中间的 TSV 部分掩埋于 Si 衬底中；最下层的 RDL 部分掩埋于二氧化硅衬底中，其 TSV 电感部分如图 3-12(b)所示。整体结构大小为(0.230×0.183×0.139)mm^3，属于微米级器件，实现了器件的微型化。

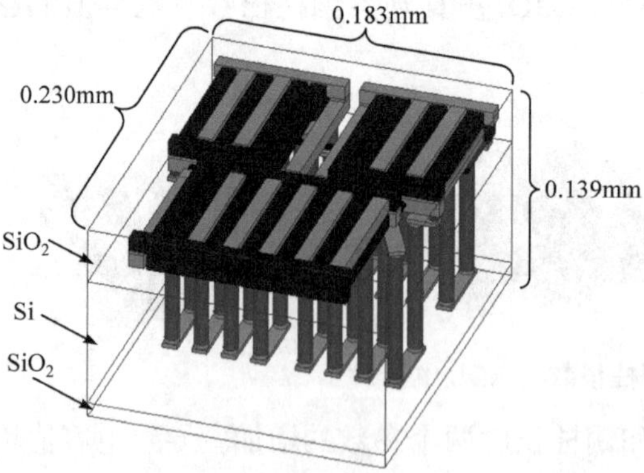

(a) 整体三维结构

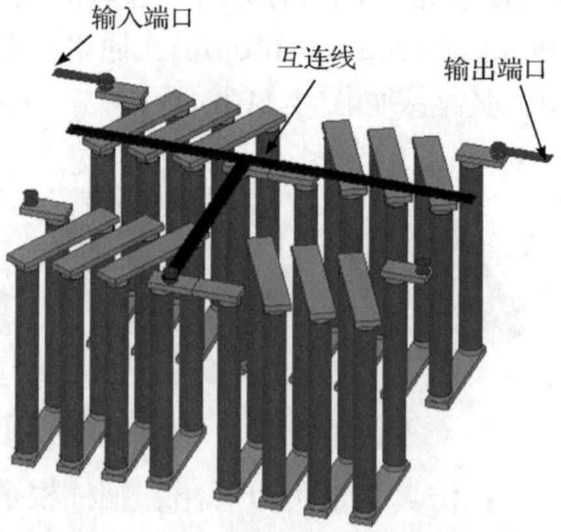

(b) TSV电感部分

图 3-12　二端口无反射滤波器的整体三维结构与 TSV 电感部分(扫描前言处二维码查看彩图)

其 ANSYS HFSS 仿真结果如图 3-13 所示，通过仿真结果可以看出，其 3dB 带宽 6.7GHz 与所设计指标、ADS 仿真结果相同；阻带抑制为 14.6dB，比由式(3-26)计算出的理论值、ADS 仿真结果高出 0.1dB，其 S_{11} 与 S_{22} 在整个测试频段 0～30GHz 都在−14.8dB 以下，虽然满足了无反射滤波器的设计指标(S_{11} 小于−10dB)，但与理论值负无穷、ADS 理论值−64dB、ADS 实际值−29.5dB 有较大差距。其原因是 S_{11} 曲线对器件值变化较为敏感，ADS 仿真时采用的电感、电容均为理想电感、电容，而实际中 TSV 电感与电感之间存在耦合，TSV 电容与电容之间存在耦合，因此产生了寄生电感、互感等。最后，还需要对这些因素进行分析，通过仿真观察是否确实是这些因素造成的影响。

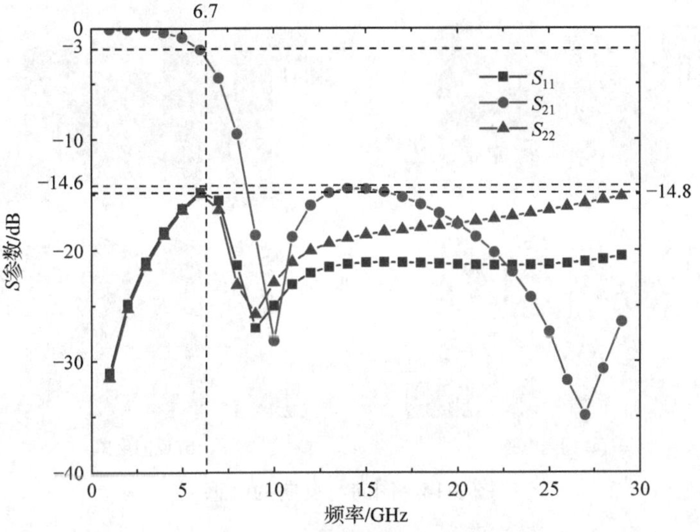

图 3-13　ANSYS HFSS 仿真结果

首先，本小节考虑了电感之间的互感对电路产生的影响，在 ANSYS Q3D 软件中对 ANSYS HFSS 中已完成模型的电感部分进行分析。在保证原有结构基本不变的前提下，略微增加电感间的距离便于给每个电感增加输入、输出端口，通过仿真观察其内阻、自感与互感，如表 3-4 所示。表中每个单元格中对角线为每个电感的内阻与自感，其余为各个电感之间的互感，为正则意味着两个电感之间为正向增益，电感缠绕方向相同，如图 3-14(a)所示，对应于电路图中需要增大电感；为负则意味着两个电感之间为负向增益，电感缠绕方向相反，如图 3-14(b)所示，对应于电路图中需要减小电感。结合 ANSYS HFSS 模型也可以发现，两个电感之间距离越远，产生的互感也就越小，两个电感之间距离越近，产生的互感也就越大。

以 L_1 为例，L_1 的自感为 0.793nH，是设计的实际值，其自身产生的内阻为

0.345Ω，并且 L_2、L_3、L_4 对其产生了互感，共产生−0.077nH，因此 L_1 需要减小0.077nH。为便于表示，取 R_{1C} 为 0.345Ω，L_{1C} 为−0.077nH。

表 3-4　ANSYS HFSS 结构中各电感之间的内阻、自感、互感

电感	L_1	L_2	L_3	L_4
L_1	0.345Ω，0.793nH	0Ω，−0.064nH	0Ω，−0.016nH	0Ω，0.003nH
L_2	0Ω，−0.064nH	0.345Ω，0.793nH	0Ω，0.003nH	0Ω，−0.016nH
L_3	0Ω，−0.016nH	0Ω，0.003nH	0.345Ω，0.793nH	0Ω，−0.064nH
L_4	0Ω，0.003nH	0Ω，−0.016nH	0Ω，−0.064nH	0.345Ω，0.793nH

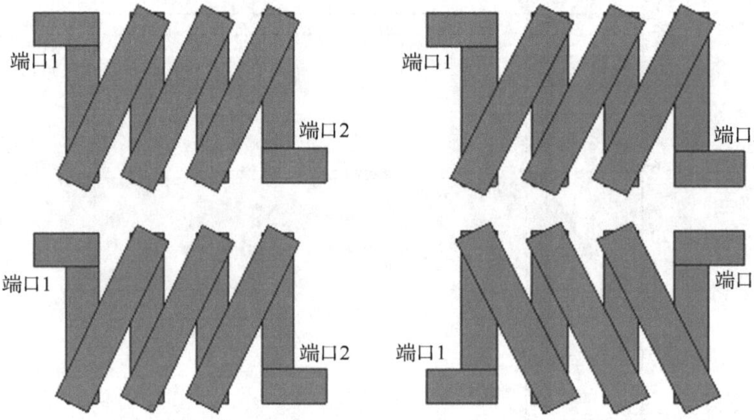

(a) 同向电感　　(b) 反向电感

图 3-14　同向与反向的电感

其次，本小节还考虑了互连线产生的内阻与自感。仍然在保证原结构不变的前提下将互连线复制在 ANSYS Q3D 中、添加输入与输出端口，仿真其产生的内阻 R_{RDL} 为 304mΩ 与自感 L_{RDL} 为 0.09nH，因其与地相连，将其加在 C_3 后面。

最后，将表 3-4 中参数与互连线的内阻与自感连接进电路原理图中，得到考虑耦合后的原理图(图 3-15(a))，经 ADS 仿真后与 ANSYS HFSS 仿真结果对比，对比结果如图 3-15(b)所示，考虑耦合后 ADS 仿真中 S_{11} 曲线在传输零点之后出现上升趋势，在 0～30GHz 频段上整体小于−14.9dB，ANSYS HFSS 仿真模型中 S_{11} 曲线在传输零点前观测到−14.8dB 的峰值；S_{21} 曲线中二者的 3dB 带宽都为 6.7GHz 左右，但考虑耦合后 ADS 仿真结果中带外抑制较好。

总体来说，ANSYS HFSS 模型仿真结果与考虑耦合后的 ADS 仿真结果较为吻合，仅有细微差距。因此，在采用 TSV 技术实现器件时需要尽可能使互感减小，也就是说，要增加电感之间的距离，且减小互连线的长度，但这二者是此消彼长的，一味地减小一方，另一方就不能顾及，这也是使用 TSV 集总元件实现电路的难点。仍有部分差异的原因是，还有部分耦合与寄生效应没有考虑周全。

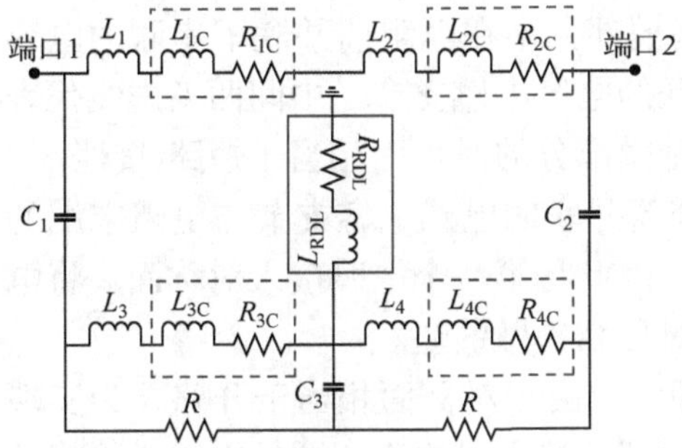

(a) 考虑耦合后的原理图

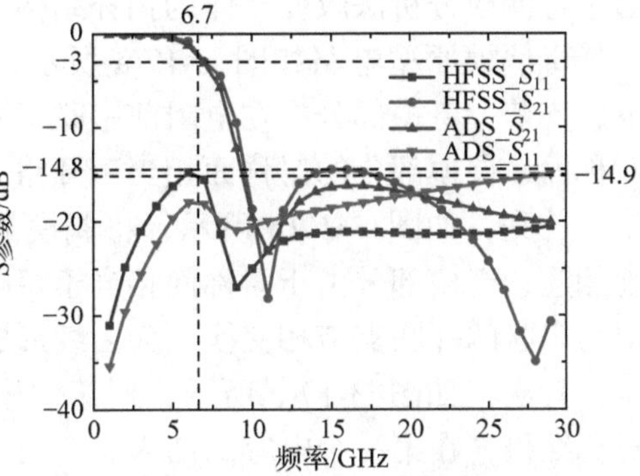

(b) ADS与ANSYS HFSS仿真结果对比

图 3-15　考虑耦合后的原理图和 ADS 与 ANSYS HFSS 仿真结果对比

3.1.2　对称结构无反射滤波器的优化

3.1.1 小节提出的无反射滤波器具有器件少、结构简单、尺寸小等优点，但其矩形系数较差，如其 30dB 矩形系数仅为 1.5，过渡带为 6.7～10GHz，共 3.3GHz。相比于其他滤波器，其矩形系数较差，过渡带较宽。因此，本小节在前文基础上对电路进行修改，优化矩形系数，使其趋近于 1。

逆切比雪夫滤波器的特点是具有平滑、无纹波的通带，椭圆滤波器在相同阶数的前提下，具有较窄的过渡带，也就是矩形系数越趋近于 1，但随之而来的负面影响是通带与阻带的纹波。因此，本小节的思路是采用 3.1.1 小节的拓扑结构，虽然没有采用真正的椭圆滤波器的拓扑结构，但修改其通带内纹波使其获得趋近于 1 的矩形系数，近似实现准椭圆滤波响应。

根据 3.1.1 小节所述，二端口网络若想实现低通无反射，需要使偶模部分为高通滤波器。如图 3-4(a)所示，为保证在通带内实现最小的纹波，需要在所有频段内有最大偶模反射系数($\Gamma_{\text{even}}=1$)。使用图 3-16 中方法修改偶模等效电路原型，

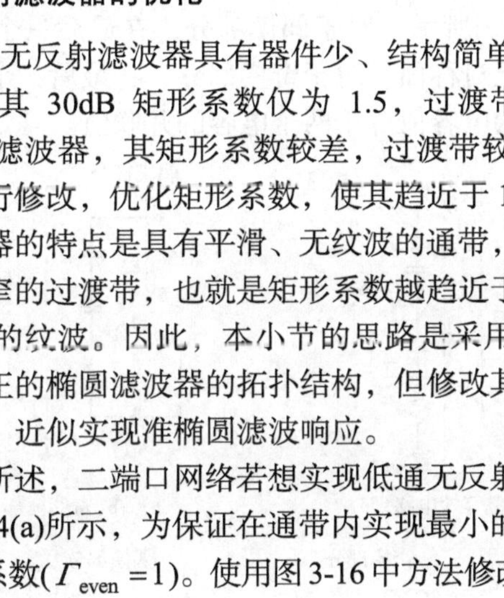

图 3-16　修改偶模等效电路原型

将一个电容与一个电感串联后并联在电阻前。这条支路在共振时由于感抗与容抗相抵消，其阻抗为最小值，因此在偶模反射中出现了最大值。接下来根据此原型通过奇偶模分析法改变整体的拓扑结构，使其成为对称电路。

奇偶模原型电路如图 3-17(a)所示，偶模部分中在电阻前并联了串联的电容电感支节，奇模部分中在电阻前串联了并联的电容电感支节。中间两条虚线代表对称面，偶模部分的对称面相当于开路，奇模部分的对称面相当于短路(接地)。

首先，如图 3-17(b)所示，将偶模部分新并联的电感电容支节与电阻末端的地相连；奇模部分由于对称面相当于短路，因此将第一个电感接入对称面。将电阻与串联的并联支节相交换，为后续形成对称结构做铺垫。

其次，如图 3-17(c)所示，对于偶模部分，由于对称面相当于开路，为实现对称结构，在第一个电容前加入一个与奇模部分接入对称面相同的电感。再将并联的新支节前的电容与上一步形成环路相交换。对于奇模部分，为与偶模部分环路相对称，将第二个电感分一部分接入对称面，原型中的电感值等于此处两个电感的并联值。

再次，如图 3-17(d)所示，对于偶模部分，在最后一个电容前，添加一个与奇模部分相同的电感至对称面。对于奇模部分，将最后一个电容分一部分添加到对称面，此时原型中的电容值等于两个电容的并联值。

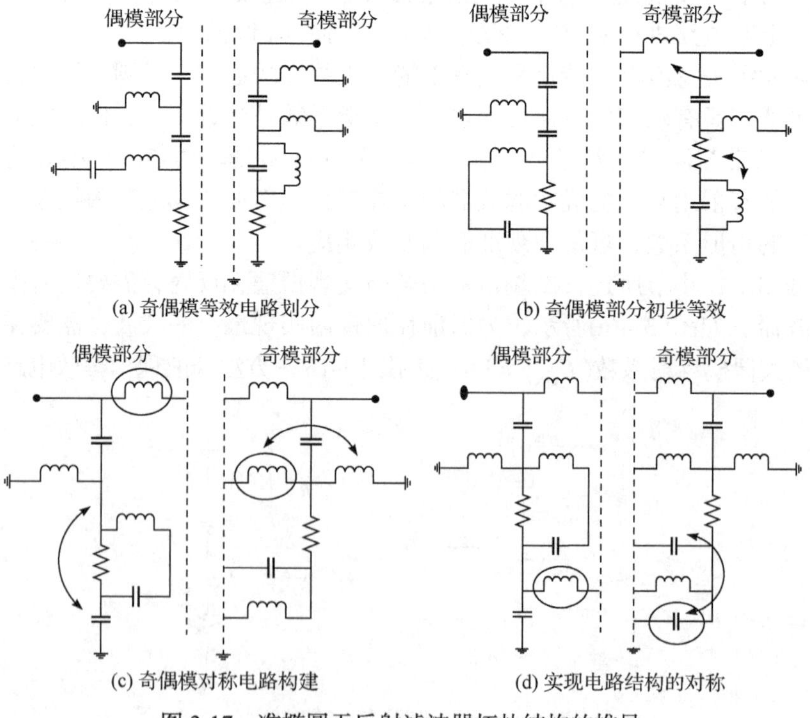

(a) 奇偶模等效电路划分　(b) 奇偶模部分初步等效

(c) 奇偶模对称电路构建　(d) 实现电路结构的对称

图 3-17　准椭圆无反射滤波器拓扑结构的推导

最后，将奇模部分与偶模部分相连，形成的准椭圆无反射滤波器最终拓扑结构如图 3-18(a)所示。偶模等效电路与奇模等效电路如图 3-18(b)和(c)所示。

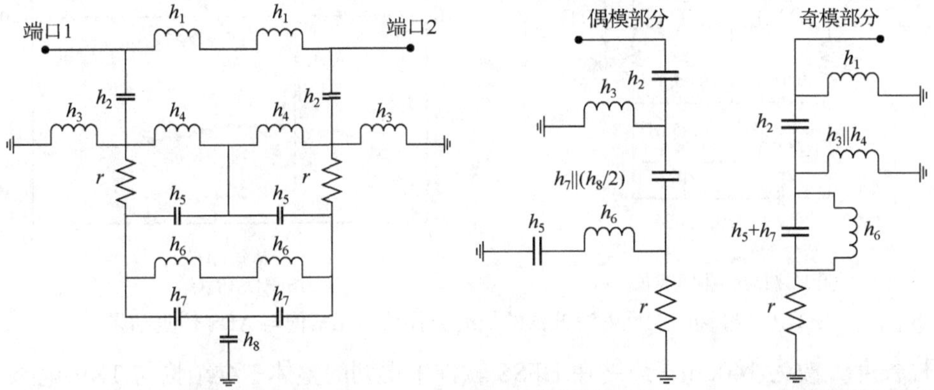

(a) 最终拓扑结构　(b) 偶模等效电路　(c) 奇模等效电路

图 3-18　准椭圆无反射滤波器最终拓扑结构、偶模等效电路与奇模等效电路

h-归一化的元件值；r-用于吸收阻带能量的电阻，通常取 50Ω

通过令给定的元素与偶模、奇模等效电路中的对偶元素相等来确定对元素值的约束，并产生以下关系[7]：

$$h_1 - h_2 \tag{3-38}$$

$$h_2 = h_3 \tag{3-39}$$

$$\frac{h_3 h_4}{h_3 + h_4} = \frac{\frac{1}{2} h_7 h_8}{h_7 + \frac{1}{2} h_8} \tag{3-40}$$

$$h_4 = h_5 + h_7 \tag{3-41}$$

$$h_5 = h_6 \tag{3-42}$$

$$r = r^{-1} = 1 \tag{3-43}$$

为设计一款工作在 10GHz 的准椭圆响应无反射低通滤波器，最终拓扑结构元素值如图 3-19(a)所示，ADS 仿真结果如图 3-19(b)所示。从仿真结果可以看出，其通带、阻带内存在纹波且具有较好的矩形系数，实现了准椭圆滤波响应。30dB 矩形系数为 1.057，过渡带带宽仅 0.57GHz；通带内纹波系数较小，S_{21} 的最大值与最小值之差仅为−0.8dB，带外抑制为 14.3dB，整体 S_{11} 小于−20dB。

使用 3.1.1.2 小节方法产生 TSV 电感器与 RDL 电容器前对整体电路进行微调，将两个串联的 0.125nH 电感器合并成一个大的 0.25nH 电感器。由于此电路电感值、电容值较大，因此表 3-2 中 TSV 铜柱高度 H 更改为 130μm，表 3-3 中

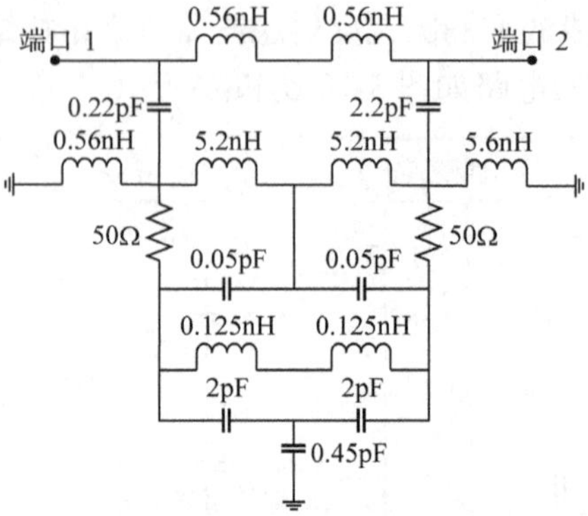

(a) 最终拓扑结构元素值

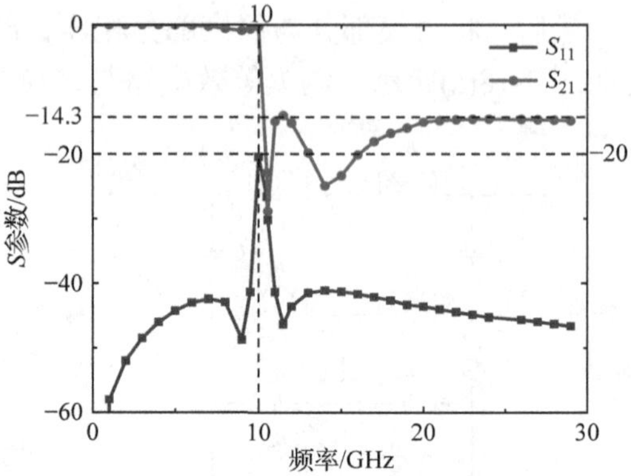

(b) ADS仿真结果

图 3-19 准椭圆无反射滤波器的最终拓扑结构元素值与 ADS 仿真结果

铜柱长度 L 改为 140μm，最终在 HFSS 软件中得到的整体三维结构与 TSV 电感部分如图 3-20 所示，输入输出端口较长是因为 1.16nH 电感器尺寸较小，距离整体边界较远，因此对输入输出端口做了延伸，其大小为(0.476×0.422×0.194)mm^3，相比于 3.1.1.3 小节的结构其尺寸较大，但相比于微带、LC 电路其尺寸较小，并且其仍在微米级，属于微型化器件。

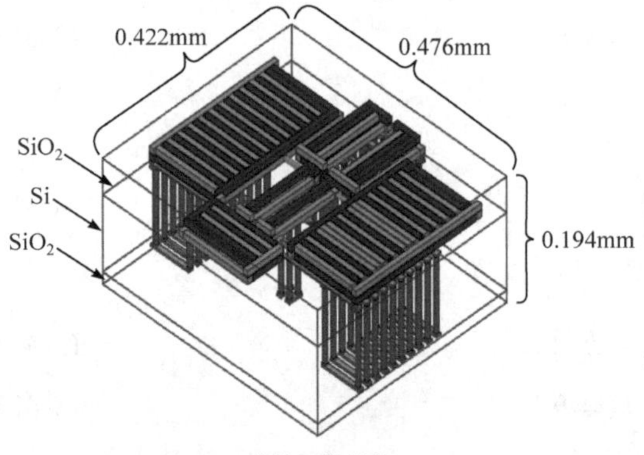

(a) 整体三维结构

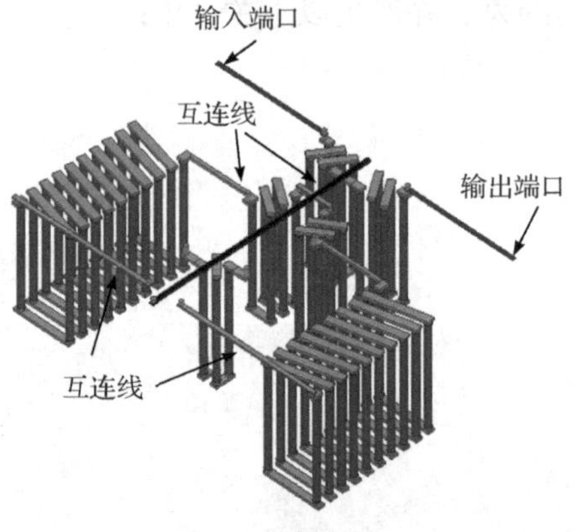

(b) TSV电感部分

图 3-20 准椭圆响应对称结构无反射滤波器的整体三维结构与 TSV 电感部分(扫描前言处二维码查看彩图)

准椭圆无反射滤波器仿真结果如图 3-21 所示，S_{11} 曲线向上偏移但在整个测试频段 0～30GHz 低于−19.6dB，S_{21} 曲线略微向高频方向偏移，在整个测试频段 0～30GHz 带外抑制低于 14.3dB，带内纹波为−1dB 并且具有良好的表带选择性，由于未达到−30dB，因此计算其 20dB 矩形系数为 1.065，过渡带带宽为 0.7GHz。相比较于 3.1.1 小节所提出的对称结构无反射滤波器具有较大提升，3.1.1 小节 20dB 矩形系数为 1.39，过渡带带宽为 2.6GHz。

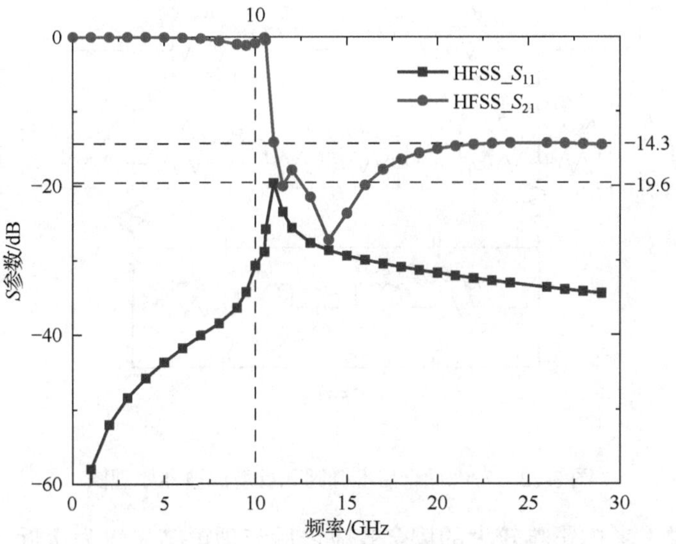

图 3-21　准椭圆无反射滤波器仿真结果

达到了期望目标，美中不足的是元器件较多，尺寸相对较大。HFSS 与 ADS 仿真结果产生差异的原因是器件过多导致各个器件间的耦合较大，现在分析其部分耦合效应。

由于尺寸较大，此结构将 TSV 电感器摆放得较为分散，因此电感之间的互感影响较小，HFSS 结构中各互连线的内阻、自感如表 3-5 所示，HFSS 结构中各电感之间的内阻、自感如表 3-6 所示。

表 3-5　HFSS 结构中各互连线的内阻、自感

RDL_1/RDL_2	RDL_3/RDL_4	RDL_5
0.033Ω，0.011nH	0.311Ω，0.196nH	0.5Ω，0.347nH

表 3-6　HFSS 结构中各电感之间的内阻、自感

L_1/L_2	L_3/L_4	L_5/L_6	L_7
0.287Ω，0.531nH	0.287Ω，0.531nH	1.45Ω，5.21nH	0.173Ω，0.236nH

将电感内阻与互连线产生的内阻与自感添加进电路，如图 3-22 所示，虚线方框为电感内阻，实线方框为互连线产生的电感与内阻。由于为对称结构，互连线 1、2 分别位于 L_3、L_4 之前，互连线 3、4 分别位于 L_5、L_6 之前，接地的互连线 5 分成两部分分别添加在 L_3 与 L_4 之后。

最终的仿真结果如图 3-23 所示，S_{11} 曲线低频部分有所差异，高频部分较为吻合；S_{21} 曲线在通带内较为吻合，阻带内 HFSS 模型表现出较为优秀的带外抑

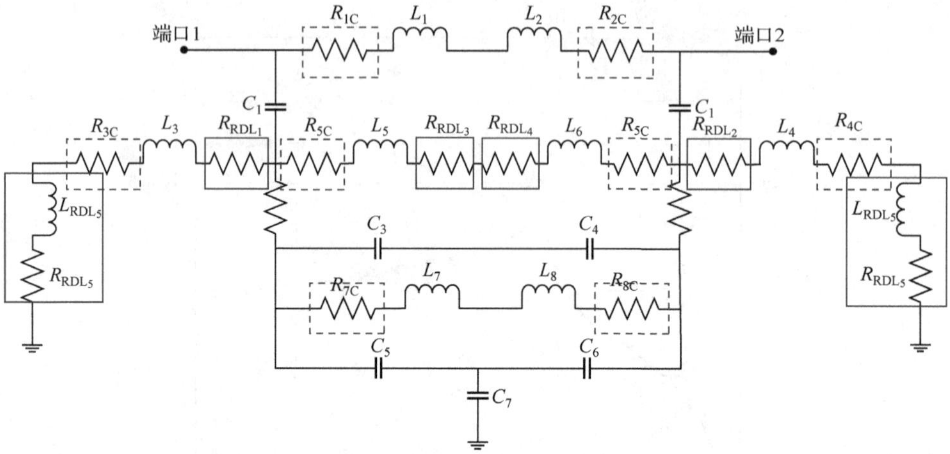

图 3-22　考虑耦合后准椭圆无反射滤波器原理图

制。总体来说，考虑影响较大的耦合效应之后与理论结果较为接近，仍存在部分差异的原因是元器件较多且还有部分耦合没有考虑。

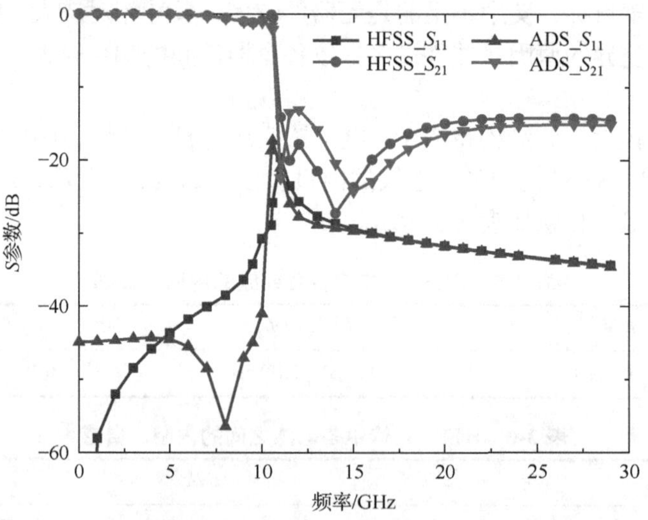

图 3-23　考虑耦合之后电路仿真结果与 HFSS 仿真结果对比

本小节通过对其基础电路进行改进，采用相同的构造方法，提出了一种基于 TSV 的具有高矩形系数(高边带选择性)的准椭圆响应滤波器，并对其耦合效应进行了分析。尽管本小节构造的是低通滤波器，但通过转换可以将低通滤波器改为高通、带通、带阻型滤波器。将本节滤波器结构与国内外文献中结构进行对比，发现各有优缺点，如表 3-7 所示。

表 3-7　本节滤波器结构与国内外文献中结构对比

滤波器结构	滤波器类型	20dB 矩形系数	3dB 带宽/GHz	无反射范围	带外抑制/dB	尺寸	采用技术
文献[8]结构	低通	*	0～1	DC～5GHz <−14dB	11	1mm×1mm	IPD
文献[9]结构	低通	*	0～0.01	0～0.08GHz <−10dB	14	厘米级	集总
文献[10]结构	带通	*	3.37～4.78	2.09～6.23GHz <−16.5dB	*	73.6mm×44mm	微带
文献[11]结构	带通	*	1.12～2.89	1.12～2.89GHz <−14.1dB	29.57	255mm×255mm	微带
本节结构 1	低通	1.39	DC～6.7	0～30GHz <−14.6dB	14.8	0.230mm×0.183mm	TSV
本节结构 2	低通	1.065	DC～10	0～30GHz <−19.6dB	14.3	0.476mm×0.422mm	TSV

注：*表示文献中无该结果参数。

本节第 1 个结构中，元器件少，电路相对简单，其 S_{11} 参数在整个测试频段 0～30GHz 达到了−14.6dB。本节第 2 个结构中，S_{11} 参数在整个测试频段 0～30GHz 达到了−19.6dB，具有较高的边带选择性(20dB 矩形系数为 1.065)、过渡带较窄与带内纹波(−1dB)。其劣势在于带外抑制相对较差，第一个滤波器的边带选择性较差，第二个滤波器的器件数量较多。

3.2　基于 TSV 的互补双工无反射滤波器设计

本节的主要设计思路为基于互补双工器的无反射滤波器，电路中不添加任何消耗能量的电阻，直接将整个输入信号分为两条支路，一条为低通，另一条为高通，两条支路形成互补电路，都通过端口进行输出，实现双工的同时完成无反射滤波。

3.2.1　互补双工无反射滤波器

本小节提出的三端口无反射电路整体结构如图 3-24 所示，以三阶无反射低通滤波器为例，其中低通部分与高通部分截止频率需要相同，低通的阻带频段为高通部分通带频段，低通部分通带频段为高通部分阻带频段。

本小节需要先设计一个三阶低通滤波器，对其进行转换，得到一个三阶高通滤波器。由于通过转换所得，因此这两个滤波器具有相同的频率响应以及截止频率。然后通过图 3-24 所示结构将两个电路进行组合，最后的三阶无反射双工电路如图 3-25 所示。

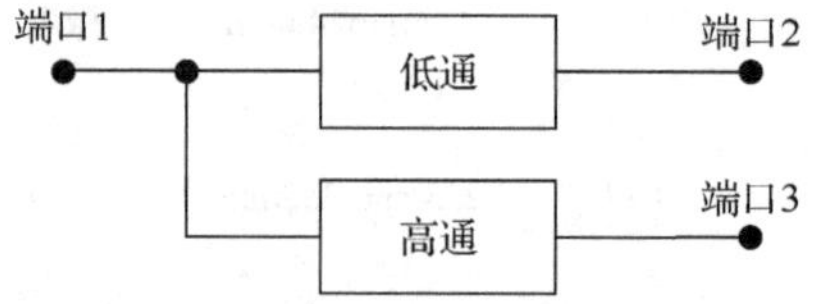

图 3-24 三端口无反射电路整体结构

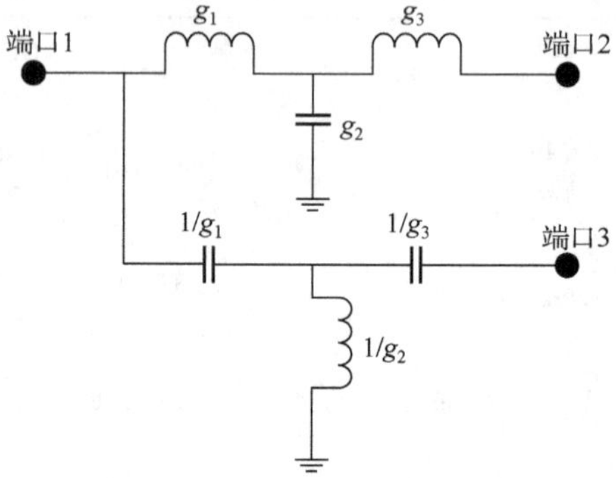

图 3-25 三阶无反射双工电路

为简化计算，求整体导纳，在输出端口 2、输出端口 3 分别接入归一化特性阻抗 1Ω 并接地，求出低通部分与高通部分的阻抗与导纳分别为

$$Z_{\mathrm{LPF}} = Sg_1 + (Sg_2 + (Sg_3 + 1)^{-1})^{-1} \tag{3-44}$$

$$Y_{\mathrm{LPF}} = \frac{1}{Z_{\mathrm{LPF}}} = \frac{S^2 g_2 g_3 + Sg_2 + 1}{S^3 g_1 g_2 g_3 + S^2 g_1 g_2 + S(g_1 + g_3) + 1} \tag{3-45}$$

$$Z_{\mathrm{LPF}} = \left(\frac{1}{g_1}S\right)^{-1} + \left(\left(\frac{1}{g_2}S\right)^{-1} + \left(\left(\frac{1}{g_3}S\right)^{-1} + 1\right)^{-1}\right)^{-1} \tag{3-46}$$

$$Y_{\mathrm{HPF}} = \frac{S^3 + S^2 g_2 + Sg_2 g_3}{S^3 + S^2(g_1 + g_3) + Sg_1 g_2 + g_1 g_2 g_3} \tag{3-47}$$

整体输出阻抗为两条支路的并联阻抗：

$$Z = Z_{\mathrm{LPF}} // Z_{\mathrm{HPF}} \tag{3-48}$$

为实现输入端无反射，要求输入端与输出端的阻抗完全匹配，即归一化的整体阻抗、导纳为 1，即

$$\frac{S^2 g_2 g_3 + Sg_2 + 1}{S^3 g_1 g_2 g_3 + S^2 g_1 g_2 + S(g_1 + g_3) + 1} + \frac{S^3 + S^2 g_2 + Sg_2 g_3}{S^3 + S^2(g_1 + g_3) + Sg_1 g_2 + g_1 g_2 g_3} = 1 \tag{3-49}$$

通过使分子中 S 参数各次数的系数与分母中 S 参数各次数的系数相同，化简式(3-49)，最终得到：

$$g_1 = \frac{3}{2},\quad g_2 = \frac{4}{3},\quad g_3 = \frac{1}{2} \tag{3-50}$$

对此结构参数进行验证，将 g_1、g_2、g_3 代入式(3-47)，即

$$Y_{\mathrm{HPF}}=\frac{3S^3+4S^2+2S}{3S^3+6S^2+6S+3} \tag{3-51}$$

再求出次二端口网络的转移矩阵：

$$\begin{bmatrix} A & B \\ C & D \end{bmatrix}=\begin{bmatrix} 1 & 0 \\ Y_{\mathrm{HPF}} & 1 \end{bmatrix}\begin{bmatrix} 2S^2+1 & S^3+2S \\ \dfrac{4S}{3} & \dfrac{2S^2}{3}+1 \end{bmatrix} \tag{3-52}$$

最后通过转移矩阵求出其反射系数 S_{11}：

$$S_{11}=\frac{A+B/Z_0-CZ_0-D}{A+B/Z_0+CZ_0+D}=0 \tag{3-53}$$

因此，此参数下的滤波器是无反射滤波器。

设计一款截止频率为 6.7GHz 的无反射低通滤波器。以 3.1 节所述，各个器件值如下：

$$L_1=\frac{g_1Z_0}{\omega}=\frac{3/2\times 50\Omega}{2\pi\times 6.7\mathrm{GHz}}\approx 1.78\mathrm{nH} \tag{3-54}$$

$$L_2=\frac{g_3Z_0}{\omega}=\frac{1/2\times 50\Omega}{2\pi\times 6.7\mathrm{GHz}}\approx 0.594\mathrm{nH} \tag{3-55}$$

$$C_1=\frac{g_2}{Z_0\omega}=\frac{4/3}{50\Omega\times 2\pi\times 6.7\mathrm{GHz}}\approx 0.634\mathrm{pF} \tag{3-56}$$

$$L_3=\frac{1/g_2Z_0}{\omega}=\frac{3/4\times 50\Omega}{2\pi\times 6.7\mathrm{GHz}}\approx 0.891\mathrm{nH} \tag{3-57}$$

$$C_2=\frac{1/g_1}{Z_0\omega}=\frac{2/3}{50\Omega\times 2\pi\times 6.7\mathrm{GHz}}\approx 0.317\mathrm{pF} \tag{3-58}$$

$$C_3=\frac{1/g_3}{Z_0\omega}=\frac{2}{50\Omega\times 2\pi\times 6.7\mathrm{GHz}}\approx 0.951\mathrm{pF} \tag{3-59}$$

三端口无反射滤波器电路原理图与 ADS 仿真结果如图 3-26 所示。

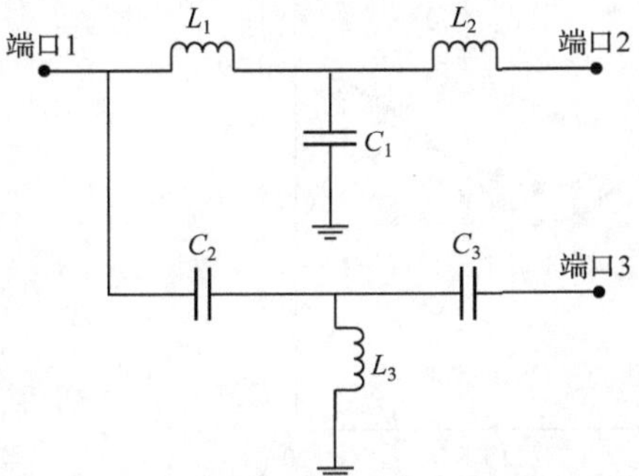

(a) 电路原理图

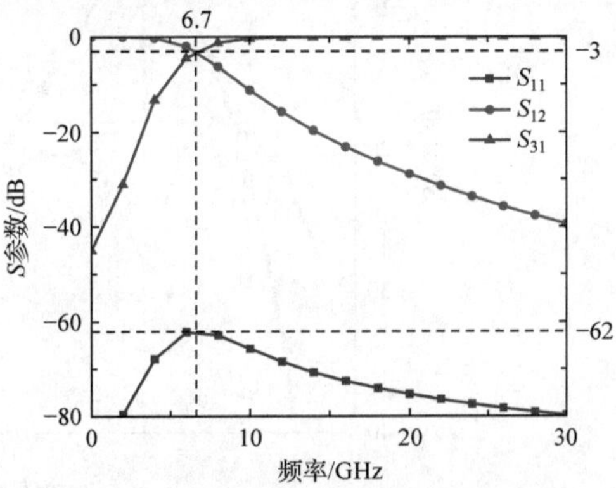

(b) ADS仿真结果

图 3-26　三端口无反射滤波器电路原理图与 ADS 仿真结果

从图 3-26 中可以看出端口 2 与端口 3 的 3dB 截止频率都在 6.7GHz，端口 2 阻带的信号全部从端口 3 流出，且具有较好的阻带抑制，S_{11} 也在−62dB 以下。

得到电路仿真结果之后，下一步需要确立电感电容的三维模型，由于存在 1.78nH 的大电感，因此 TSV 高度设置为 150μm，RDL 电容中的铜柱长度设置为 125μm。在 HFSS 软件中搭建电路，其整体三维结构如图 3-27(a)所示，TSV 电感部分与内部连线如图 3-27(b)所示。

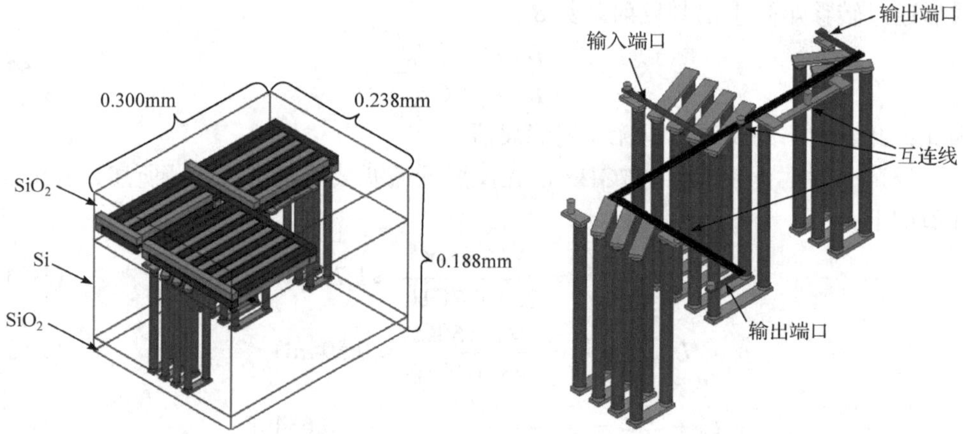

(a) 整体三维结构　　(b) TSV电感部分

图 3-27　互补双工无反射滤波器的整体三维结构与 TSV 电感部分(扫描前言处二维码查看彩图)

互补双工无反射滤波器的整体结构大小为(0.300×0.238×0.188)mm³，实现了微型化。其 HFSS 仿真结果如图 3-28 所示，在整个测试频段(0～20GHz)上实现

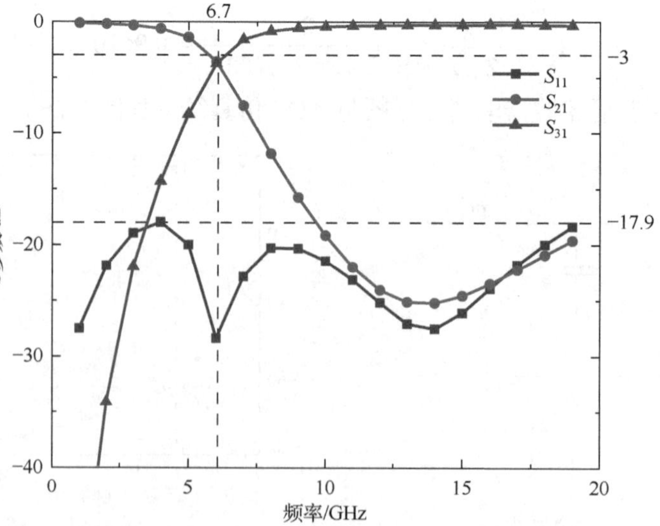

图 3-28　互补双工无反射滤波器 HFSS 仿真结果

了无反射(S_{11}小于−17.9dB)，高通支路与低通支路的 3dB 截止频率都为 6.7GHz，低通滤波器 S_{21} 曲线矩形系数为 1.56，带外抑制在 20dB 以下。HFSS 仿真结果与 ADS 仿真结果存在差异的原因除电感值、电容值不是精确值外，还有之前提到的 TSV 电感之间的耦合、内阻与互连线的自感、内阻等。

由于将 TSV 电感摆放得较分散，因此各电感之间的耦合效应相对较小，其内阻、自感、互感如表 3-8 所示。在此基础上使用最短的方式对器件进行互连，因此互连线的内阻与自感如表 3-9 所示。

表 3-8　HFSS 结构中各电感之间的内阻、自感、互感

电感	L_1	L_2	L_3
L_1	0.431Ω，1.798nH	0Ω，0.026nH	0Ω，−0.005nH
L_2	0Ω，0.026nH	0.318Ω，0.604nH	0Ω，0.003nH
L_3	0Ω，−0.005nH	0Ω，0.003nH	0.431Ω，0.898nH

表 3-9　HFSS 结构中各互连线的内阻、自感

RDL_1	RDL_2	RDL_3
0.059Ω，0.039nH	0.192Ω，0.108nH	0.381Ω，0.249nH

最后将这部分耦合效应产生的内阻、自感、互感等效在电路原理图上，如图 3-29(a)所示。其中，虚线框为 TSV 内阻，TSV 互感直接添加在原电感中；实线框为互连线产生的内阻与自感，互连线 1 在 L_1 与 L_2 之间，互连线 2 在 L_3 之后将互连线内阻与电感内阻合并成一个电阻，互连线 3 在 C_1 之后。

其仿真结果如图 3-29(b)所示，S_{21} 曲线与 S_{31} 曲线的 HFSS 和 ADS 仿真结果

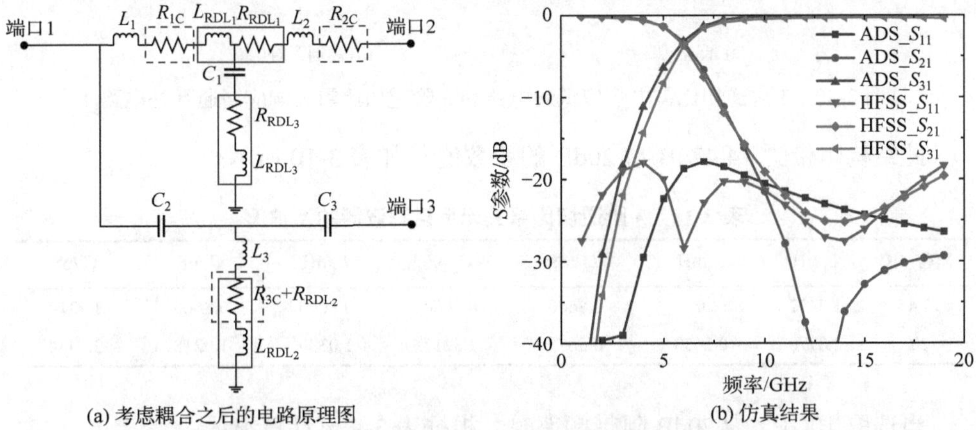

(a) 考虑耦合之后的电路原理图　　(b) 仿真结果

图 3-29　考虑耦合之后的电路原理图及 HFSS 仿真结果与 ADS 仿真结果对比

在 10GHz 之前基本一致，10GHz 之后 S_{21} 曲线 ADS 仿真结果的传输零点十分明显，HFSS 仿真结果相对较差。S_{11} 曲线的 HFSS 和 ADS 仿真结果出现不同趋势，但最大值都在−18dB 附近，满足所需要求(S_{11} 小于−10dB)。仍出现差异的原因是还有部分耦合没有考虑，但整体对比结果较为吻合。

综上所述，本小节提出的基于 TSV 的无反射滤波器在尺寸上达到了(0.300×0.238×0.188)mm^3，实现了微型化，S_{11} 曲线整体小于−17.9dB，达到了较高无反射性能要求，仍存在不足是矩形系数较差、过渡带较宽。

3.2.2　逆切比雪夫型互补双工无反射滤波器

3.2.1 小节所提出的双工无反射滤波器在回波损耗 S_{11} 上有较好的性能，但在设计电路时，其不存在传输零点，以至于边带选择性较差，矩形系数较大，ADS 仿真初始电路时 S_{21} 曲线的 20dB 矩形系数仅 2.15，在通过 TSV 技术实现结果后才达到 1.56。因此，本小节将对 3.2.1 小节电路进行改进，使其具有较短的过渡带。

逆切比雪夫响应具有陡峭的过渡带，可以在频域中快速地过滤掉不需要的频率成分，因此本小节采用的 3 阶逆切比雪夫响应低通电路如图 3-30(a)所示，3 阶逆切比雪夫响应高通互补电路如图 3-30(b)所示。使用这两种电路形成与 3.2.1 小节相同的双工结构，实现具有陡峭过渡带的无反射滤波器。

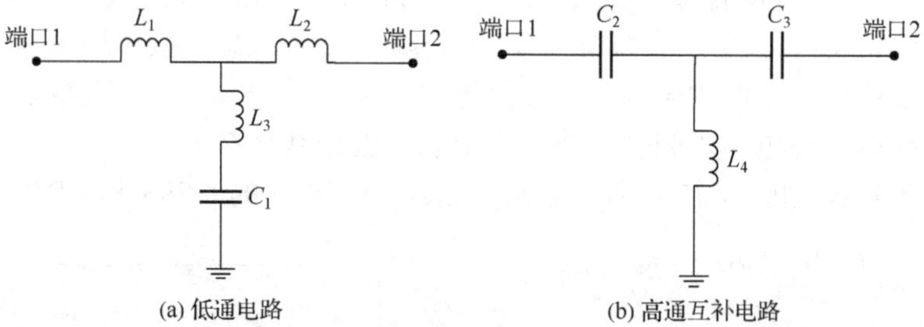

(a) 低通电路　　(b) 高通互补电路

图 3-30　3 阶逆切比雪夫响应低通电路和 3 阶逆切比雪夫响应高通互补电路

此结构阻带为 14.47dB 与 20dB 的系数值[12]如表 3-10 所示。

表 3-10　3 阶逆切比雪夫无反射滤波器的系数值

阻带/dB	L_1/nH	L_2/nH	L_3/nH	C_1/pF	L_4/nH	C_2/pF	C_3/pF
14.47	1.7322	0	0.8660	0.8660	0.8660	0.8660	1.7317
20	2.0770	0.2658	0.5675	1.3217	1.0389	1.0218	2.3434

当选取 10GHz 为 20dB 阻带频率时，根据表 3-9 可计算出：

$$L_1 = \frac{gZ_0}{\omega} = \frac{2.077 \times 50\Omega}{2\pi \times 10\text{GHz}} \approx 1.654\text{nH} \tag{3-60}$$

$$L_2 = \frac{gZ_0}{\omega} = \frac{0.2658 \times 50\Omega}{2\pi \times 10\text{GHz}} \approx 0.212\text{nH} \tag{3-61}$$

$$L_3 = \frac{gZ_0}{\omega} = \frac{0.5675 \times 50\Omega}{2\pi \times 10\text{GHz}} \approx 0.452\text{nH} \tag{3-62}$$

$$C_1 = \frac{Z_0}{g\omega} = \frac{1.3217}{50\Omega \times 2\pi \times 10\text{GHz}} \approx 0.421\text{pF} \tag{3-63}$$

$$L_4 = \frac{gZ_0}{\omega} = \frac{1.0389 \times 50\Omega}{2\pi \times 10\text{GHz}} \approx 0.827\text{nH} \tag{3-64}$$

$$C_2 = \frac{Z_0}{g\omega} = \frac{1.0218}{50\Omega \times 2\pi \times 10\text{GHz}} \approx 0.325\text{pF} \tag{3-65}$$

$$C_3 = \frac{Z_0}{g\omega} = \frac{2.3434}{50\Omega \times 2\pi \times 10\text{GHz}} \approx 0.746\text{pF} \tag{3-66}$$

使用 ADS 软件对图 3-31(a)所示电路进行仿真，结果如图 3-31(b)所示。在−20dB 处频率为 10GHz，与设计目标相同，带外抑制在 20dB 以下，S_{11} 性能有所变差，但仍处于 30dB 以下，在实际的电路中，各个器件本身存在寄生，相互之间存在耦合效应也会导致反射的出现。

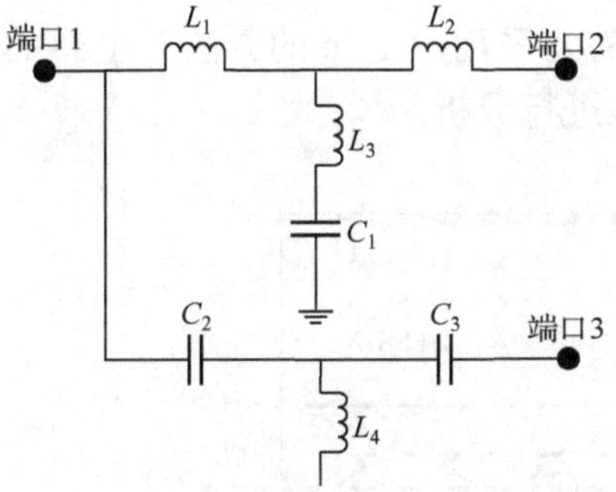

(a) 电路模型

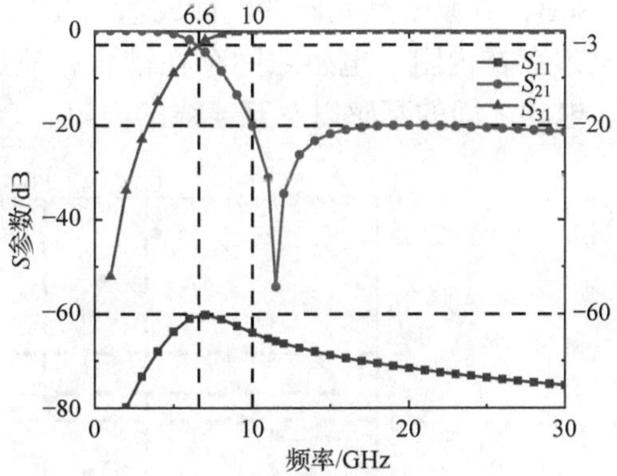

(b) 仿真结果

图 3-31　具有传输零点的无反射滤波器的电路模型和仿真结果

与 3.2.1 小节设计电路相比，在 12GHz 处产生了传输零点，从−3dB 到−20dB 过渡带为 3.4GHz，矩形系数为 1.515，提升了边带选择性，因此，此方法在 ADS 仿真阶段对 3.1 节提出的电路有性能上的优化。

在 HFSS 中对其进行结构实现，采用 3.1.1.2 小节方法，其中 TSV 铜柱高度为 100μm，其余参数如表 3-2 与表 3-3 所示，RDL 电容的铜柱长度为 90μm。最终的整体三维结构如图 3-32(a)，TSV 电感部分与内部连线如图 3-32(b)所示。

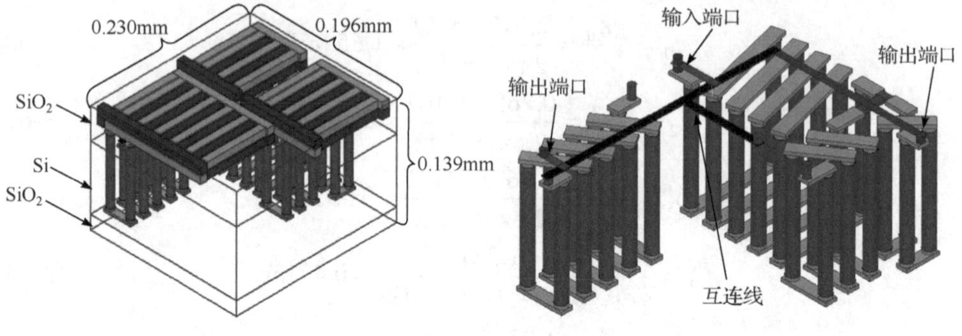

(a) 整体三维结构　　(b) TSV电感部分

图 3-32　逆切比雪夫型互补双工反射滤波器整体三维结构和 TSV 电感部分

其整体结构大小为(0.230×0.196×0.139)mm³，实现了微型化。其仿真结果如图 3-33 所示，从图中可以看出，S_{21} 曲线出现了传输零点，提升了边带选择性，矩形系数为 1.46，过渡带带宽为 2.1GHz，相比于 3.2.1 小节结构具有较好的矩形系数。与 ADS 设计结果相比，其 3dB 带宽由 6.6GHz 偏移到 6.7GHz，−20dB 截止频率偏移到 9.8GHz，带外抑制为 17.4dB，与设计基本一致；S_{31} 曲线 3dB 带宽由 6.6GHz 偏移到 6.7GHz，也与设计初衷基本一致；但 S_{11} 曲线在 15GHz 之前的峰值为−19.8dB，15GHz 之后仍处于上升趋势，最终在 20GHz 处达到−13.8dB，其原因是元器件设计成基于 TSV 的无源器件时存在取值上的误差，并且电感存在内阻、电感之间存在耦合，故还需要采用 3.1 节的方法对电感的内阻、电感之间的互感以及互连线的内阻、自感进行分析。

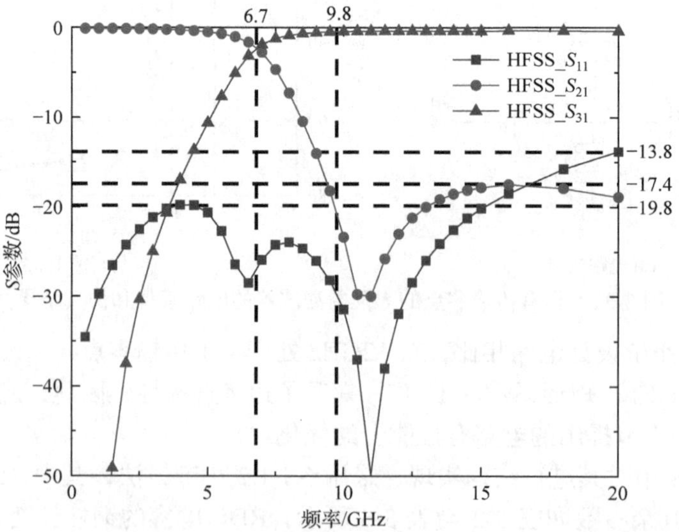

图 3-33　具有传输零点的三端口无反射滤波器仿真结果

HFSS 结构中各电感之间的内阻、自感、互感仿真结果如表 3-11 所示，各互连线的内阻、自感如表 3-12 所示。

表 3-11　HFSS 结构中各电感之间的内阻、自感、互感

电感	L_1	L_2	L_3	L_4
L_1	0.616Ω，1.627nH	0Ω，−0.017nH	0Ω，0.053nH	0Ω，−0.015nH
L_2	0Ω，−0.017nH	0.151Ω，0.195nH	0Ω，0.009nH	0Ω，0.002nH
L_3	0Ω，0.053nH	0Ω，0.009nH	0.254Ω，0.438nH	0Ω，0.006nH
L_4	0Ω，−0.015nH	0Ω，0.002nH	0Ω，0.006nH	0.416Ω，0.807nH

表 3-12　HFSS 结构中各互连线的内阻、自感

RDL_1	RDL_2
0.059Ω，0.184nH	0.190Ω，0.045nH

最后将这部分耦合效应产生的内阻、自感、互感等效在电路原理图上，如图 3-34(a)所示。其中，虚线框中为 TSV 内阻与 TSV 互感；实线框内为 TSV 内阻、互感与互连线产生内阻、自感的和。

对考虑耦合后的 ADS 仿真结果与 HFSS 仿真结果进行对比，结果如图 3-34(b)所示，可以发现二者结果较为吻合，S_{11} 曲线虽然有所出入，但整体峰值基本相同，仍有差异是因为还有部分耦合与寄生效应没有考虑。

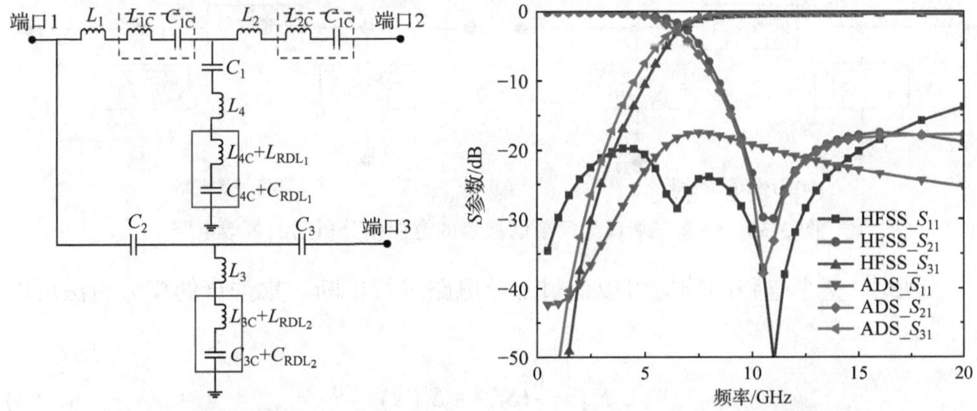

(a) 电路原理图　　(b) ADS与HFSS仿真结果对比

图 3-34　考虑耦合后的逆切比雪夫型互补双工无反射滤波器电路原理图及 ADS 与 HFSS 仿真结果对比

本小节提出的逆切比雪夫型互补双工无反射滤波器，相比于 3.2.1 小节提出的滤波器具有较好的矩形系数与过渡带，在 15GHz 之前实现了 19.8dB 的回波损耗，具有较高的无反射性能，在尺寸上也实现了微型化。

3.2.3 环路互补双工无反射滤波器

受文献[13]的启发，将 3.1 节介绍的电路改进为如图 3-35 所示的环路电路，每个端口分别与低通支节、高通支节相连，它符合达林顿和德苏尔的设计准则[11]，满足以下三个方面：

(1) 两个低通支节完全相同，两个高通支节也完全相同。

(2) 每个分支都是无损和对称的。

(3) 低通部分和高通部分互为补充。

由于对称性，三个端口的反射相同，即

$$S_{11} = S_{22} = S_{33} \tag{3-67}$$

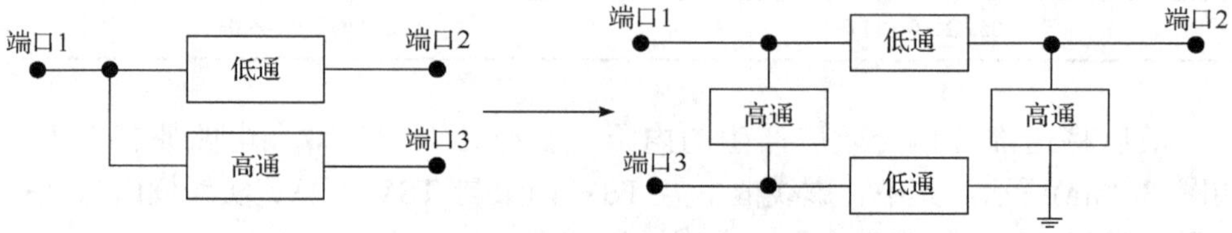

图 3-35　环路三端口对称无反射滤波器

通过奇偶模进行分析可得其奇模等效电路如图 3-36(a)所示，偶模等效电路如图 3-36(b)所示。

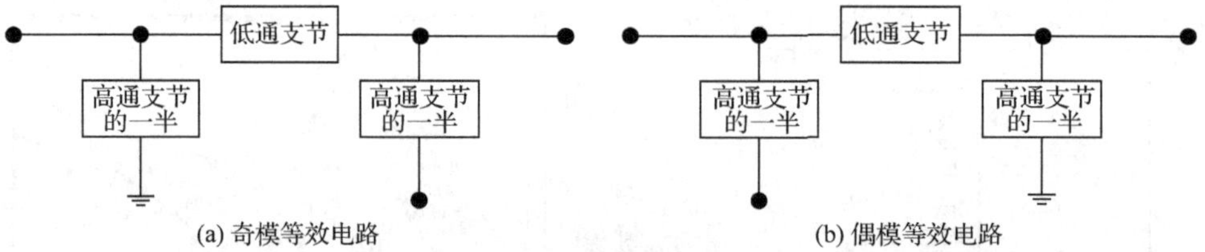

图 3-36　环路三端口无反射滤波器的奇偶模分析后的等效电路

因此，整个电路的响应可以通过部分电路进行推断。根据奇偶模分析法可以得到：

$$S_{11} = \frac{1}{2}(S_{11}^{\text{odd}} + S_{11}^{\text{even}}) \tag{3-68}$$

$$S_{11} = \frac{1}{2}(S_{11}^{\text{odd}} + S_{22}^{\text{odd}}) = \frac{1}{2}(S_{11}^{\text{even}} + S_{22}^{\text{even}}) \tag{3-69}$$

式中，S_{11}^{odd} 为在奇模分析下端口 1 的反射系数；S_{11}^{even} 为在偶模分析下端口 1 的反射系数；S_{22}^{odd} 为在奇模分析下端口 2 的反射系数；S_{22}^{even} 为在偶模分析下端口 2

的反射系数。

如果反射系数为 0，则

$$S_{11}=\frac{1}{2}(S_{11}^{\text{odd}}+S_{22}^{\text{odd}})=\frac{1}{2}(S_{11}^{\text{even}}+S_{22}^{\text{even}})=0 \tag{3-70}$$

即

$$S_{11}^{\text{odd}}+S_{22}^{\text{odd}}=S_{11}^{\text{even}}+S_{22}^{\text{even}}=0 \tag{3-71}$$

归一化后的反射系数为

$$S_{11}^{\text{odd}}=\frac{Z_1-1}{Z_1+1},\quad S_{11}^{\text{even}}=\frac{Z_2-1}{Z_2+1} \tag{3-72}$$

式中，Z_1 为端口 1 的输入阻抗；Z_2 为端口 2 的输入阻抗。将式(3-70)代入式(3-72)中，可得

$$Z_1Z_2-1=0 \tag{3-73}$$

首先，由于使用了对称结构，因此滤波器的阶数需要为奇数。其次，每条支路需要串联输入，如果高通支路采用并联输入将导致直流短路，如表 3-13 所示。

表 3-13　奇数阶数下的滤波器元件

滤波器类型	阶数			
	1	3	5	2n+1
低通	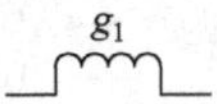	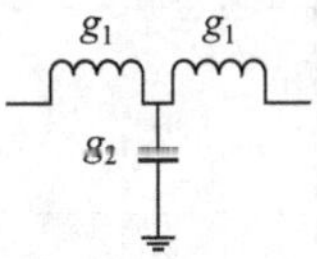	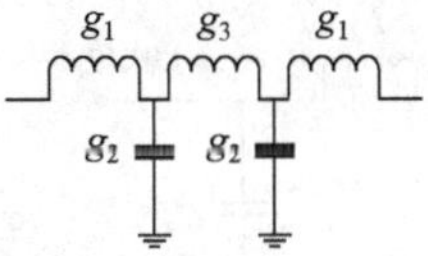	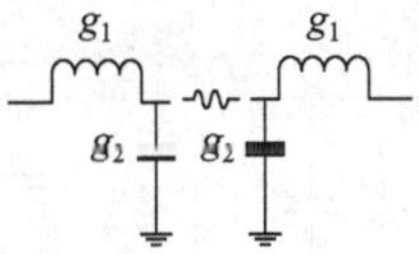
高通	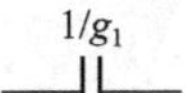	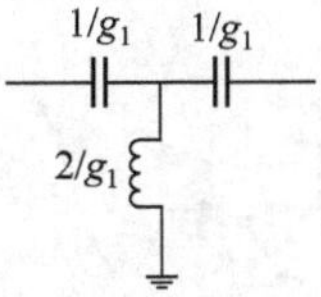	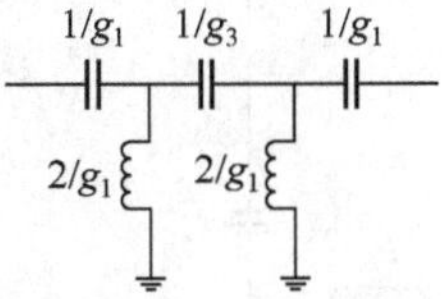	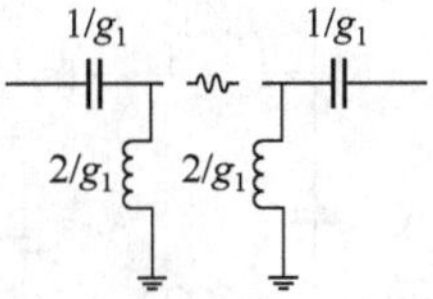

最后，根据式(3-73)可得到1阶、3阶、5阶、7阶下的 g 系数[14]，如表3-14所示。

表 3-14　奇数阶数下元器件的 g 系数

阶数	g_1	g_2	g_3	g_4
1	1.41420	—	—	—
3	1.56576	1.85419	—	—
5	1.56995	1.90239	1.93880	—
7	1.57056	1.90782	1.95752	1.96709

本小节设计截止频率为 10GHz 的三端口无反射滤波器，根据表 3-13 中的 3 阶 g 系数，可以计算出所需电感值与电容值：

$$L_1 = L_2 = L_5 = L_6 = \frac{Z_0 g_1}{\omega_0} = \frac{50\Omega \times 1.56}{2\pi \times 10\text{GHz}} \approx 1.25\text{nH} \tag{3-74}$$

$$C_1 = C_6 = \frac{g_2}{Z_0 \omega_0} = \frac{1.85}{50\Omega \times 2\pi \times 10\text{GHz}} \approx 0.59\text{pF} \tag{3-75}$$

$$L_3 = L_4 = \frac{Z_0 \cdot 1/g_2}{\omega_0} = \frac{50\Omega \times 1/1.85}{2\pi \times 10\text{GHz}} \approx 0.43\text{nH} \tag{3-76}$$

$$C_2 = C_3 = C_4 = C_5 = \frac{1/g_1}{Z_0 \omega_0} = \frac{1/1.56}{50\Omega \times 2\pi \times 10\text{GHz}} \approx 0.20\text{nH} \tag{3-77}$$

最终设计的电路与 ADS 仿真结果如图 3-37 所示，从仿真结果可以看出，与 3.2.1 小节和 3.2.2 小节所提滤波器相比，本小节电路通过引入环路出现了传输零点，改善了边带选择性与矩形系数；S_{21} 与 S_{31} 的带外抑制也在 23dB 以下；端口 2 为低通滤波器，其 3dB 截止频率在 10GHz，端口 3 为高通滤波器，其 3dB 截止频率也在 10GHz，两个端口形成了互补；整个 S_{11} 在−28dB 以下，没有达到负无穷的原因是在 g_1 与 g_2 取值时出现了误差，同时通过 g_1 与 g_2 计算电感值和电容值时四舍五入又出现了误差。

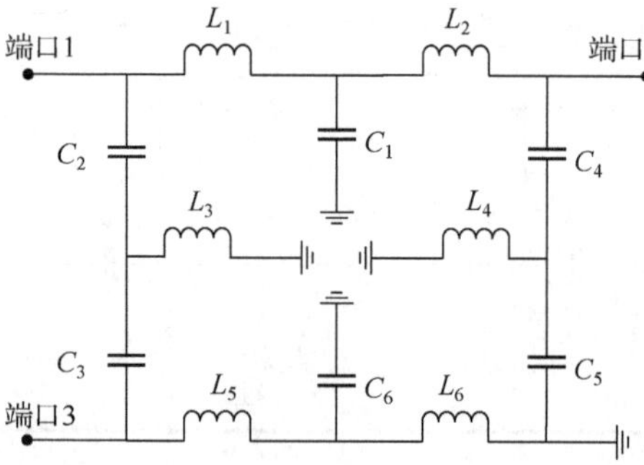

(a) 电路原理图

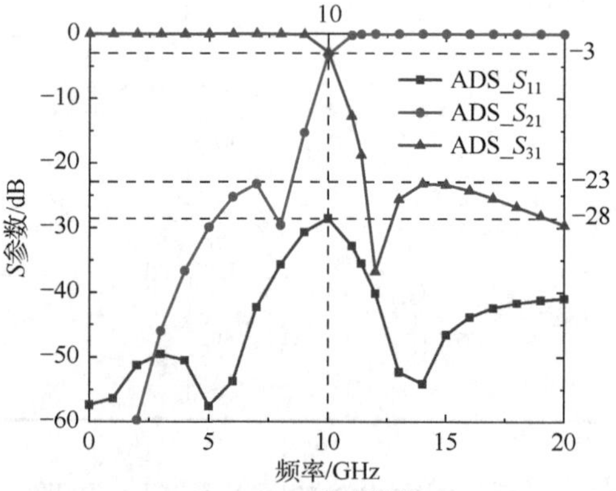

(b) ADS仿真结果

图 3-37 环路三端口无反射滤波器的电路原理图和 ADS 仿真结果

在获得电路之后采用 ANSYS Q3D 获得基于 TSV 的元器件，由于存在较大电感值在表 3-2 的基础上将铜柱高度改为 200μm，通过更改相邻铜柱距离与相对铜柱距离来实现本小节所需电感值；电容仍采用表 3-3 中的参数，通过增加铜柱根数来实现本小节所需电容值。在 HFSS 软件中根据原理图对本小节提出的环路三端口无反射滤波器进行搭建。其整体三维结构和 TSV 电感部分如图 3-38 所示，整体尺寸为(0.280×0.230×0.239)mm³，实现了器件的微型化。

环路三端口无反射滤波器 HFSS 仿真结果如图 3-39 所示，低通滤波器 S_{21} 曲线整体略微向低频偏移，其 3dB 截止频率为 9.4GHz，高通滤波器 S_{31} 曲线整体略微向高频偏移，其 3dB 截止频率为 10.2GHz，但整体误差在 10%以内。S_{21} 的带外抑制与 ADS 仿真结果相符，峰值为−23dB，S_{11} 曲线的峰值达−26.8dB。S_{21} 的 30dB 矩形系数为 1.19，过渡带宽为 0.8GHz，为与 3.2.2 小节相比较，计算其 20dB 矩形系数为 1.15；S_{11} 整体小于−13.75dB，低于理想设计值。用 ADS 软件对原始电路的各个器件通过控制变量法进行微调，可以发现电感值的变化对整体性能的影响较大，因此还需要对电感之间的耦合进行分析。

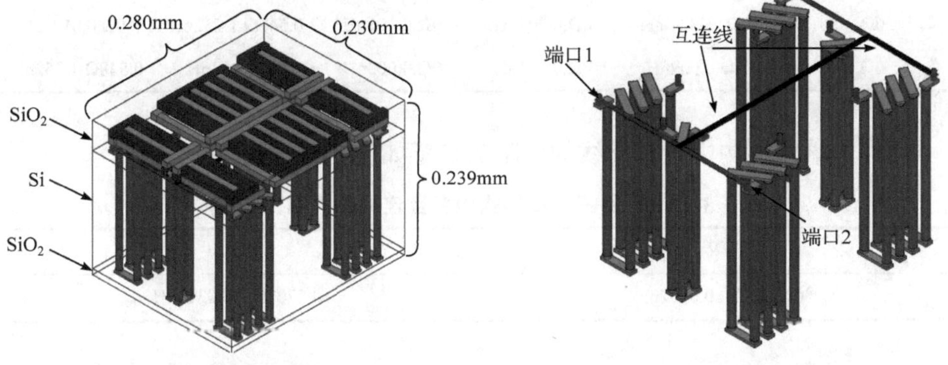

图 3-38　环路三端口无反射滤波器的整体三维结构和 TSV 电感部分(扫描前言处二维码查看彩图)

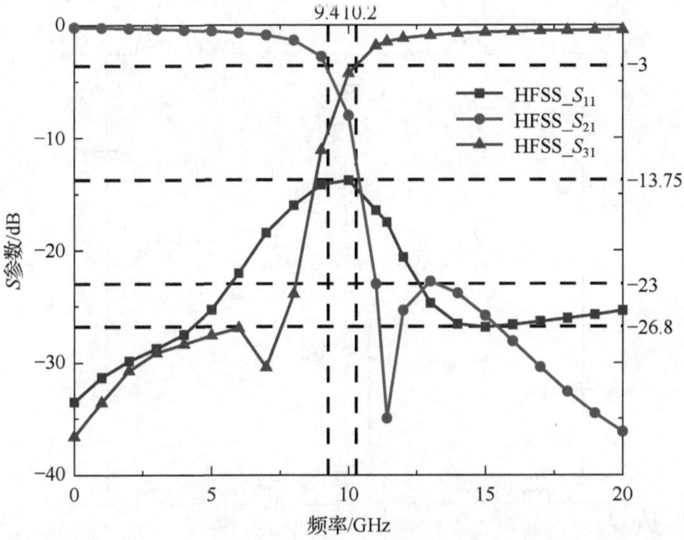

图 3-39　环路三端口无反射滤波器 HFSS 仿真结果

具体分析方法与 3.1 节所述相同，将 HFSS 结构中的电感部分复制进 ANSYS Q3D 软件，给每个电感加上各自的输入输出端口，通过仿真得到各电感的内阻、自感与电感之间的互感，如表 3-15 所示。

表 3-15　环路三端口结构中各电感的内阻、自感与电感之间的互感

电感	L_1	L_2	L_3	L_4	L_5	L_6
L_1	0.548Ω, 1.252nH	0Ω,−0.014nH	0Ω,−0.005nH	0Ω,−0.001nH	0Ω,0.004nH	0Ω,−0.01nH
L_2	0Ω,−0.014nH	0.548Ω,1.252nH	0Ω,0.003nH	0Ω,0.001nH	0Ω,0.009nH	0Ω,−0.004nH
L_3	0Ω,−0.005nH	0Ω,0.003nH	0.25Ω,0.382nH	0Ω,0.001nH	0Ω,0.001nH	0Ω,0.001nH
L_4	0Ω,−0.001nH	0Ω,0.001nH	0Ω,0.001nH	0.25Ω,0.381nH	0Ω,0.003nH	0Ω,0.005nH
L_5	0Ω,−0.01nH	0Ω,−0.004nH	0Ω,0.001nH	0Ω,0.101nH	0.548Ω,1.252nH	0Ω,0.014nH
L_6	0Ω,0.004nH	0Ω,0.009nH	0Ω,0.001nH	0Ω,0.003nH	0Ω,0.014nH	0.548Ω,1.252nH

环路三端口结构中各互连线的内阻与自感如表 3-16 所示。

表 3-16　环路三端口结构中各互连线的内阻、自感

RDL_1	RDL_2
0.8333Ω，0.0732nH	0.2707Ω，0.0219nH

通过 ADS 软件将电感的内阻与互感加入原电路中，如图 3-40 中虚线框内所示。由于互连线产生的内阻、内感与地相连，为实现较为对称结构，将互连线产

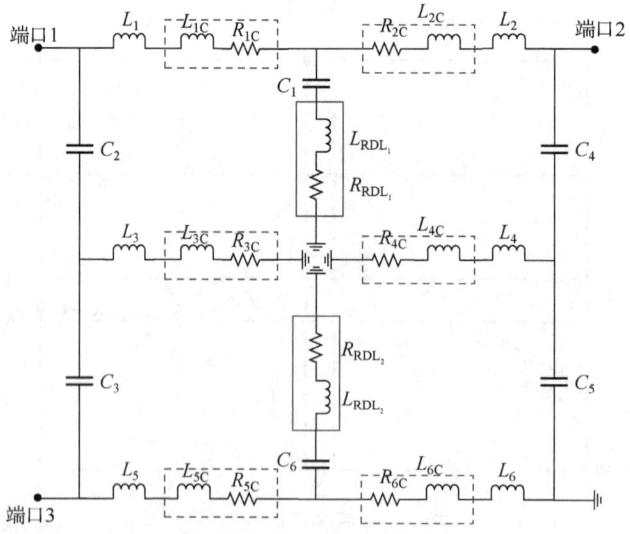

图 3-40　考虑耦合后的环路三端口无反射滤波器电路原理图

生的寄生器件添加在如图 3-40 所示实线框内。考虑耦合后环路三端口无反射滤波器 ADS 与 HFSS 仿真结果对比如图 3-41 所示。

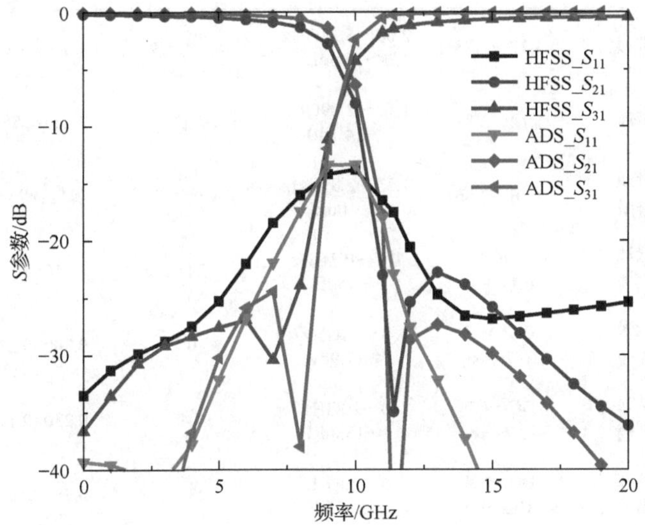

图 3-41　考虑耦合后环路三端口无反射滤波器 ADS 与 HFSS 仿真结果对比

通过对比 HFSS 仿真结果与考虑电感之间耦合、互连线内阻后的仿真结果(ADS 仿真结果)，发现二者曲线较为吻合。S_{21} 曲线都存在向低频略微偏移的现象，S_{31} 曲线都存在向高频略微偏移的现象，S_{11} 曲线峰值都处于−13.75dB 附近。二者不同处在于，HFSS 仿真结果中低通部分 S_{21} 曲线的带外抑制较差，高通部分 S_{31} 曲线的带外抑制较好，但整体都低于 20dB。仍存在部分误差的原因在于数据取值的误差以及其他耦合没有考虑进去，但对电路影响较大的耦合效应已经考虑。

本小节所提出的环路三端口无反射滤波器相比于 3.2.2 小节滤波器具有较好的矩形系数与过渡带，在整个测试频段(0～20GHz)实现了 13.75dB 的回波损耗，具有较高的无反射性能，尽管具有近 2 倍的元器件数量，但在尺寸上依然达到了微米级。

将本章滤波器结构与国内外文献滤波器结构进行对比，发现各有优缺点，如表 3-17 所示。本章第一种无反射滤波器结构简单，具有整个测试频段内 17.9dB 的回波损耗峰值与 17.4dB 的带外抑制，但边带选择性、矩形系数较差；第二种无反射滤波器在第一种无反射滤波器的基础上提升了边带选择性但回波损耗峰值在 0～15GHz 时为 19dB，之后处于变差趋势，至 20GHz 变为了 13.8dB；第三种环路无反射滤波器具有较好边带选择性、矩形系数以及良好的带外抑制，但元器件较多，器件的耦合效应较大，因此回波损耗峰值仅为 13.75dB。

表 3-17　本节滤波器结构与国内外文献滤波器结构的性能对比

滤波器结构	滤波器类型	3dB 带宽/GHz	无反射范围	带外抑制/dB	尺寸/mm×mm	采用技术
文献[10]滤波器结构	带通	3.37～4.78	2.09～6.23GHz <-16.5dB	—	73.6×44	微带
文献[11]滤波器结构	带通	1.12～2.89	1.12～2.89GHz <-14.1dB	29.57	255×255	微带
文献[13]滤波器结构	带通 带阻	1.16～2.86	1.33～2.81GHz <-10dB	—	111×74	微带
文献[14]滤波器结构	低通 高通	0～0.11 0.11～∞	DC～0.3GHz <-15dB	24	50×50	集总
本节滤波器结构 1	低通 高通	DC～6.7 6.7～∞	0～20GHz <-17.9dB	20	0.300×0.238	TSV
本节滤波器结构 2	低通 高通	DC～6.7 6.7～∞	0～20GHz <-13.8dB	17.4	0.230×0.196	TSV
本节滤波器结构 3	低通 高通	DC～9.4 10.2～∞	0～20GHz <-13.75dB	23	0.280×0.230	TSV

3.3　小　　结

本章的研究重点为在保证无反射滤波器性能的前提下，实现器件的微型化，使其易于集成在 3D IC 中。通过电路构造与结构验证，共实现了 5 种无反射低通滤波器结构，其中对称结构的二端口无反射低通滤波器 2 种，互补双工结构的三端口无反射低通滤波器 3 种。

在 3.1 节中主要介绍了对称结构的无反射滤波器。从基本低通、高通滤波器出发，为实现对称结构，采用奇偶模分析法对电路进行改造；根据无反射滤波器期望目标回波损耗等于 0，通过阻抗分析，确定每个元器件系数。根据此系数可以设计工作在各种频段上的对称结构无反射滤波器，本章设计了一段工作在 6.7GHz 下的无反射低通滤波器。此滤波器采用 TSV 技术进行实现前，首先对 TSV 电感与 RDL 电容进行了参数分析，明确了各个参数的调整对电感值、电容值的影响。最后对整体结构进行了实现，由于无反射滤波器的回波损耗对电感值的变化较为敏感，因此还分析了取值误差、电感之间耦合与互连线的耦合对性能的影响。3.1 节第 1 个结构的边带选择性较差、过渡带不够陡峭，因此对基本电路进行改进，采用同样方法实现了一款准椭圆响应的无反射低通滤波器。其虽然具有较好的性能，但元器件较多，尺寸相对较大。

在 3.2 节中主要介绍了互补双工结构的无反射滤波器。采用 1 输入 2 输出的结构，将整个信号通过低通与高通支节进行输出，其间还需满足无反射要求。3.2 节第 1 个结构低通与高通支节采用完全对称结构，但同样存在边带选择性较差、过渡带不够陡峭的问题，因此本节第 2 个结构采用逆切比雪夫响应，产生了传输零点。本节第 3 个结构采用 4 支节环路的结构，每个支路互补对称，都提高了边带选择性，使过渡带更加陡峭，且保持了无反射性能。

这 5 种滤波器结构整体尺寸都小于 1mm^3，S_{11} 在整个频段内峰值都低于 −13.75dB，满足无反射滤波较高要求，完成了微型化、高性能的研究。

参 考 文 献

[1] LIU C, DENG Z, LIU X, et al. A wideband bandpass filter with broad stopband and ultra-wi-de reflectionless range for 5G applications[C]. IEEE MTT-S International Microwave Symposium, Boston, MA, USA, 2019.

[2] GOMEZ-GARCIA R, PSYCHOGIOU D, MUNOZ-FERRERAS J M, et al. Avoiding RF iso-lators: Reflectionless microwave bandpass filtering components for advanced RF front ends[J]. IEEE Microwave Magazine, 2020, 21(12): 68-86.

[3] 刘莹, 王测天, 邬海峰, 等. 超宽带低功耗低噪声放大器芯片[J]. 现代信息科技, 2023, 7(1): 51-53.

[4] 马明明. 射频前端关键电路与多端口网络参数研究[D]. 成都: 电子科技大学, 2022.

[5] MORGAN M. Reflectionless Filters [M]. Norwood: Artech, 2017.

[6] 付琳琳, 李辰, 刘琪. 全球 6GHz 频段规划情况分析[J]. 通信世界, 2022(16): 37-38.

[7] WANG F, WANG R, LI R, et al. A compact reflectionless low-pass filter based on TSV technology[C]. 2022 International Symposium on Semiconductor and Electronic Technology, Fuzhou, China, 2022.

[8] MORGAN M, BOYD T. Reflectionless filter structures[J]. IEEE Transactions on Microwave Theory and Techniques, 2015, 63(4): 1263-1271.

[9] MORGAN M A, GROVES W M, BOYD T A, et al. Reflectionless filter topologies supporting arbitrary low-pass ladder prototypes[J]. IEEE Transactions on Circuits and Systems I: Regular Papers, 2019, 66(2): 594-604.

[10] WEI F, XUE Y C, ZHAO X B, et al. Balanced BPF with dual-port quasi-reflectionless characteristic and selectivity enhancement[J]. IEEE Transactions on Circuits and Systems II: Express Briefs, 2023, 70(3): 994-998.

[11] YANG L, ZHU X, GÓMEZ-GARCÍA R, et al. High-order quasi-elliptic-type wideband bandpass filter with ultrabroad input-reflectionless stopband range[J]. IEEE Microwave and Wireless Technology Letters, 2023, 33(6): 655-658.

[12] KHALAJ-AMIRHOSSEINI M, TASKHIRI M -M. Twofold reflectionless filters of inverse-Chebyshev response with arbitrary attenuation[J]. IEEE Transactions on Microwave Theory and Techniques, 2017, 65(11): 4616-4620.

[13] FENG W, MA X, SHI Y, et al. High-selectivity narrow- and wide-band input-reflectionless bandpass filters with intercoupled dual-behavior resonators[J]. IEEE Transactions on Plasma Science, 2020, 48(2): 446-454.

[14] JIN X H, HUANG X D, REN Q, et al. Four-port symmetrical reflectionless lumped filter/diplexer: Prototype and design table[J]. IEEE Transactions on Microwave Theory and Techniques, 2021, 69(4): 2211-2219.

第 4 章　三维集成共模噪声抑制滤波器设计

在以信息传输为主的时代，多功能、微型化高速传输系统，高速接口的需求和研发难度日渐增大。共模噪声抑制器件作为高速传输系统的必要器件，其宽带宽、高噪声抑制能力、高质量的传输信号及微型化的高性能器件实现难度很大。三维集成技术的提出不仅可以减小传统的互连延迟及其带来的损耗问题，而且硅通孔的应用为微型无源器件的设计提供了有力支持。

TSV 技术作为一种三维集成技术，不仅可以实现异构芯片的垂直互连和电气连接，还可以提供低损耗的垂直互连，增加带宽，成为众多三维集成技术研究中最流行的技术之一。众多研究者利用 TSV 技术提出了多种基于 LC 无源器件集总结构，并实现优越性能[1-5]。此前，有研究者基于经典的全通滤波器和带阻滤波器理论，提出了一种具有指定共模和微分模响应的噪声抑制滤波器的合成方法。该方法不仅具有较大的宽带性能和良好的信号完整性，而且可以指定响应的频带范围，有效且目的明确。因此，结合三维集成技术，本书提出了一种基于 TSV 的 LC 集总六阶共模噪声抑制滤波器。同时，在传统低通滤波器(LPF)的基础上，实现了基于三维集成技术的滤波器结构设计。本书提出的不同滤波器结构在保持宽带宽、高抑制能力和传输信号完整的情况下，实现了微型化，并且为大面积电路的微型化提供了一定依据。

4.1　滤波器原理及主要特性

为了实现更高的数据传输速率，利于传输带宽和大数据流的提升，总线接口等高速传输系统得以快速发展，但是，这也带来了更严重的信号损耗、电磁干扰、射频干扰等问题。目前利用差分信号良好的抗干扰能力来进行信号传输，已广泛应用于现代高速无线通信系统中[6]。在差分信号传输中，不可避免地存在共模噪声，产生共模噪声的主要原因是传输路径的不对称性[7, 8]。它的存在会破坏传输信号的完整性并引发意外的辐射问题，因此，抑制共模噪声是非常重要的，利用共模滤波器件来缓解电磁干扰(EMI)或射频干扰(RFI)就成为优化高速差分系统性能的一项关键技术[9, 10]。为了克服共模噪声引起的种种问题，此前研究人员提出了多种在噪声与传输信号之间隔离的共模噪声抑制装置。例如，对地面缺陷结构和间隙耦合谐振器的研究可以提高差分信号的完整性，但其所占芯片面积很大[11, 12]。又如，将复杂电路拓扑划分为小电路单元，可以减少电路组的延迟色散。该方法以增加电路面积为代价提高了信号的完整性，但这与未来半导体高集成、微型化的发展方向不一致。共模噪声抑制器要能更好地应用于高速系统，应具有良好的噪声抑制能力、较大的带宽、较小的面积，并能保持差分信号的完整性。然而，这样一个完美的共模噪声抑制器很难实现，这也是未来其在电子领域应用的主要挑战[13]。下面对共模噪声抑制滤波器原理及主要特性进行阐述。

4.1.1　滤波器原理

共模噪声的抑制原理是利用差分信号的传输特性，此方法也是研究抗干扰技术常用的方法之一。和单信号线传输不同，差分信号传输需要两条传输通道，分别用来传输振幅相同、相位相反的差分信号，接收端的信号和信息依据两个传输通道的差值来确定。因此，当外界存在干扰时，同时分别作用在两条传输通道上，每条传输通道上的信号都会被影响，以差值作为传输载体的传输方式则不会受到影响。因此，可以屏蔽同时作用于两根信号传输线的外部电磁干扰，从而使系统获得更强的抗干扰性能，共模噪声的抑制原理也是如此[14]。差分信号传输方式不像传统的单信号线传输依靠高低阈值电压来判断，因此受环境、温度、工艺的影响也较小。

共模噪声抑制滤波器的原理如图 4-1(a)所示，有左侧的两个输入端口和右侧的两个输出端口。通过两个完全对称的信号传输通道为 DM 信号提供传输路径，对称的传输路径在差分信号的传输过程中也能减小干扰的产生。在中间对称平面上的一个并联电感器将延迟线的共同地面与真实地面连接起来。DM 等效电路和 CM 等效电路分别如图 4-1(b)和(c)所示。一方面，由于对称面可以作为与真实地面连接的完美导电平面，DM 等效电路只有信号传输通路，另一方面，对称面将作为一个完美的磁导体(PMC)平面的 CM 激励，则可以看到公共的接地电感器[15]。

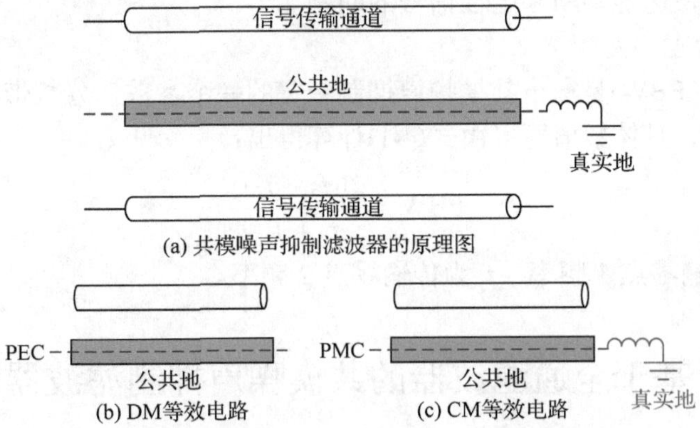

图 4-1　共模噪声抑制滤波器的原理图和等效电路

PEC-理想电导体

电感器可以在一定的频率下与信号传输通道谐振，因此CM等效电路为带阻滤波器，这也是后文对共模噪声抑制滤波器进行分析的主要依据。

4.1.2 滤波器主要特性

通常情况下，对于共模噪声抑制滤波器的性能研究主要分为两个方面，一方面是传输差分信号的完整性，另一方面是共模噪声的抑制能力。差分信号的完整性(SI)性能可以通过群延迟和时域眼图进行判断分析。共模噪声抑制能力则是根据模拟后的 S 参数结果来分析，下面是对共模噪声抑制滤波器特性的一个简单描述。

1) 共模噪声抑制能力

共模噪声抑制滤波器的抑制能力是依据 S 参数中 Scc21 来评判的，即插入损耗。根据共模信号传输零点和 S 参数的值来判断抑制能力的强弱。相对应的就是，S 参数中的 Sdd21 用来表征传输信号的损耗情况，一般来说 Sdd21<|3dB|。保持 Sdd21<|3dB|的带宽也称为通带带宽。

2) 群延迟

群延迟是信号通过传输通道所产生的滞后时间。恒定的群延迟避免了高速差分信号的色散，并在信号通过该电路时保持眼图(或信号的完整性)的良好质量。群延迟情况的良好意味着传输信号的完整性保持得良好，可以从侧面表明设计滤波器的抗干扰能力强弱。

3) 眼图

眼图包含丰富的信息，可以体现数字信号的整体特征，能够很好地评估数字信号的质量，因此眼图分析是数字系统信号完整性分析的关键之一[16]。这也是眼图作为评判共模噪声抑制滤波器标准之一的原因。在对一个眼图进行好和坏的评估时，常见的衡量指标有眼高、眼宽、抖动、占空比等，通过对眼睛不同部位的表征，可以快速地判断和定性信号的问题。

4) 分数带宽

分数带宽(FBW)是衡量共模噪声抑制带宽的一个参数。分数带宽超过25%就可达到超宽带，具体数值可以由式(4-1)计算得出：

$$\mathrm{FBW}=\frac{2\left(f_2-f_1\right)}{f_2+f_1} \tag{4-1}$$

式中，f_1 为传输零点 1 频率；f_2 为传输零点 2 频率。

4.2 基于全通滤波器的共模噪声抑制滤波器设计

本节主要阐述的是基于全通滤波器的共模噪声抑制滤波器的研究，通过二阶全通滤波器设计的等延迟线来模拟信号传输通道，进行滤波器拓扑结构设计。依据等延迟线的设计方法，计算待设计集总滤波器的电容值、电感值，采用 ADS 软件搭建理想滤波电路并仿真，为后续 HFSS 仿真提供一个可对比的模型。设计合理的电容电感结构，考虑到尺寸以及电容值、电感值的大小，这里采用 TSV 电感和双层交指电容结构。最后，将确定的电容电感结构在有限元法求解器 HFSS 中进行集总，得到最终的基于 TSV 的集总滤波器结构。考虑到集成度高且为了方便系统级电路仿真，提取寄生参数并建立结构的等效电路，验证所设计结构的合理性。

4.2.1 滤波器拓扑结构设计

从不对称的传播路径、不恒定的等延迟、物理布局不对称和工艺误差等共模噪声产生原因入手设计滤波器电路，尽量减小不对称路径引起的干扰，且可以通过高阶的级联电路来稳定恒定的延迟。结合图 4-1 中所展示的共模噪声抑制滤波电路原理，通过二阶全通滤波器设计的等延迟线来模拟差分信号传输通道，接地电感连接传输信道形成共模噪声抑制滤波电路。依据等延迟线的设计方法计算出待设计滤波器的无源器件的数值[17]。

1) 等延迟线电路设计

设计等延迟线所需的两种不同二阶全通滤波器电路如图 4-2 所示。两种全通滤波器的排布方式在等延迟线的设计中是至关重要的，一旦排布方式确定，等延迟线的电路结构也确定。将二阶全通滤波器按照排布方式串联即可得到等延迟线拓扑结构。

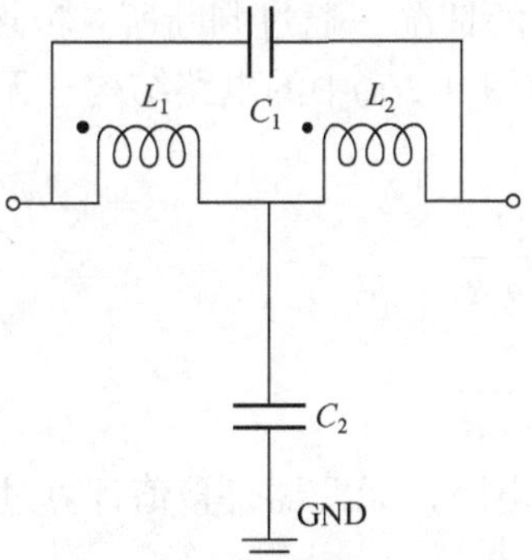

(a) 具有控制耦合系数的二阶全通滤波器电路图

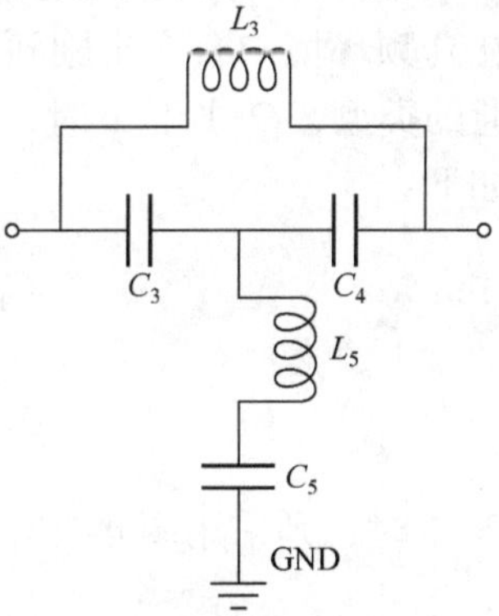

(b) 不平衡桥T形式的二阶全通滤波器电路图

图 4-2　二阶全通滤波器电路图

GND-地线

2) 滤波器理想电路结构设计

基本电路的设计主要是等延迟线结构确定，即两种全通滤波器排布方式的确定。基本的二阶全通滤波器分为两种，分别是具有控制耦合系数的二阶全通和不平衡桥T形式的全通。等延迟线中全通滤波器的排布方式取决于极点Q的大小，如果极点小于 1，则采用具有控制耦合系数的全通；如果大于 1，则选择不平衡桥 T 形式的全通。极点Q的计算公式如下：

$$Q=\frac{\omega_r}{2\alpha \mathrm{DSF}} \tag{4-2}$$

式中，Q为极点；ω_r为极点的谐振频率；α为归一化原型极点的实部；DSF 为延迟比例因子。其中，归一化原型极点的实部可以在文献[17]中得到六阶等延迟线的归一化原型极点的实部和虚部。其他参数计算如下所示：

$$\omega_r=\mathrm{DSF}\sqrt{\alpha^2+\beta^2} \tag{4-3}$$

$$\mathrm{DSF}=\frac{T_{\mathrm{gd}}(\mathrm{DC})}{T_{\mathrm{gd}}} \tag{4-4}$$

式中，β 为归一化原型极点的虚部；$T_{\mathrm{gd}}(\mathrm{DC})$为直流处的归一化延迟；$T_{\mathrm{gd}}$ 为所需的标准延迟。

经过全通变换处理，$T_{\mathrm{gd}}(\mathrm{DC})$将变为具有线性相位的等波纹误差滤波器群延迟的两倍；对称面通过公共电感接地，在电路中发挥分流的作用，可以表示为

$$L_{\mathrm{shunt}}=\frac{R}{\omega_1 \sin \omega_1 \tau} \tag{4-5}$$

式中，τ和T_{gd}是等效的，表示所需标准延迟；ω_1为设计时确定的共模传输零点。

延迟线在高频环境中会产生剧烈波动的情况。通过判断所获极点 Q 的大小排布二阶全通的类型，Q 小于 1 时，采用图 4-2(a)中的电路结构，无源器件量值的计算过程如下：

$$C_1=\frac{Q}{2\omega_r R} \tag{4-6}$$

$$C_2=\frac{2}{Q\omega_r R} \tag{4-7}$$

当Q大于 1 时，则采用图 4-2(b)中的电路，无源器件量值计算过程如下：

$$L_3=\frac{2R}{\omega_r Q} \tag{4-8}$$

$$C_3=C_4=\frac{Q}{\omega_r R} \tag{4-9}$$

$$C_5=\frac{2Q}{\omega_r\left(Q^2-1\right)R} \tag{4-10}$$

$$L_5 = \frac{QR}{2\omega_r} \tag{4-11}$$

根据以上的推导过程，即可确定基本的电路结构。电路为四端口电路，采用由级联多单元二阶全通滤波器或单元电路组成的等延迟线模拟信号提供传输信道，减少信号损耗。

首先，本小节研究了单元谐振器的共模噪声抑制滤波器。滤波器电路如图 4-3(a)所示，并对仿真结果进行分析。图 4-3(b)和(c)分别表示共模激励等效电路和差模激励等效电路。其中，$L_{u\_1}(=L_{u\_2}、L_{u\_3}、L_{u\_4})$、$L_{u\_5}$ 的电感值分别为 0.886nH、0.7nH，互感系数为 0.413。$C_{u\_1}(=C_{u\_3})$、$C_{u_2}(=C_{u_4})$的电容值分别为 0.104pF、0.100pF。

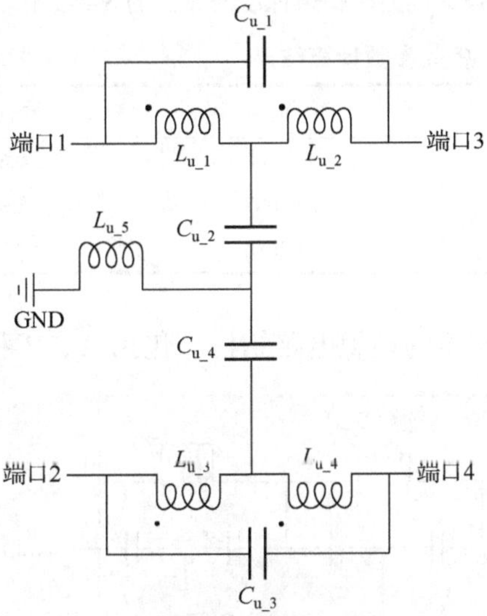

(a) 共模噪声抑制滤波器电路

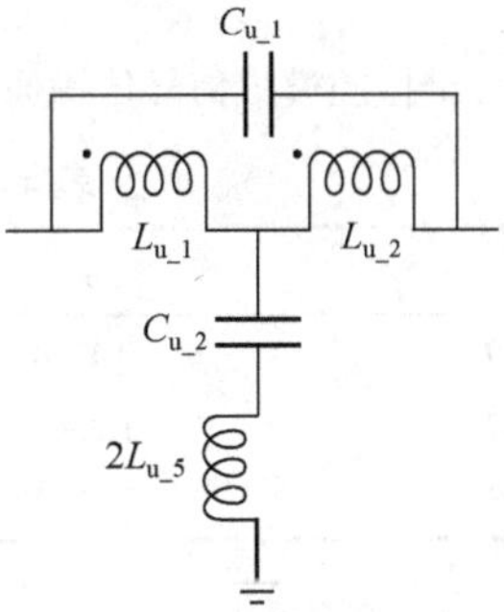

(b) 共模激励等效电路

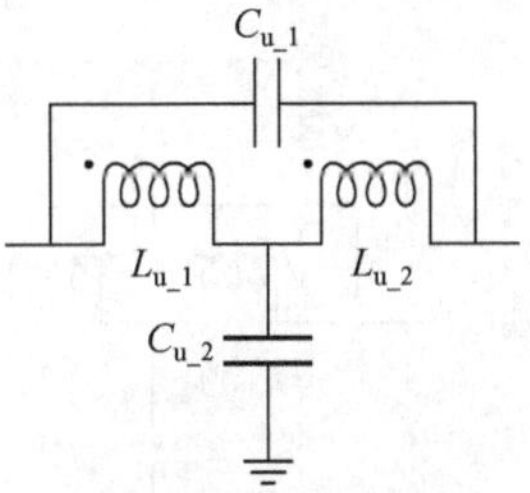

(c) 差模激励等效电路

图 4-3　单元谐振器的共模噪声抑制滤波器电路

通过二阶全通来模拟信号传输通道，从图 4-3 可以看出，该滤波电路关于水平方向完全对称。信号的输入端口为端口 1 和端口 2，输出端口为端口 3 和端口 4。谐振腔模拟信号传输通道设计的共模噪声抑制滤波器的 S 参数仿真结果如图 4-4 所示。结果表明，差分信号的 SI 性能很好，损耗接近 0，因此可以考虑通过高阶电路拓扑结构来提高抑制能力。其次，根据高阶电路将获得更好的滤波器性能，设计六阶滤波器以实现更好的滤波性能。

查表 4-1 确定归一化原型极点的实部和虚部，根据式(4-2)～式(4-4)分别求出极点 Q、极点谐振频率 ω_r 的大小。

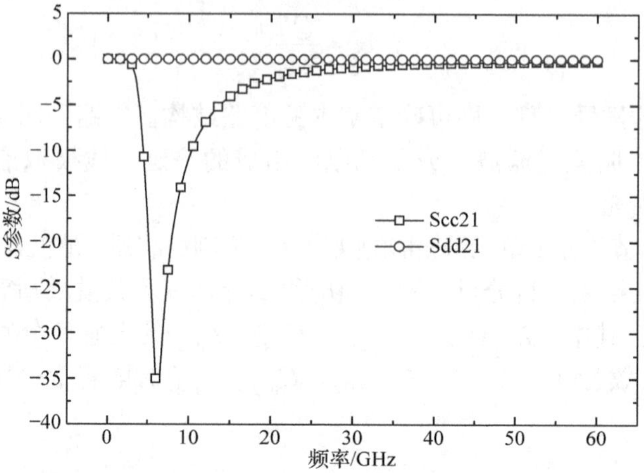

图 4-4　谐振腔模拟信号传输通道设计的共模噪声抑制滤波器的 S 参数仿真结果

表 4-1　相关参数计算结果

α	β	w_r	Q
0.6519	0.4374	8.4784	0.6021
0.6167	1.2963	24.8087	1.8597
0.4893	2.0982	23.2686	2.2016

图 4-5 为六阶共模噪声抑制滤波器的理想电路结构，包括 A、B 和 L_7 三个部

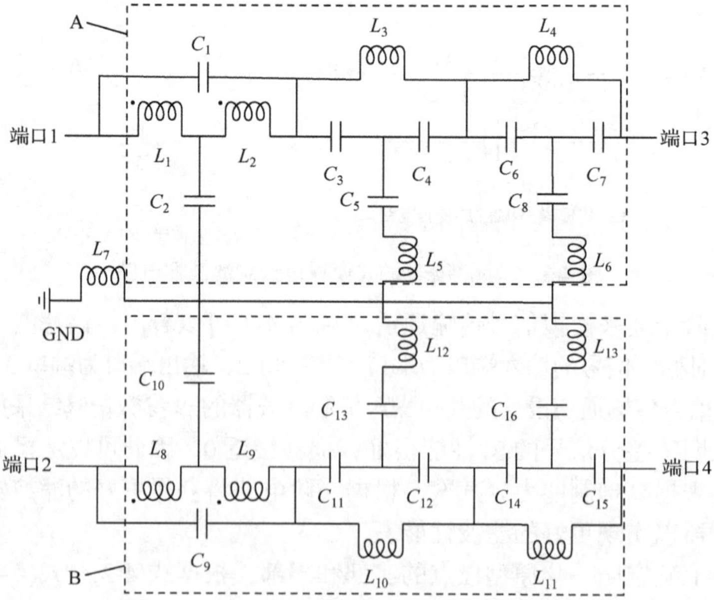

图 4-5　六阶共模噪声抑制滤波器的理想电路结构

分。其中 A 和 B 关于水平方向是对称的。A 和 B 中都是由三个具有两种不同类型的二阶全通滤波器级联组成，且结构完全相同。

通过六阶等延迟线设计以及各无源器件值的大小，得到具体的六阶共模噪声抑制滤波电路。在 ADS 中搭建相应的电路，如图 4-6 所示，并进行初步的分析判断。

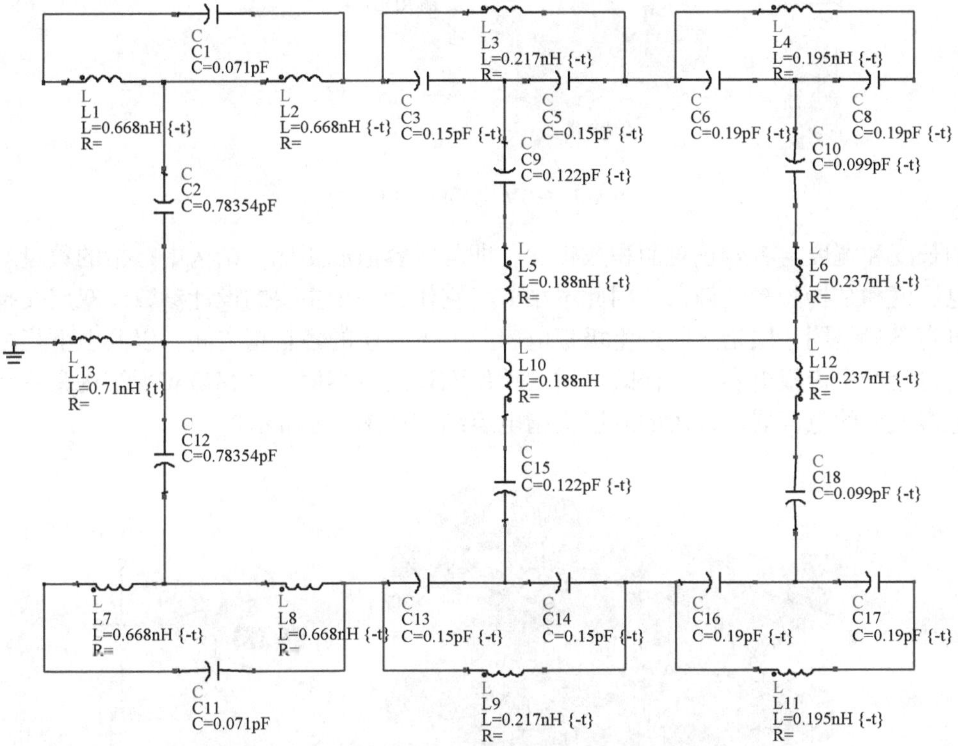

图 4-6　ADS 中六阶共模噪声抑制滤波理想电路

4.2.2　电容、电感结构设计

1) TSV 电感器设计

结合之前对微型器件的研究，综合考虑采用较为成熟的 TSV 电感结构。TSV 电感的三维结构如图 4-7 所示。

2) RDL 双层交指电容器设计

计算得到的电容值差距较大，对于大容值，如何实现结构紧凑，单位容值大的电容器是面临的一个问题。传统的双极板电容器通过两个导体和中间的介质来产生电容，交指电容器的原理和传统双极板电容器一致。同一层指间构成金属-氧化物-金属电容，指间距影响两个金属导体之间的距离，与电容成反比。此外，指

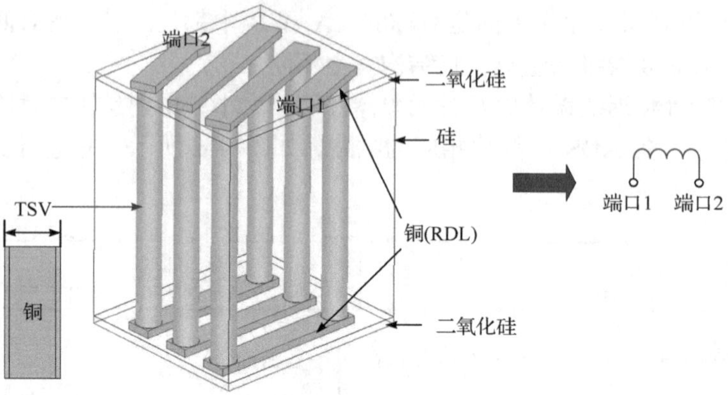

图 4-7　TSV 电感的三维结构

的长度和宽度与有效正对面积成正比，即与电容值成正比。结构中，指的数量对电容值和结构的影响最大，因此本小节将它作为一个主要的设计参数。双层交指电容不只是同一层指之间产生极板电容，上下两层的各自指之间，以及上下指之间也会产生极板电容。这样既可增大单位面积的电容值，又容易实现结构紧凑且电容值大的电容器。采用的双层交指电容结构如图 4-8 所示。

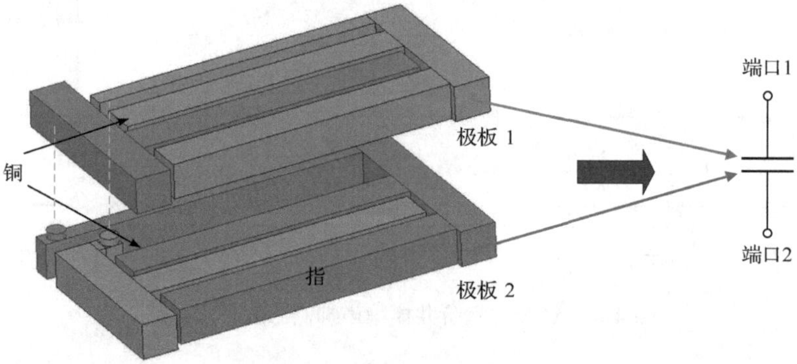

图 4-8　双层交指电容结构

为了方便和传统的 MOS 工艺相结合，TSV 电感采用金属铜，包括 TSV 和互连 RDL。交指电容器中，指以及连接指的金属材料和指之间的介质均选择常见的金属 Cu 及氧化物 SiO_2 材料。结构主要分为上下两层交指电容，RDL 的厚度和宽度均为 10μm，这里以其中 0.150pF 的电容为例，在结构上设置集总端口，通过调整数字间电容器的手指间隙和手指长度，可以实现不同的电容值。

4.2.3　滤波器物理结构设计

本小节主要通过 TSV 的三维集成技术和 RDL 互连技术，完成滤波器的整体物理布局。确定电路元件的物理结构后，已完成电路设计、无源器件参数计算和结构建立。接下来将确定的所有无源器件物理结构在 ANSYS HFSS 电磁仿真软件中进行集总，并对滤波器性能进行仿真，依据仿真结果对整体结构尺寸以及元件结构位置进行微调，分析共模噪声抑制滤波器的特性。

图 4-9 为六阶共模噪声抑制滤波器的整体物理结构。整体物理布局中所有双层交指电容分别分布在 TSV 的正面和背面，正面的双层交指电容和 TSV 电感 L_1、L_2、L_3、L_4、L_5、L_6 通过金属柱和 RDL 的水平互连作用，组成图 4-5 中 A 部分电路，实现了等延迟线结构。背面的交指电容则和除接地电感外的其他电感构成 B 部分结构，即模拟了两个信号传输通道来满足差分信号的传输。图 4-10 所示为六阶共模噪声抑制滤波器 TSV 电感物理布局，电感的布局在 Y 轴方向水平线上完全对称。TSV 电感的 TSV 沉积在硅衬底中，上下 RDL 及金属柱则被二氧化硅包裹。

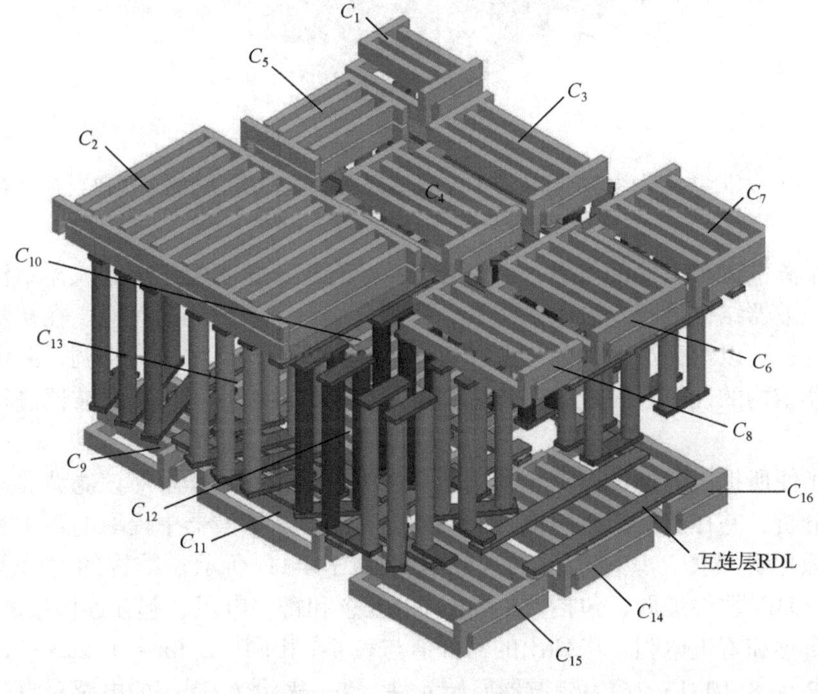

图 4-9　六阶共模噪声抑制滤波器的整体物理结构(扫描前言处二维码查看彩图)

滤波器结构中，硅衬底的厚度和 TSV 的高度一致，电阻率和介电常数分别为 1000Ω · cm 和 11.9。除此之外，其他金属结构都被 SiO_2 材料包裹，正面和背面的 SiO_2 厚度都为 34μm，其介电常数为 3.9。根据滤波器电路对离散无源器件结构进行集成。在保持结构对称性的同时，考虑寄生因素和互感因素的影响，

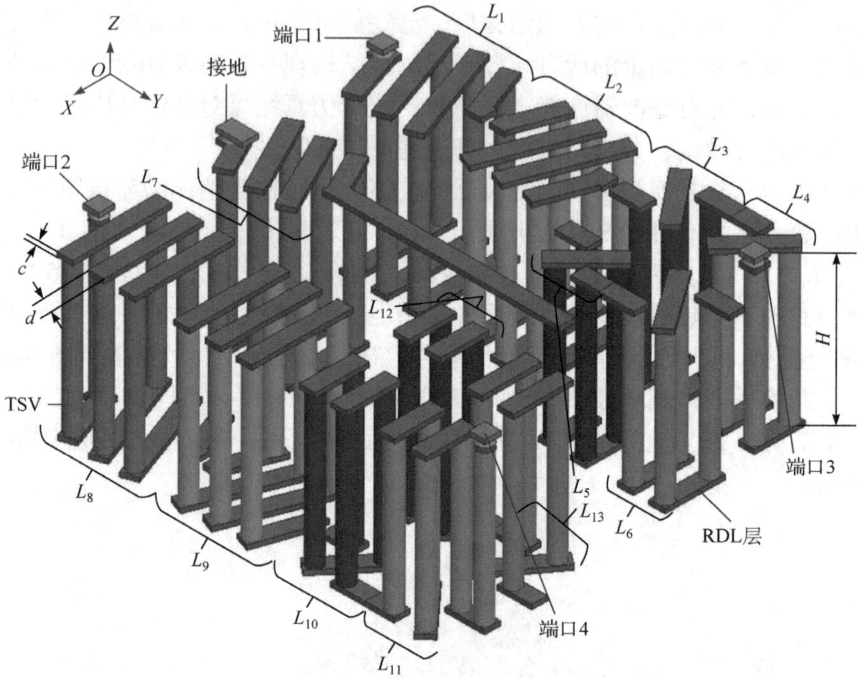

图 4-10　六阶共模噪声抑制滤波器 TSV 电感物理布局(扫描前言处二维码查看彩图)
c-RDL 金属的厚度；*d*-RDL 金属的宽度

调整每个离散无源组件的位置，以整合成一个合理、紧凑的三维滤波器结构。对完整的滤波器结构进行全波电磁仿真，初步分析整个滤波器的性能。在初步分析的基础上，可以对无源器件的位置和互连 RDL 等结构尺寸进行微调，以保证最终滤波器结构的性能。完成以上步骤即可对设计的共模噪声抑制滤波器进行特性分析。

为了使所提出的滤波器更容易用于系统级电路仿真，本书对该滤波器进行进一步的分析，并在所提出六阶电路的基础上，结合从滤波器中提取的寄生参数，建立等效电路模型。该滤波器的等效电路如图 4-11 所示，结构的寄生参数由 ANSYS Q3D 软件提取，包括 TSV 电感的互感和寄生电阻、起互连作用的 RDL 的寄生自感和寄生电阻。未列出的器件值与表 4-1 相同。$L_m(m = 1, 2, 3,\cdots, 13)$，$C_m(m = 2, 5, 8, 10, 13, 16)$为滤波器原始元件。$L_{m_o}$ 表示 L_m 周围的电感对自身的影响，L_{m_R} 是原始电感的寄生电阻。这里，$R_{L_1} = R_{L_2} = R_{L_8} = R_{L_9}$、$R_{L_3} = R_{L_{10}}$、$R_{L_4} = R_{L_{11}}$、$R_{L_5} = R_{L_{12}}$、$R_{L_6} = R_{L_{13}}$ 和 R_{L_7} 分别为 0.3773Ω、0.185Ω、0.176Ω、0.174Ω、0.192Ω 和 0.380Ω。L_{RDL_m} 是起互连作用的 RDL 的自感，$L_{m_{o\_\mathrm{RDL}}}$ 是前两个参数的和。

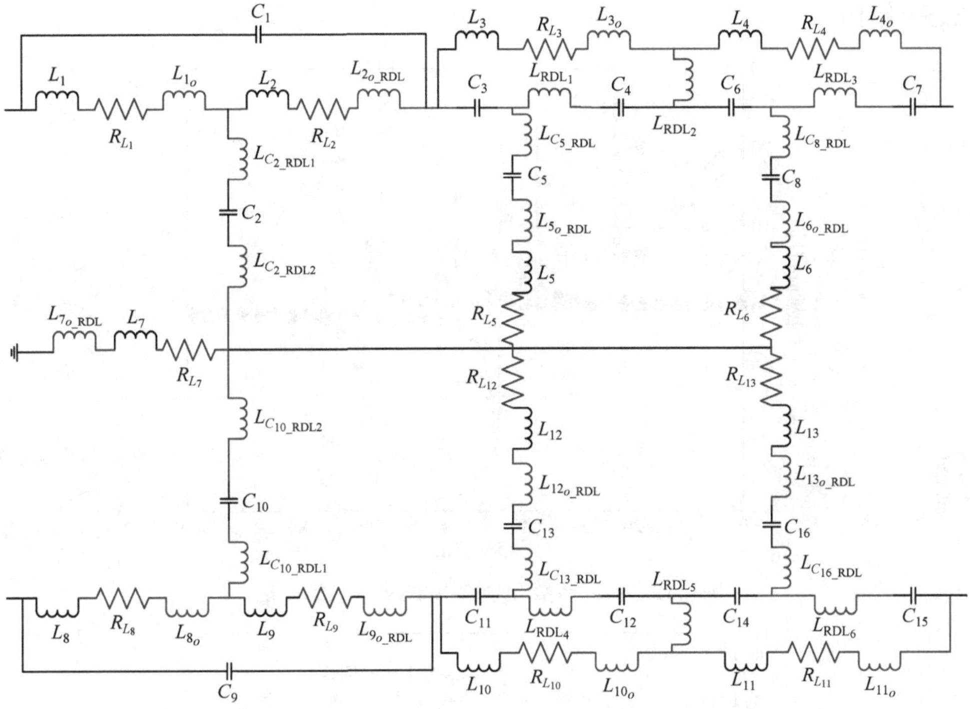

图 4-11　搭建的六阶共模噪声抑制滤波器的等效电路

4.2.4　特性分析

设计的三维集成滤波器物理结构已在 ANSYS HFSS 中经 FEM 集总。为了进一步分析 TSV 共模噪声抑制滤波器的特性，验证设计的正确性，下面对 TSV 电感器件和双层交指电容的品质因数及结构对电容值、电感值的影响进行研究，同时对该滤波器的相关特性进行分析。

1. TSV 电感特性分析

本小节提取并分析了重要参数对电感和电容的影响。图 4-12 展示了结构参数匝数对电感值的影响。结果表明，随着匝数的增加，有效长度增加，电感值明显变化。因此，一旦确定了匝数，就基本上确定了电感器的结构，然后通过调整 TSV 间距，得到理想的电感器结构。图 4-13 为不同匝数 TSV 电感器的品质因数变化。可以看出，不同匝数 TSV 电感器的最大品质因数约为 38，比一般传统电感器的品质因数大，这也是选择 TSV 电感器的原因之一。参考以往对 TSV 器件的研究，最后 TSV 直径确定为 10μm，高宽比约为 10：1。在每个电感器中，在 *Y* 方向上相邻 TSV 之间的距离为 20μm。上下层 RDL 的高度和宽度分别为 10μm 和 3μm。通过调整在 *X* 方向上 TSV 的距离，进而调整 RDL 的长度来得到理想的电感器结构。

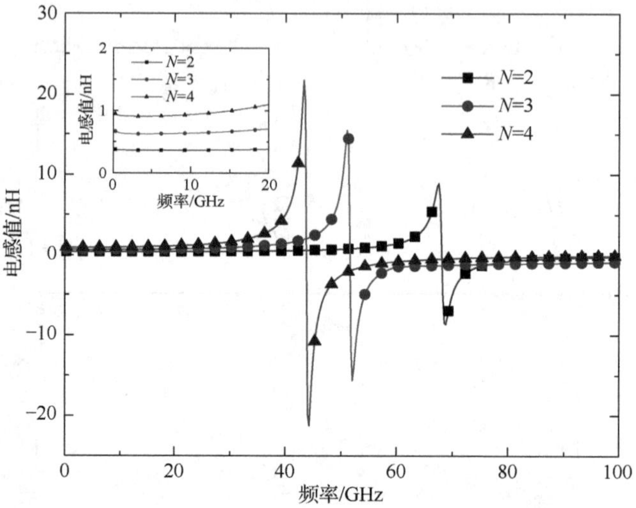

图 4-12　不同匝数和频率下 TSV 电感的变化

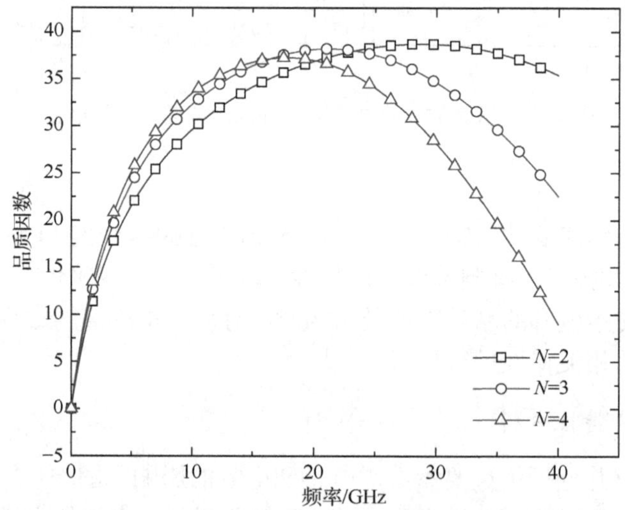

图 4-13　不同匝数和不同频率下 TSV 电感器品质因数的变化

2. 双层交指电容特性分析

本小节研究和分析了电容器结构中重要参数对电容的影响。显然，与传统的双板电容器对应，指间距影响两个导体之间的距离，与电容值成反比。手指的长度、宽度与有效面积成正比，即与电容值成正比。手指的数量对容量和结构的影响最大，因此本小节将它作为一个主要的设计参数。

图 4-14 展示了具有不同指数的电容器的特性。在不同的频率下，当确定指数时，电容值基本稳定。通过调整手指长度等参数，可以得到理想的电容器结构。通过调整数字间电容器的手指间隙和手指长度，实现不同的电容值。指间电容器中指板间、指间、板间的距离均为 20μm。根据滤波器电路对离散组件结构进行集成。在保持结构对称性的同时，考虑寄生因素和互感因子的影响，调整每个离散分量的位置，以整合一个合理、紧凑的三维滤波器结构。

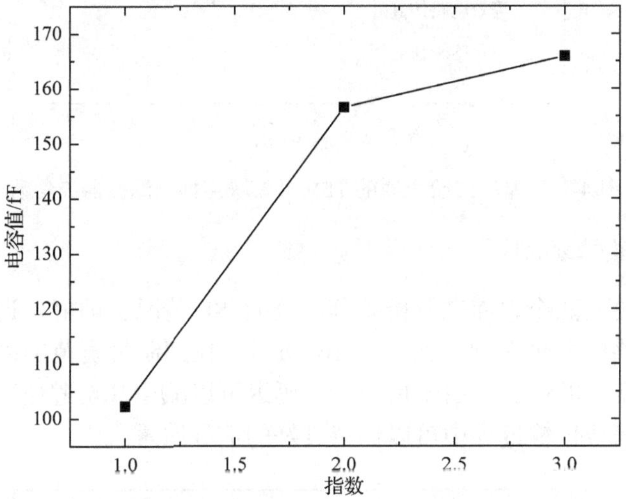

图 4-14　不同指数电容结构的电容值变化

3. *S* 参数分析

为了分析滤波器的 *S* 参数，验证等效电路模型的合理性，采用 ANSYS HFSS 全波模拟软件。ANSYS HFSS 基于有限元法(FEM)，经常用于验证微波频率下的 *S* 参数，被认为是三维全波电磁场模拟的行业标准。由于 ANSYS HFSS 的高精度和先进的求解器，ANSYS HFSS 的仿真结果与实验测量结果之间的误差一般较小。

所提滤波器的 *S* 参数计算结果如图 4-15 所示，其中实线表示有限元计算结果，虚线表示等效电路模型计算结果。结果表明，该曲线的拟合性好，等效电路模型准确。通过模型结构的 *S* 参数可以得到以下结论，在 3.80～8.85GHz 被抑制的共模噪声大于 10dB，4.45～7.85GHz 大于 20dB。在带宽 8.6GHz 范围内差分信号插入损耗保持在 3dB 以下，也就是说，差分信号的截止频率在 8.6GHz，分数带宽为 80%。由于电路元件多，过多的无源器件结构来集总完整的滤波器结构，可能紧密的结构存在仍然没有考虑到的寄生和耦合，从而导致曲线的传输零点仍存在微小误差。

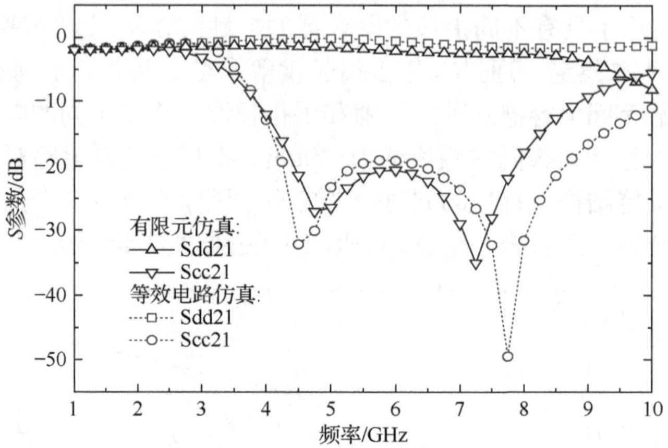

图 4-15　基于二阶全通的 TSV 共模噪声抑制滤波器 *S* 参数

4. 信号完整性分析

本小节主要从两个方面来分析差分信号的 SI 情况，即群延迟和时域眼图。滤波器等效电路的群延迟响应如图 4-16 所示。在抑制带宽范围内，群延迟误差较小，无剧烈变化的情况。由于恒定的群延迟可以减少甚至避免高速差分信号的色散，因此在信号传输过程中可以保持良好的信号质量。

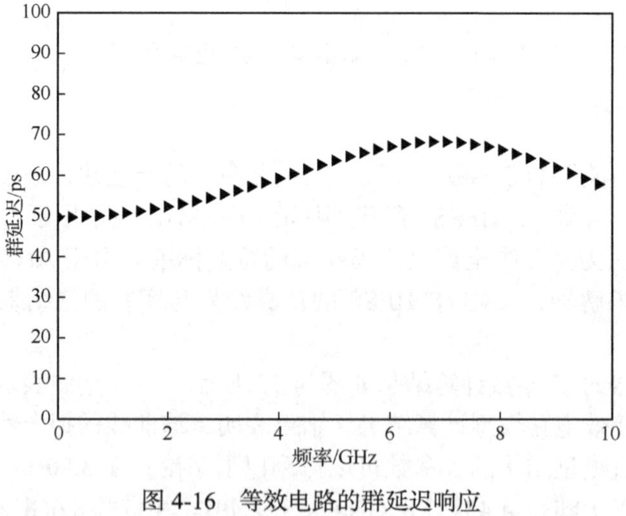

图 4-16　等效电路的群延迟响应

此外，为了进一步分析传输信号的 SI 性能，这里模拟时域眼图并进行分析。时域眼图是高速互连系统信号完整性分析的核心。通过眼图，观察噪声和串扰等影响，估计系统的优缺点。首先，本小节利用时域眼图中的眼宽来分析微分信号的稳定性。其次，根据噪声、眼高和信号抖动数据来判断传输过程中的信号质量。基于 ANSYS HFSS 得到的 *S* 参数矩阵数据对滤波器结构的时域眼图在射频电路仿真软件 ADS 中进行模拟，模拟结果如图 4-17 所示。

眼图在 5Gb/s 工作环境中，升降时间为 50ps。理想电路的计算结果如图 4-17(a)所示，眼高和噪声分别为 0.970V 和 0.034V。有限元计算结果如图 4-17(b)所示，工作环境与上述结果一致。与先进的工作[9]相比，基于 TSV 的六阶延迟线模型的眼宽从 0.780V 增加到 0.910V。信号噪声从 0.100V 降低到 0.072V，稳定性提高了 39%。与理想的电路模型相比，眼高仅从 0.970V 降低到 0.910V，同时噪声从 0.034V 增加到 0.072V，信号抖动的变化在 2～3ps。眼高和噪声的偏差分别仅为 0.060V 和 0.038V。有限元法的眼图结果与理想电路模型、参考文献的结果相比

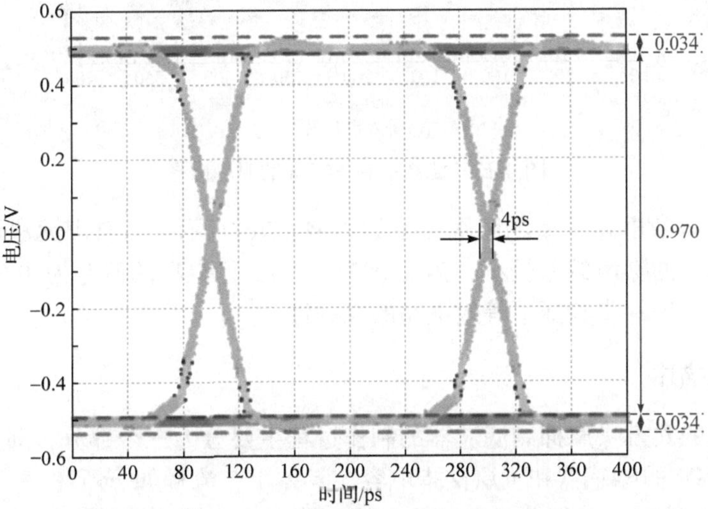

(a) 理想电路

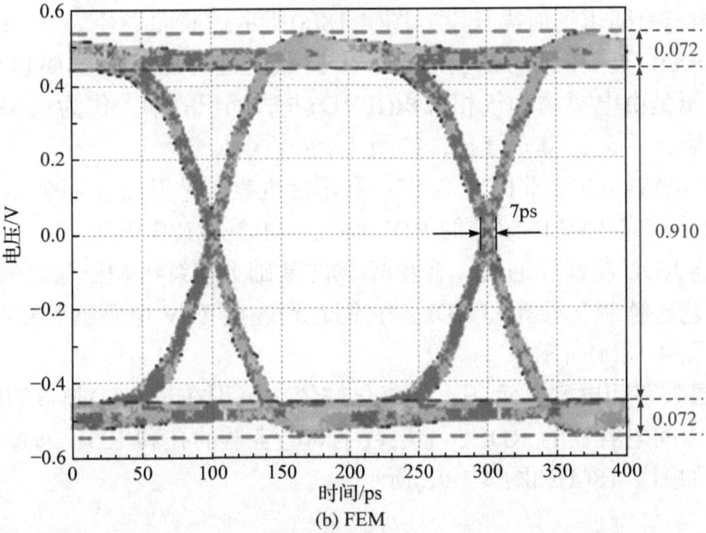

(b) FEM

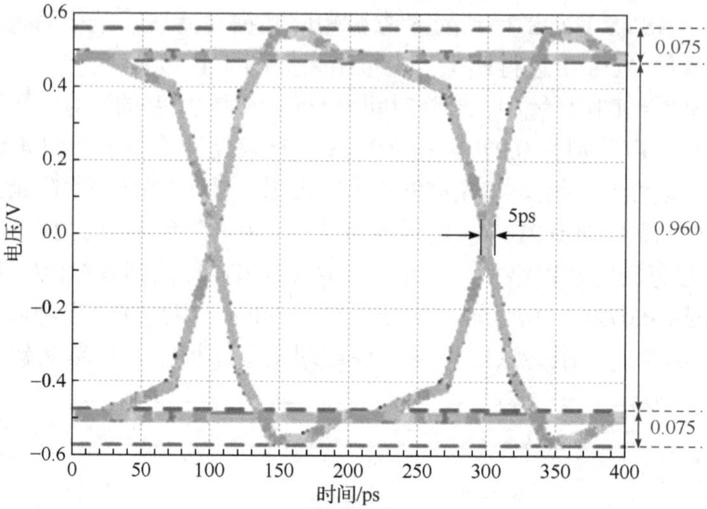

(c) 等效电路模型

图 4-17　滤波器在 5Gb/s 的时域眼图

偏差较小。等效电路模型的眼图结果如图 4-17(c)所示，与有限元法计算结果相比，传输信号的噪声偏差较小，为 0.003V(4%)，且眼高的偏差为 0.050V(5%)。较小的误差，进一步验证了等效电路的准确性。

4.2.5　工艺描述

所提出的共模噪声抑制滤波器的制作过程主要分为三个部分，即上层交指电容、基于 TSV 的电感器和下层交指电容。具体工艺流程如下所述。

(1) 通道蚀刻、二氧化硅沉积和 TSV 填充：通道的深度应足够大，以确保 TSV 在步骤(6)中细化到所需长度，图 4-18(a)所示的截面半径为 5μm，通过化学气相沉积(CVD)工艺在孔内壁上形成一个二氧化硅衬底，将金属包裹与衬底隔离。中央金属是由电离物理气相沉积(IPVD)方法沉积的铜，作为 TSV 电感器的一部分。最后，用金属填充气孔，如图 4-18(a)所示。

(2) TSV 电感器的底部 RDL 制作：利用标准铜工艺开发背面金属布线层，相互连接 TSV，形成 TSV 电感器的 RDL 路径，如图 4-18(b)所示。

(3) 互连 RDL 制作和通孔：在步骤(2)的基础上连续沉积三层二氧化硅，采用标准铜工艺连续制备通孔和 RDL。它们起到连接 TSV 电感器和数字间电容器的作用，如图 4-18(c)所示。

(4) 双层数字间电容器沉积：二氧化硅依次沉积在步骤(3)制备的最外侧连接孔上，下层指间电容器的 RDL、上层数字间电容器的孔和 RDL 通过标准铜工艺连续制备，如图 4-18(d)和图 4-18(e)所示。

(5) 翻转和反向变薄：表面钝化后，通过热压缩黏结到载体模具或晶片，衬底背面变薄至所需厚度，露出 TSV，制备 TSV 电感器的顶部 RDL，如图 4-18(f) 所示。

(6) 基底另一侧的制备：类似于底部地面 RDL 和孔图案工艺，沉积平面氧化物，采用标准铜工艺，互连相邻的 TSV，并在正确的位置与输入/输出端口互连。按照步骤(4)和(5)，完成互连层和电容器的制备，如图 4-18(g)～图 4-18(i) 所示。

(7) 表面钝化：在晶片上涂一层介电薄膜。

(8) 表面氧化：输入/输出/接地垫暴露进行测试探测。

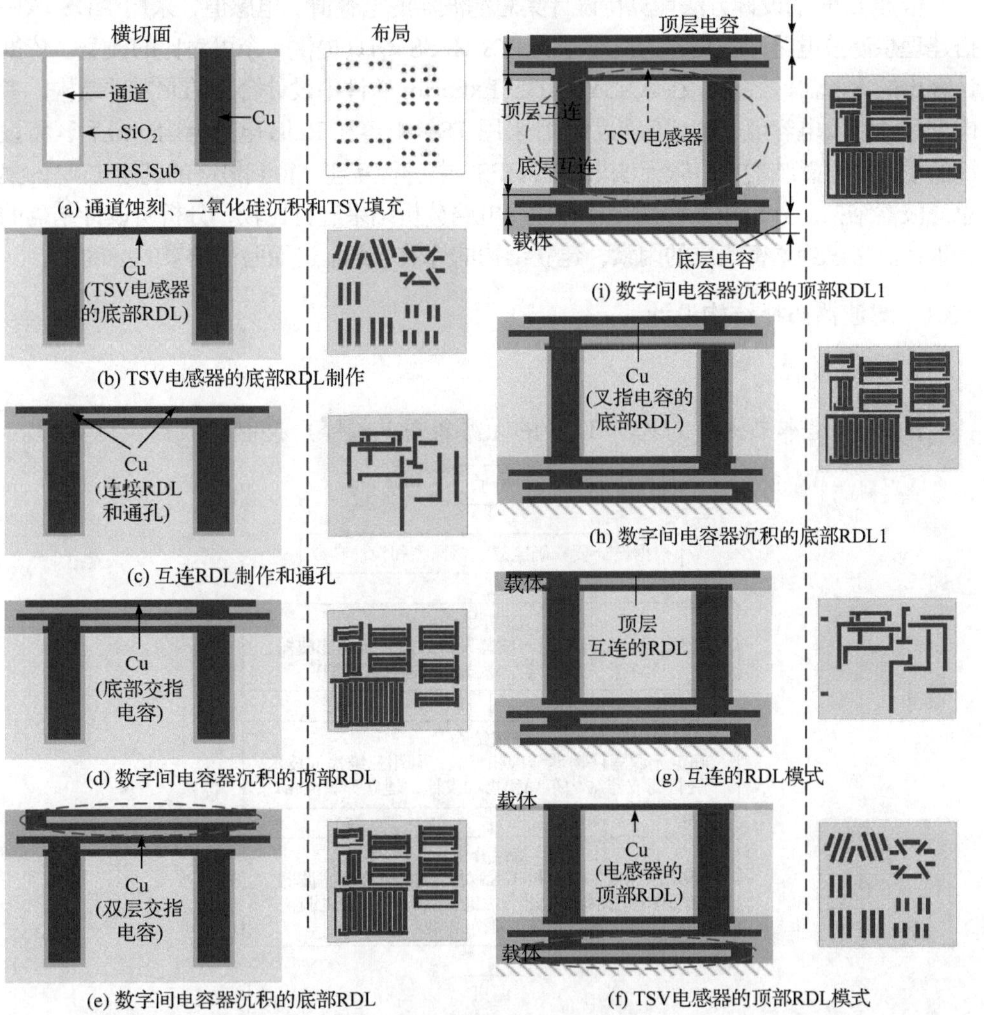

图 4-18　滤波器的制造工艺流程

4.3　基于低通滤波器的共模噪声抑制滤波器设计

本节阐述的是基于 LPF 的共模噪声抑制滤波器的研究，由于抑制共模噪声发生在差分信号传输良好的情况下，而差模输入信号响应在全电路等效为全通或者低通响应特性时有一个良好的表现，因此以此来设计共模噪声抑制滤波电路和三维结构。首先，根据共模噪声抑制原理，通过LPF来模拟差分信号传输通道，搭建基本的共模噪声抑制滤波器电路，选择合适的 LPF 类型。依据级联多单元的电路可以增强群延迟响应，实现更好的滤波性能。

依据 LPF 的设计方法计算待设计集总滤波器的电容值、电感值，采用 ADS 软件搭建理想滤波电路并仿真，为后续 ANSYS HFSS 仿真提供一个可对比的模型。依据计算出的无源器件数值，在 ANSYS Q3D Extractor 软件中设计合理的元器件结构，考虑到尺寸以及电容值、电感值的大小，采用 TSV 电容和 RDL 电感结构。最后，将设计的电容、电感结构在有限元法求解器 HFSS 中进行互连，得到最终的基于TSV的集总滤波器结构，分析相关特性并且和理想电路分析结果进行比较，分析所设计结构的合理性。考虑到紧密集成的因素，建立结构的等效电路，进而验证结果的准确性。

4.3.1　滤波器拓扑结构设计

1. 设计流程

图 4-19 是本书提出的基于 TSV 的无源集总共模噪声抑制滤波器设计流程。

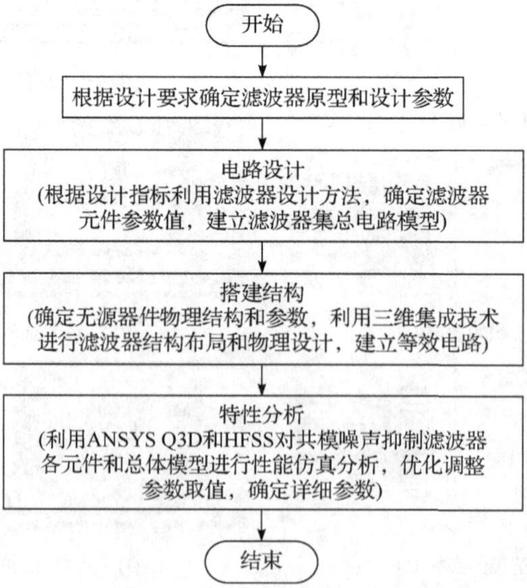

图 4-19　基于 TSV 的无源集总共模噪声抑制滤波器设计流程

2. 共模噪声抑制滤波器电路设计

依据图 4-1 所示共模噪声抑制滤波器结构原理，以五阶 LPF 为例，模拟信号传输通道，实现噪声抑制能力。图 4-20 所示为基于低通的无源集总共模噪声抑制滤波器的全电路拓扑结构。该电路是一个 4 端口拓扑结构，差分信号从端口 1 和端口 2 输入，从端口 3 和端口 4 输出。电路中主要包含 M、N 和公共接地电感三部分，其中 M 和 N 两部分关于竖直轴线和接地电感所在的水平轴线完全对称且电路元件组成完全相同。正是基于水平、垂直方向都对称的特点，可以利用奇偶模分析法分别对差模信号输入和共模信号输入的响应特性进行探讨。奇模电路和偶模电路的响应分别对应差模和共模输入信号的响应，从而可以分别考虑差模和共模的传输特性，进而验证全电路设计的合理性和正确性。

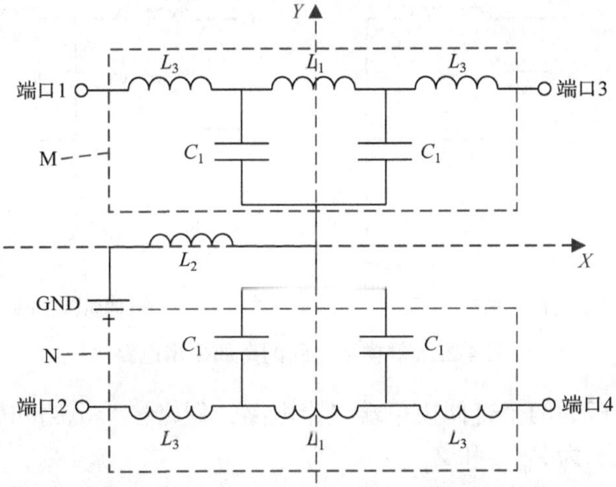

图 4-20　基于低通的无源集总共模噪声抑制滤波器的全电路拓扑结构

图 4-21(a)是全电路的奇模半电路，对于差模信号激励来说，公共电感接地的对称面作为一个真实接地的理想电导体平面，公共接地电感等效为短路状态，

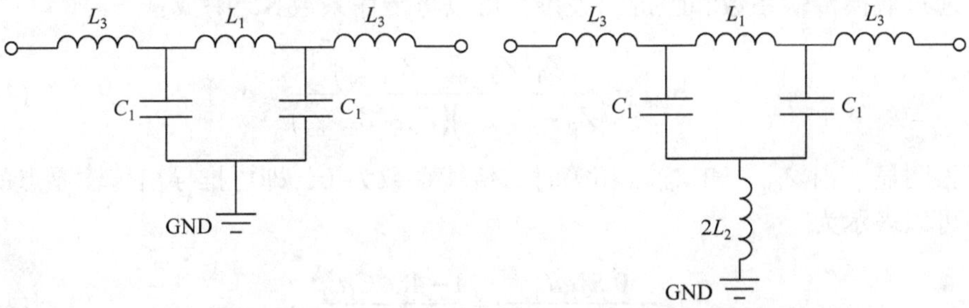

(a) 奇模半电路　(b) 偶模半电路

图 4-21　全电路的奇偶模半电路

它的电路结构和 LPF 的电路结构相同。图 4-21(b)则为全电路的偶模半电路，对于共模信号激励来说，这里的公共接地平面则作为一个理想磁导体。全电路结构中由于完美的电导体边界，公共接地电感被等效为短路状态。该电路可以看作一条信号通道，使奇模信号(相当于 DM)通过。偶模半电路中，由于完美的磁导体边界，公共接地电感相当于自身值的两倍，这里标记为 $2L_2$。

对于共模噪声的抑制，共模噪声的抑制零点是至关重要的，关乎共模噪声抑制滤波器的抑制带宽特性。为了估计该电路的传输零点位置(TZs)，在全电路的偶模半电路的基础上，再次应用对称电路的分析方法，偶模和奇模分别进行分析，建立两个单端口电路，分别标记为偶奇模半电路和偶偶模半电路，如图 4-22 所示。

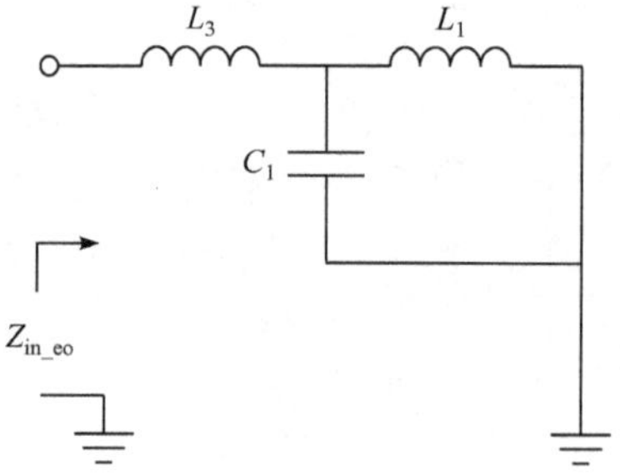

(a) 偶奇模半电路

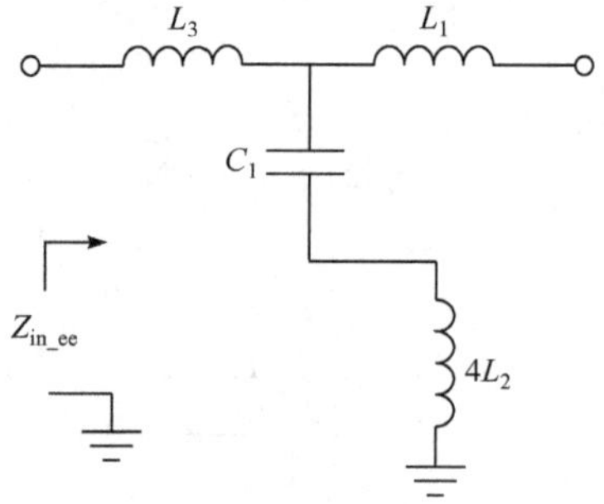

(b) 偶偶模半电路

图 4-22　偶模半电路的奇偶模半电路

根据再次分析的两个奇偶模单端口半电路，偶奇模半电路和偶偶模半电路的输入阻抗分别表示为 Z_{in_eo} 和 Z_{in_ee}：

$$Z_{in\_eo} = j\omega L_1 + \frac{0.5j\omega L_1}{0.5(j\omega)^2 L_1 C_1 + 1} \tag{4-12}$$

$$Z_{in\_ee} = j\omega L_1 + (j\omega C_1)^{-1} + 4j\omega L_3 \tag{4-13}$$

通过偶模传输系数和阻抗的关系，可以将传输系数 S_{21e} 写成：

$$S_{21e} = \frac{Z_0\left(Z_{in\_ee} - Z_{in\_eo}\right)}{\left(Z_0 - Z_{in\_ee}\right)\left(Z_0 + Z_{in\_eo}\right)} \tag{4-14}$$

很明显，当 Z_{in_ee} 和 Z_{in_eo} 相等时，传输系数为 0，即可推导出传输零点的位置，可以表示为

$$\frac{0.5j\omega L_1}{1-0.5\omega^2 L_1 C_1} = \frac{1-4\omega^2 C_1 L_2}{j\omega C_1} \tag{4-15}$$

$$2C_1^2 L_1 L_2 \omega^4 - 4C_1 L_2 \omega^2 + 1 = 0 \tag{4-16}$$

在知道 $\omega = 2\pi f$ 的情况下，根据数学二次方程的求根公式即可得到关于频率解的情况，可表示为

$$f = \frac{1}{2\pi}\sqrt{\frac{1 \pm \sqrt{1-(L_1/2L_2)}}{L_1 C_1}} \tag{4-17}$$

从式(4-17)中可以明显得到，频率 f 的解个数可以根据二次方程根的判别式来判断，即 $1-(L_1/2L_2)$ 大于等于 0 时，也就是 $L_1 < 2L_2$ 的情况下，式(4-17)关于 f 有两个不相同的解，才有两个传输零点。还可以判断出，当 $L_1/2L_2$ 值足够小时，f 的两个解相差越大，即两个传输零点分离得越远，也保证了共模噪声抑制滤波器有一定的抑制带宽和对共模噪声有抑制作用。因此，在设计和确定理想全电路元件时要满足 $L_1/2L_2$ 足够小于 1 的条件，并且可以根据需求和设计指标等来限制零点的位置，从而决定电路中各元件的取值大小。此外，分析得到式(4-17)中 f 频率的计算(传输零点)和公共接地电感 L_3 是没有关系的。在偶模电路中公共接地电感 L_3 等效为短路状态，因此 L_3 的取值不会影响共模信号的响应，存在于奇模电路中，只对差模信号起作用。

3. 滤波器元件参数计算

根据不同 LPF 的相应计算方法，计算出电路所需元件的数值，进而进行初步的电路分析。本小节基于 Chebyshev 低通原型进行计算分析，其他几种低通的计算方法和其基本一致，不同的是归一化电路的元件值。和滤波器设计中常用的设计方法相比，Chebyshev 归一化 LPF 电路与定 K 法归一化电路在结构上是一样的，但构成电路的各元件值是不同的。特性阻抗为 1Ω，截止频率为 1/(2π)的 LPF 为归一化 LPF。因此，以 Chebyshev 归一化 LPF 为基准计算得到待设计无源集总 LPF 的电容和电感。在截止频率一定的情况下，考虑到 LPF 的模型复杂度与滤波特性正相关，即滤波器阶数越高，滤波特性越好，因此采用的滤波器结构为五阶 LC 无源集总 LPF，模拟共模噪声抑制滤波器的信号传输通道。

归一化五阶 LPF 的特性阻抗为 1Ω，截止频率为 1/(2π)Hz，待设计五阶 LPF 的截止频率为 30GHz，特性阻抗为 50Ω。也就是说，把归一化的等起伏带宽 1/(2π)Hz 的截止频率变换成待设计滤波器 30GHz 的截止频率，并且把归一化滤波器 1Ω 的特性阻抗变换成待设计滤波器 50Ω 的特性阻抗，即可得到想要的滤波器。归一化低通滤波器到待设计 LPF 的步骤如图 4-23 所示。

对于待设计滤波器，选择五阶低通原型，截止频率 30GHz 是在和其他阶数以及截止频率所设计的共模噪声抑制滤波器的特性做初步分析对比之后选择的。

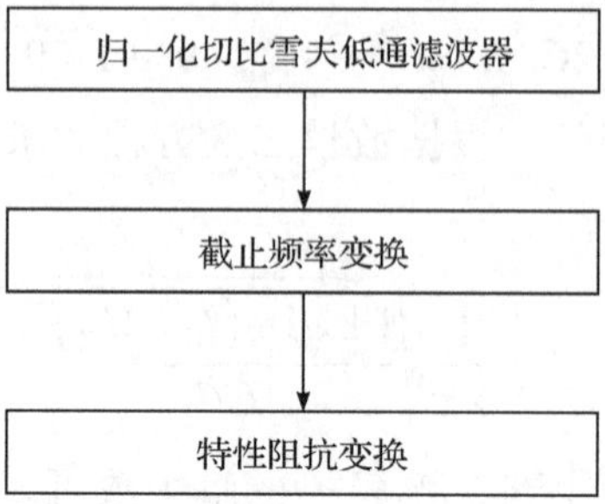

图 4-23 归一化低通滤波器到待设计 LPF 的步骤

三阶共模噪声抑制滤波器相对来说噪声抑制带宽小、抑制能力不强，七阶共模噪声抑制滤波器电路相对来说电路面积大，随之而来的是集总结构变大。考虑到整体电路的对称性以及偶次阶的 Chebyshev LPF 的输入阻抗与输出阻抗不相等，因此在这里只考虑奇次阶低通滤波原型进行设计。

图 4-24 为五阶 Chebyshev 低通滤波器模型，$L_{\mathrm{norm1}} = L_{\mathrm{norm3}} = 2.13488\mathrm{H}$，$L_{\mathrm{norm2}} = 3.00092\mathrm{H}$，$C_{\mathrm{norm1}} = C_{\mathrm{norm2}} = 1.09111\mathrm{F}$。从归一化五阶 LPF 推演到待设计 LPF 的过程如下所述。

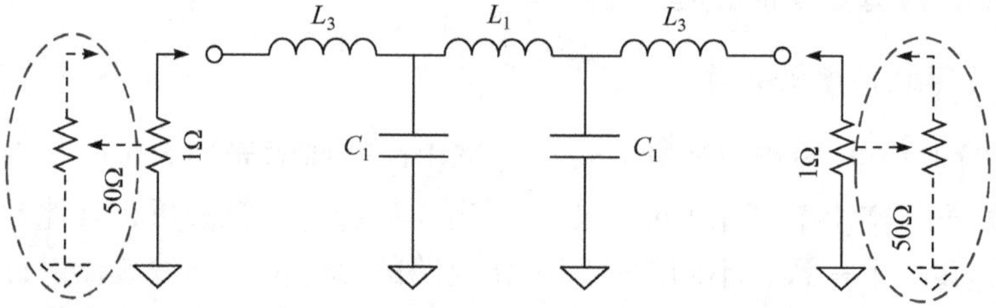

图 4-24 五阶 Chebyshev 低通滤波器模型(起伏 1.0dB)

求出截止频率基准参数 M，其中 M 为待设计 LPF 截止频率 f_{desi} 与归一化 LPF 截止频率 f_{norm} 的比值：

$$M = \frac{f_{\mathrm{desi}}}{f_{\mathrm{norm}}} = \frac{30\mathrm{GHz}}{\dfrac{1}{2\pi}\mathrm{Hz}} \approx 1.885 \times 10^{11} \tag{4-18}$$

求出定 K 法的特性阻抗基准参数 K，其中 K 为待设计 LPF 特性阻抗 R_{desi} 与归一化 LPF 特性阻抗 R_{norm} 的比值：

$$K = \frac{R_{\mathrm{desi}}}{R_{\mathrm{norm}}} = \frac{50\Omega}{1\Omega} = 50 \tag{4-19}$$

(1) 截止频率变换。

求出截止频率为 30GHz，特性阻抗为 1Ω 的 LPF 元件。将归一化 LPF 的所有元件除以截止频率基准参数 M，这一步将归一化 LPF 的截止频率变成 30GHz，

但特性阻抗仍为 1Ω，具体计算过程为

$$L_{\text{NEW3}} = \frac{L_{\text{norm3}}}{M} = \frac{2.13488\text{H}}{1.885 \times 10^{11}} \approx 11.3256\text{pH} \tag{4-20}$$

$$L_{\text{NEW1}} = \frac{L_{\text{norm1}}}{M} = \frac{3.00092\text{H}}{1.885 \times 10^{11}} \approx 15.92\text{pH} \tag{4-21}$$

$$C_{\text{NEW1}} = C_{\text{NEW2}} = \frac{C_{\text{norm1}}}{M} = \frac{C_{\text{norm2}}}{M} = \frac{1.09111\text{F}}{1.885 \times 10^{11}} \approx 5.78838\text{pF} \tag{4-22}$$

式中，L_{NEW1}、L_{NEW3} 表示截止频率为 30GHz 且特性阻抗为 1Ω 的 LPF 电感；L_{norm1}、L_{norm3} 表示归一化 LPF 电感；C_{NEW1}、C_{NEW2} 表示截止频率为 30GHz 且特性阻抗为 1Ω 的 LPF 电容；C_{norml}、C_{norm2} 表示归一化 LPF 电容。

(2) 特性阻抗变换。

上述推导已将归一化 LPF 的截止频率 1/(2π)Hz 变换为待设计的 30GHz。接着只需将上述变换后 1Ω 的特性阻抗变换为 50Ω，就可以得到待设计 LPF。求出待设计 LPF 的电感，将截止频率为 30GHz，特性阻抗为 1Ω 的 LPF 所有电感乘以 K，电容除以 K：

$$L_3 = L_{\text{NEW3}} \times K = 11.3256\text{pH} \times 50 \approx 0.56628\text{nH} \tag{4-23}$$

$$L_1 = L_{\text{NEW1}} \times K = 15.92\text{pH} \times 50 \approx 0.796\text{nH} \tag{4-24}$$

$$C_1 = C_2 = \frac{C_{\text{NEW1}}}{K} = \frac{C_{\text{NEW2}}}{K} = \frac{5.78838\text{pF}}{50} \approx 0.11577\text{pF} \tag{4-25}$$

式中，L_1、L_3 表示待设计滤波器的电感；C_1、C_2 表示待设计滤波器的电容。

通过上述的推导即可得到待设计 LPF 的元件值 C_1=C_2=0.11577pF，L_3=0.56628nH，L_1=0.796nH。完成 LPF 原型设计后，即确定了奇模半电路的单端口电路，但在奇模半电路中不包含 L_2。因此，还需确定影响偶模半电路响应的接地电感 L_2 的值。在搭建的五阶共模噪声抑制滤波器的基础上，结合式(4-7)对接地电感 L_2 的初步分析，首先，L_2 要满足 $L_1 < 2L_2$ 的条件；其次，综合考虑待设计共模噪声抑制滤波器的设计指标来确定，设计指标如表 4-2 所示。通过电路设计系统软件调谐整个电路中电感元件的取值，得到共模噪声抑制滤波器不同的响应曲线，进而根据响应确定相应 L_2 的取值。图 4-25 所示为不同 L_2 取值对滤波器性能的影响。

表 4-2　共模噪声抑制滤波器设计指标

参数	待设计值
差分信号通带内最大损耗/dB	<3
共模阻带内最大损耗/dB	<−10
分数带宽	>100%

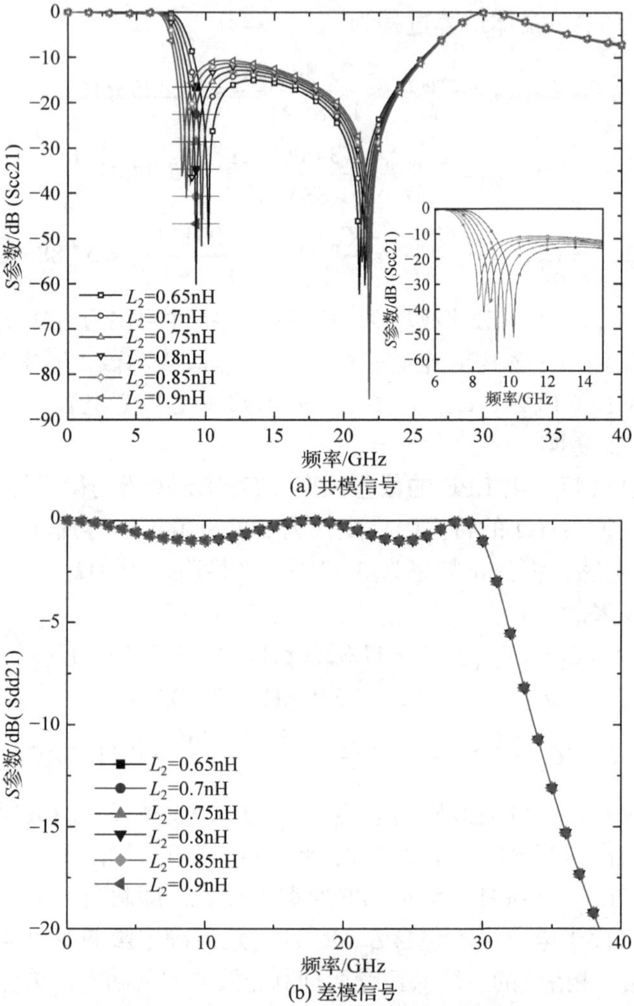

图 4-25　不同 L_2 参数值对滤波器性能的影响(扫描前言处二维码查看彩图)

结果表明，随着 L_2 的增大，$L_1/2L_2$ 的值越来越小，两个零点分离就越大，抑制带宽就越宽，但是在抑制带宽内，最大损耗随着 L_2 的增大会无限接近−10dB，直到大于−10dB 不符合损耗<−10dB 的目标。因此，在获得较大抑制带宽的同时，为即将搭建的物理结构考虑一定的裕量，L_2 取值为 0.8nH。根据图 4-25(b)所示，L_2 的取值变化对差分信号并没有影响。这样就得到了共模噪声抑制滤波器的所有元件参数。

为了对不同的低通原型设计的共模噪声抑制滤波器进行对比，这里对相应的理想电路元件参数也进行了计算，结果如表 4-3 所示。

表 4-3　不同低通原型的电路元件参数值

滤波器原型	元件	参数值
Chebyshev	$L_{1_{\text{Chebyshev}}}$	0.7960nH
	$L_{3_{\text{Chebyshev}}}$	0.5663nH
	$C_{1_{\text{Chebyshev}}}$	0.1158pF
贝塞尔(Bessel)	$L_{1_{\text{Bessel}}}$	0.3199nH
	$L_{3_{\text{Bessel}}}$	0.6936nH
	$C_{1_{\text{Bessel}}}$	0.1768pF
巴特(Butter)	$L_{1_{\text{Butter}}}$	0.5305nH
	$L_{3_{\text{Butter}}}$	0.1639nH
	$C_{1_{\text{Butter}}}$	0.1717pF

4. LPF 原型确定

由于本书所要设计的共模噪声抑制滤波器的目的是在差分传输良好的情况下对共模噪声进行抑制。结合之前提到的差分响应电路在等效为全通或者低通时有更好的表现，同时考虑到差分等效电路与单端 LPF 相同，因此本节选择 LPF 作为共模噪声抑制滤波器设计的原型。在确定使用 LPF 的情况下，选择合适的低通原型也是至关重要的。

文献[18]中详细给出了几种低通原型的电路结构，以及阻抗和频率归一化的各元件参数，可以通过电阻和频率的变换进行电路元件参数计算。图 4-26 是 n 阶 LPF 原型的梯形电路结构。两种不同低通原型电路结构的主要区别在于电路的开始元件，分别是以串联电感和并联电容开始的，两电路结构互为对偶，并且电路实现的低通响应完全相同。

考虑到基于 TSV 三维集成技术实现的 TSV 电感和 TSV 电容相比，实现的 TSV 电感精度更高，实现过程也更容易，因此选择图 4-26(b)所示结构进行待设计滤波器的设计。电感元件数量相对多，待设计的三维结构也更加合理，滤波器特性更好。电路元件的个数越多，三维结构越复杂，所占用的芯片面积也就越大，元器件数量增多反映到电路上就是电路面积更大，滤波器阶数高，因此在设计中尽可能选择合适的滤波器阶数来进行设计，以实现更好的滤波器性能。

如图 4-27 所示，根据之前计算的元件参数搭建了基于不同低通原型设计的共模噪声抑制滤波器的电路拓扑结构，可以看到，在处于相同阶数的情况下，它们的电路结构完全相同，不同的是电路中各元器件的数值。通过电路仿真软件 ADS 对比了其性能，图 4-28 所示为不同 LPF 原型的共模噪声抑制滤波器的性能

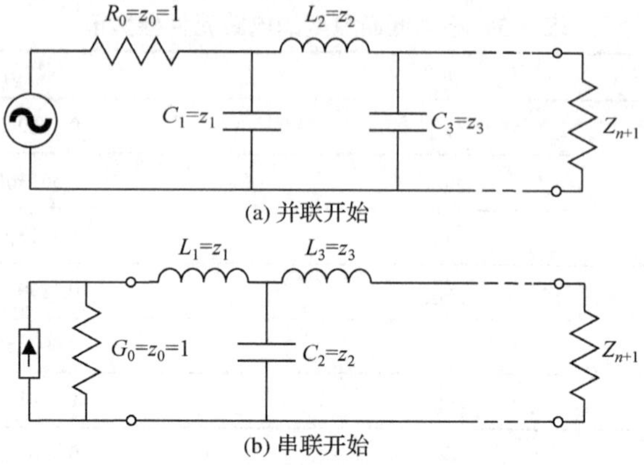

(a) 并联开始

(b) 串联开始

图 4-26　*n* 阶低通滤波器原型的梯形电路结构

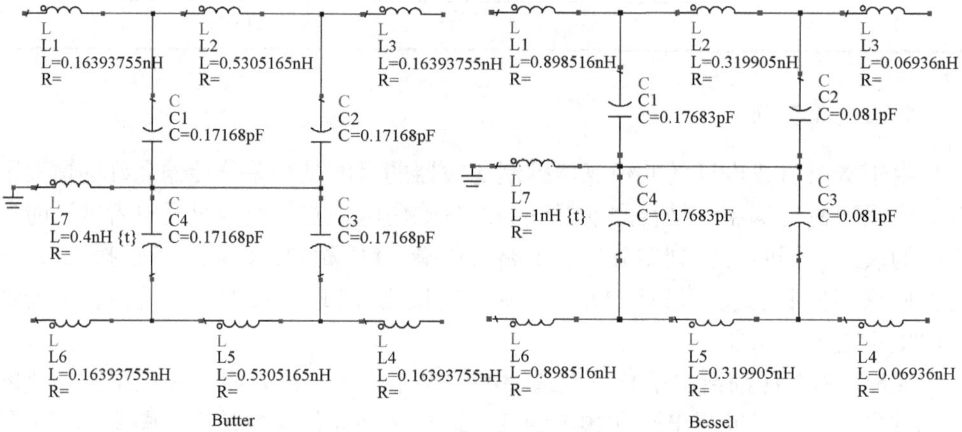

图 4-27　基于不同低通原型的共模噪声抑制滤波器的电路拓扑结构

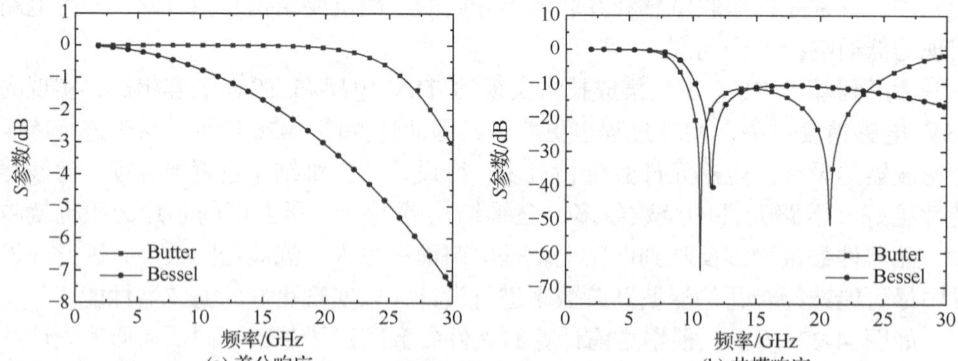

(a) 差分响应

(b) 共模响应

图 4-28　不同低通滤波器原型的共模噪声抑制滤波器响应对比

对比，再结合不同 LPF 的插入损耗和频率响应特性，以及群延迟特性情况，确定最终选用的低通原型。

结果表明，和基于 Chebyshev 低通的共模噪声抑制滤波器相比，基于贝塞尔(Bessel)设计的电路差分响应在抑制带宽内不能满足>−3dB，并且抑制带宽在10GHz 之上，带宽分数较差。基于 Butter 设计的滤波器电路的共模噪声抑制带宽分数只有 80%，远远小于 100%。经上述分析，本节采用 Chebyshev LPF 原型。至此，待设计滤波器的理想电路设计和元件参数计算基本完成。

4.3.2　电容、电感结构设计

1. TSV 电容器设计

TSV 电容器属于无源微型器件的一种，对器件的微型化起至关重要的作用。在基于全通滤波器的共模噪声抑制滤波器的基础上，考虑到互连 RDL 的寄生，拟采用 RDL 螺旋电感。将互连 RDL 充当 RDL 电感的一部分，减小寄生参数对整体结构的影响。因此，在集总时电感的互连位置至关重要。本小节采用基于 TSV 的三维电容器来实现共模噪声抑制滤波器中的电容结构，整体三维结构如图 4-29 所示，剖面如图 4-30 所示。

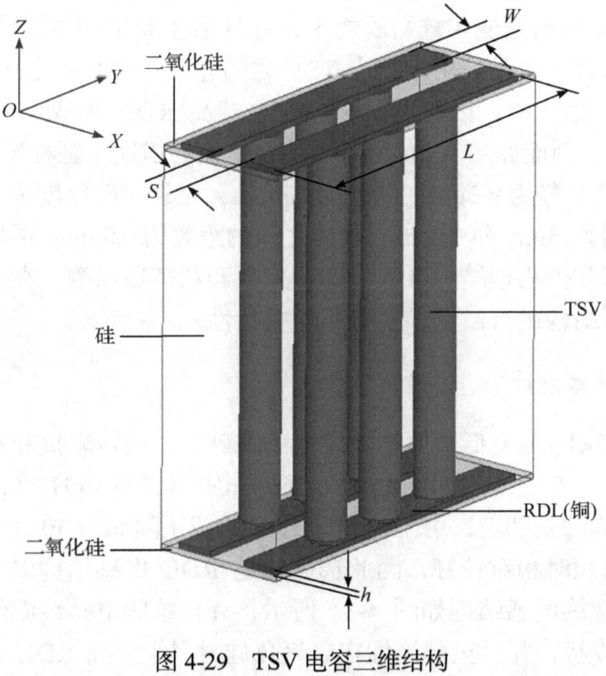

图 4-29　TSV 电容三维结构

通过阻抗和频率变换获得的待设计电容值为 115.8fF，结合以往对 TSV 电容的密度、尺寸、介质等的研究以及相关工艺参数，TSV 电容器结构采用阵列的

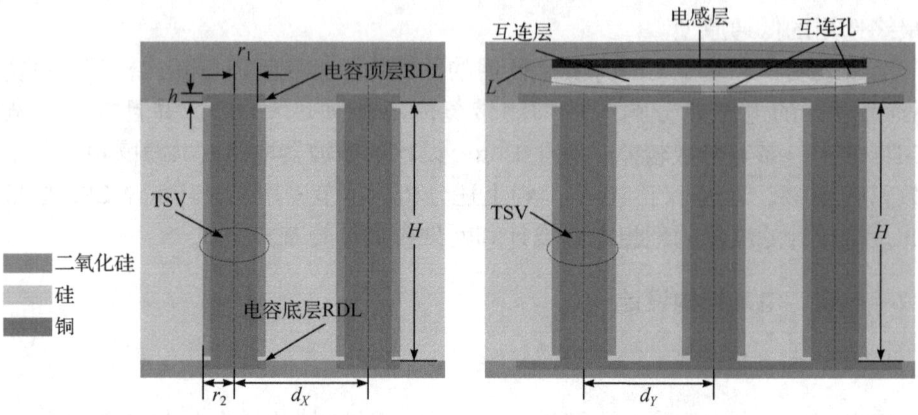

(a) 侧视图　　(b) 正视图

图 4-30　TSV 电容结构剖面图(扫描前言处二维码查看彩图)

圆柱形 TSV 和起并联 TSV 作用的上下两层 RDL 构成。通过 TSV 之间耦合产生电容，为得到理想的电容值，单根的 TSV 不足以提供所需的电容值。因此，采用阵列的 TSV 增强其之间的耦合来实现。通过 RDL 将 TSV 金属并联且分为两部分，其中每一部分用来充当传统电容器的金属极板。

圆柱形 TSV 阵列镶嵌在硅衬底之中，并且圆柱形 TSV 的结构由被氧化物包裹的金属铜柱构成。高晶硅用来充当 TSV 之间介质，同时起连接作用的 RDL 金属则沉积在二氧化硅中，因此两部分 TSV 以及 RDL 形成金属-氧化物-金属(MIM)电容结构，剖面如图 4-30 所示。综合上面的描述，圆柱形 TSV 的半径为 10μm，其中铜柱半径为 9.3μm，高度为 200μm，二氧化硅厚度为 0.3μm。RDL 的厚度和宽度分别为 3μm 和 20μm。导体之间的距离为 20μm，再根据确定的具体电容值仿真计算其他物理结构参数，如阵列数和物理布局等。在仿真计算后，出现误差时可以对结构进行微调，并分析相关特性。

2. RDL 电感器设计

在归一化 Chebyshev 低通原型滤波器的基础上，通过阻抗和频率变换计算得到电感器 L_1、L_2、L_3 的电感值分别为 0.56633nH、0.79604nH、0.8nH。在确定采用 TSV 电容结构的基础上，由于待设计 LPF 的截止频率为 30GHz，RDL 电感器的电感特性在高频时相对较好，因此选用的是 RDL 电感结构以实现更好的滤波器响应。RDL 螺旋电感结构如图 4-31 所示，和传统的电感线圈结构类似，是将 RDL 绕制成螺旋状，并且全部掩埋在二氧化硅材料中，而 RDL 上的自感和相邻 RDL 的互感是良好电感特性的保证。在相关工艺参数的约束下，初步确定金属 RDL 的宽度为 10μm，高度为 3μm，相邻的金属间隔为 10μm。

图 4-31　RDL 螺旋电感结构

平面的 RDL 电感可以依据惠勒(Wheeler)公式[19]进行计算：

$$L = \frac{k_1 \mu_0 n^2 d_{\mathrm{avg}}}{1 + k_2 \rho} \tag{4-26}$$

式中，n 为所绕线圈匝数；k_1、k_2 为方形螺旋线圈的系数($k_1 = 2.34$，$k_2 = 2.75$)；d_{avg} 为平均直径；ρ 为填充比。

平均直径和填充比分别表示如下：

$$d_{\mathrm{avg}} = \frac{1}{2}(d_1 + d_2) \tag{4-27}$$

$$\rho = \frac{d_1 - d_2}{d_1 + d_2} \tag{4-28}$$

式中，d_1 为所绕线圈的外径；d_2 为所绕线圈的内径。

利用 ANSYS Q3D 仿真软件建立电感结构，并且分析重要结构参数对电感的影响。

4.3.3　滤波器物理结构设计

本小节主要通过 TSV 的三维集成技术和 RDL 互连技术，完成滤波器的整体物理布局。设计流程和前文中基于全通滤波器的共模噪声抑制滤波器一致。

图 4-32 所示是待设计滤波器的整体结构示意图，整体布局从下到上依次是 TSV 电容，包含下层 RDL、中间的 TSV、上层 RDL；连接层，分别是连接金属柱、互连 RDL、连接金属柱；最上面是 RDL 螺旋电感。所有 RDL 电感和 TSV 电容都各自处于同一层，在连接的节点通过金属柱引出，在水平方向利用 RDL 相连。其中，TSV 沉积在硅衬底中，其他金属镶嵌在二氧化硅材料中。所用到的材料参数描述如下：硅衬底为高电阻率硅，介电常数为 11.9，电阻率为

1000Ω · cm，TSV 的隔离材料为二氧化硅，介电常数为 3.9。

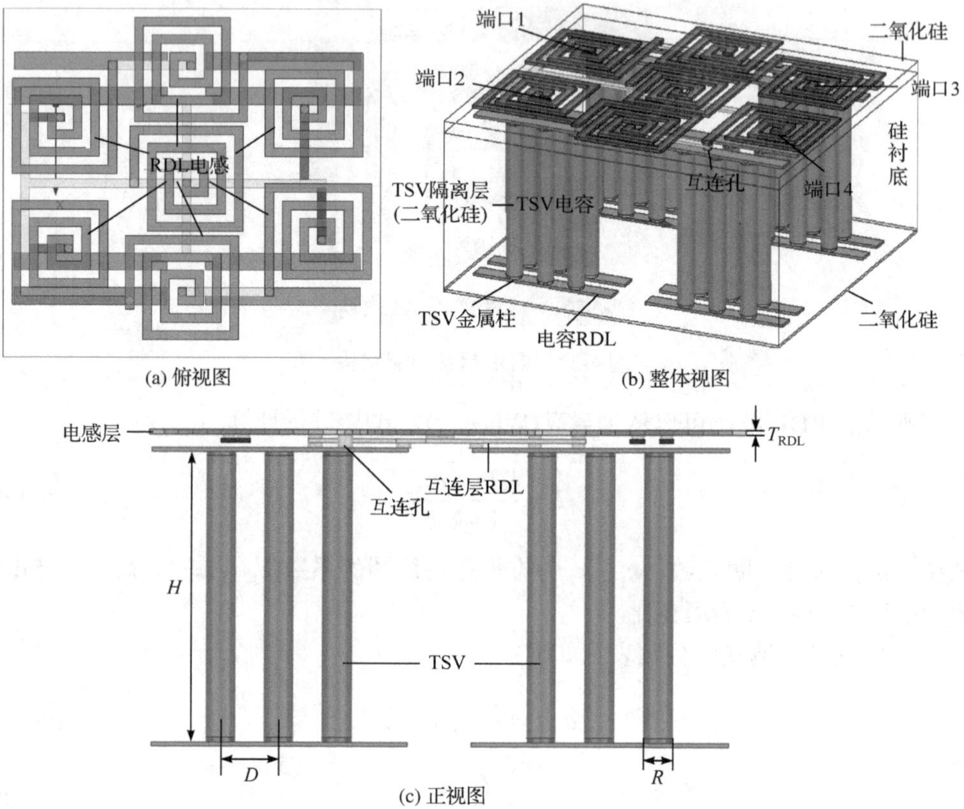

(a) 俯视图

(b) 整体视图

(c) 正视图

图 4-32　基于 Chebyshev 低通原型的共模噪声抑制滤波器结构示意图(扫描前言处二维码查看彩图)

如图 4-32(b)的滤波器整体结构所示，在物理布局时尽可能保证结构的对称，中心的电感为信号传输通道的接地电感，上面的三个电感及下面的两个电容组成 Chebyshev LPF 来提供信号传输通道。信号从端口 1 和 2 输入，从端口 3 和 4 输出。在四个端口上添加集总端口激励并进行仿真分析。共模噪声抑制滤波器主要结构参数如表 4-4 所示。

表 4-4　共模噪声抑制滤波器主要结构参数

参数	符号	取值/μm
TSV 高度	H	200
TSV 半径	R	10
TSV 间距(阵列)	D	20
氧化物层厚度(上表面)	H_u	15

续表

参数	符号	取值/μm
氧化物层厚度(下表面)	H_d	3
RDL 宽度(TSV 电容)	W_{RDL_T}	20
RDL 宽度	W_{RDL}	10
RDL 厚度	T_{RDL}	3

4.3.4 特性分析

4.3.3 小节已经在 ANSYS HFSS 中建立了 TSV 共模噪声抑制滤波器结构，经过对比，证明该 TSV 集总共模噪声抑制滤波器的可行性。为了进一步了解基于 TSV 的共模噪声抑制滤波器的滤波特性，对 RDL 螺旋电感器和 TSV 阵列电容器的寄生效应以及品质因数进行研究。分析基于低通的 TSV 共模噪声抑制滤波器的相关特性。

1. TSV 电容特性分析

本小节提取并分析重要结构参数对电容值的影响。经计算得到所需电容值为 115.8fF，结合以往的研究成果和整体结构的规划，初步拟采用 2×3 的 TSV 阵列来实现所需的电容值，在此基础上，对不同的 TSV 阵列(2×N，N 表示皿数)电容结构进行仿真分析，进而调整电容结构。图 4-33 所示为不同 TSV 阵列和不同 TSV 高度对电容值的影响。结果表明，由于 TSV 阵列和尺寸的增加，耦合面积增加，因此两者均和电容大小成正比。

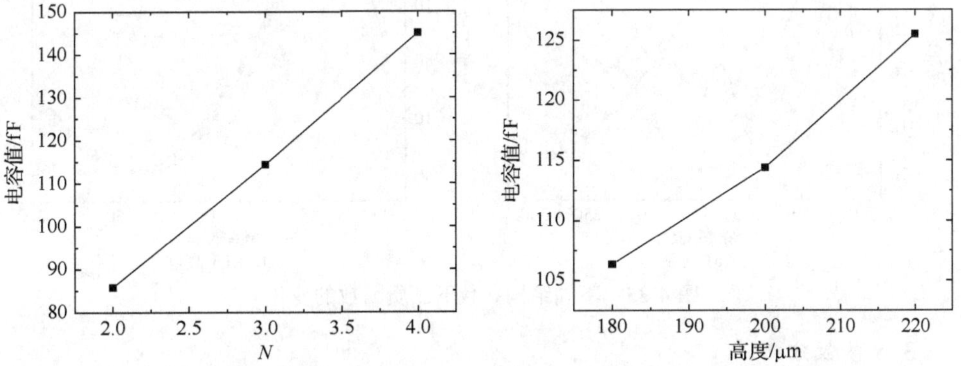

(a) TSV阵列　(b) TSV高度

图 4-33　不同 TSV 阵列和不同 TSV 高度下 TSV 电容值的变化

2. RDL 电感特性分析

本小节提取并分析重要结构参数对电感的影响。经计算得到所需的电感值分别为 0.566nH、0.796nH、0.8nH。结合以往的研究成果和整体结构的规划，在初步确定电感结构的基础上，以 L_3(0.566nH)结构匝数为例，仿真分析匝数以及 RDL 尺寸对电感值和品质因数的影响，分别如图 4-34 和图 4-35 所示。根据仿真结果可以微调电感结构尺寸，得到所需的电感结构。结果表明，匝数对电感值和 Q 的影响尤为显著，匝数一旦确定，电感结构就会基本确定。匝数增加导致有效金属长度增加，因而电感大小和匝数成正比。通过改变 RDL 高度 h 来改变 RDL 的横截面积，从而模拟其对电感的影响，结果表明电感值和 h 成反比，且品质因数 Q 均在 23 左右。

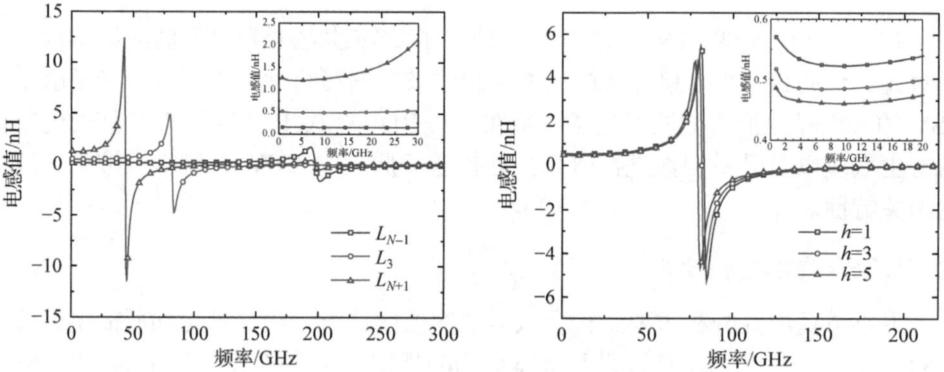

(a) 匝数 (b) RDL高度

图 4-34 不同结构参数下电感值的变化

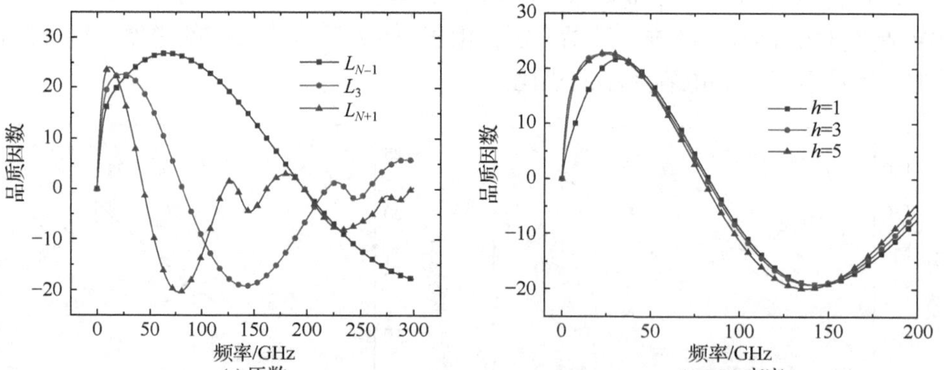

(a) 匝数 (b) RDL高度

图 4-35 不同结构参数下品质因数的变化

3. *S* 参数分析

本小节是对先前所搭建共模噪声抑制滤波器结构的一个验证，通过基于有限元分析法的 ANSYS HFSS 仿真软件进行分析，分析方法和基于全通滤波器的共模噪声抑制滤波器类似。在添加激励和求解方程之后可以得到如图 4-36 所示的 S

参数仿真结果。结果表明，该曲线的拟合性较好。同时，可以得到差模信号的截止频率为 29.25GHz，即在频率小于 29.25GHz 的带宽内差分信号的损耗小于 3dB。对共模噪声来说，在 8.41～26.20GHz 频带可以实现超过 10dB 的共模噪声抑制，抑制带宽为 17.79GHz，分数带宽达到 103%，实现了超宽带的滤波性能。共模信号的传输零点分别在 9.5GHz 和 24.5GHz 处。

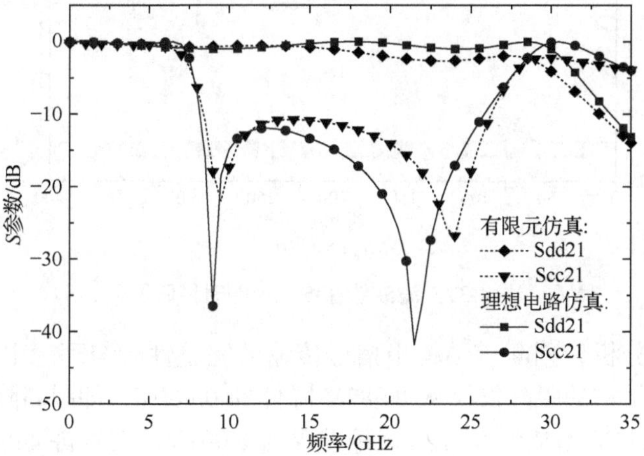

图 4-36　基于 LPF 的共模噪声抑制滤波器 S 参数仿真结果

4. 信号完整性分析

信号完整性分析主要分为群延迟和时域眼图两个部分。其中，基于 ANSYS HFSS 得到的 S 参数矩阵数据结合 ADS 电路仿真软件查看时域眼图。在 5Gb/s，升降时间为 50ps 的工作环境下，模拟所得时域眼图如图 4-37 所示。通过对眼图

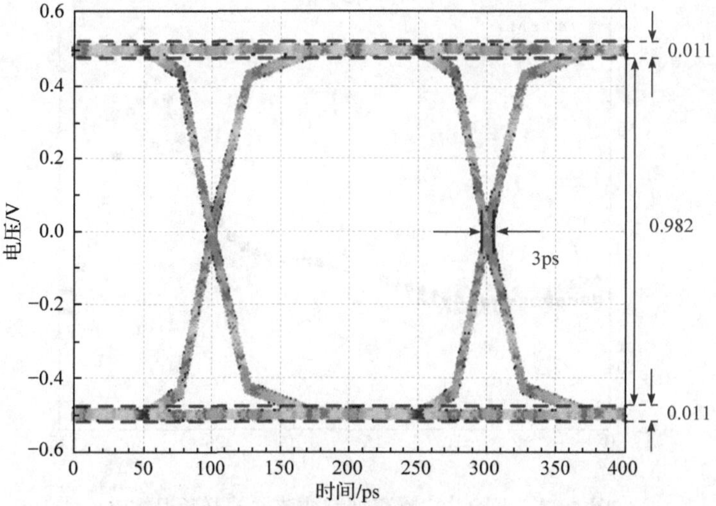

(a) 理想电路模型

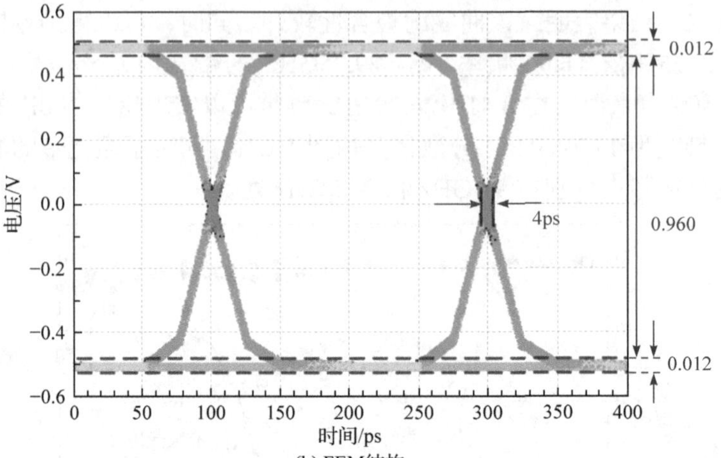

(b) FEM结构

图 4-37　滤波器在 5Gb/s 的时域眼图

模拟结果进行分析，判断该结构中信号传输的完整性。与理想电路相比，基于 TSV 的有限元结构的眼高仅仅从 0.982V 降低到 0.960V，即眼高降低了 2.24%。信号噪声从 0.011V 增加到 0.012V，偏差仅为 0.001V，信号抖动的变化范围仅为 1～2ps。这些数据都为信号的完整性提供了一个可靠的证明。

利用 ANSYS HFSS 和 ADS 仿真软件可以直接对群延迟进行分析，由于高速数字信号由非常宽带的频率分量组成，差分模式的恒定群延迟就成了共模噪声抑制滤波器设计的一个重要特性。五阶共模噪声抑制滤波器的群延迟响应如图 4-38 所示，结果表明，理想电路和 FEM 结构曲线吻合良好，在抑制带宽内无剧烈变化。

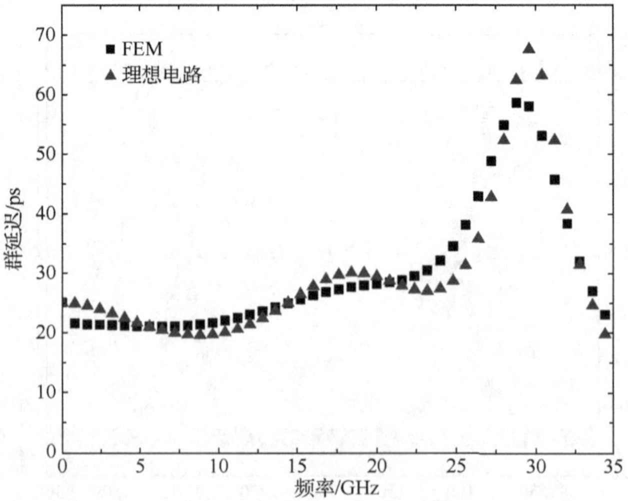

图 4-38　五阶共模噪声抑制滤波器的群延迟响应

4.3.5　基于 LPF 的高阶共模噪声抑制滤波器设计

基于五阶 LPF 原型设计的共模噪声抑制滤波器，尝试对更高阶的电路进行模拟计算，得到更好的滤波器特性。以七阶 Chebyshev LPF 为滤波原型，对共模噪声抑制滤波器进行设计，所用到的设计方法和分析方法都和五阶的一致。

1. 拓扑结构设计

图 4-39 为七阶 Chebyshev 归一化 LPF 的 LC 电路，$L_{\text{norm1}} = 3.09364\text{H}$，$L_{\text{norm3}} = 2.1666\text{H}$，$C_{\text{norm1}} = 1.1115\text{F}$，$C_{\text{norm2}} = 1.1735\text{F}$。在搭建的五阶共模噪声抑制滤波器的基础上，考虑待设计的共模噪声抑制滤波器的性能，确定通过七阶基本电路来模拟信号传输通道，可以得到如图 4-40 所示的七阶共模噪声抑制滤波器电路拓扑结构。

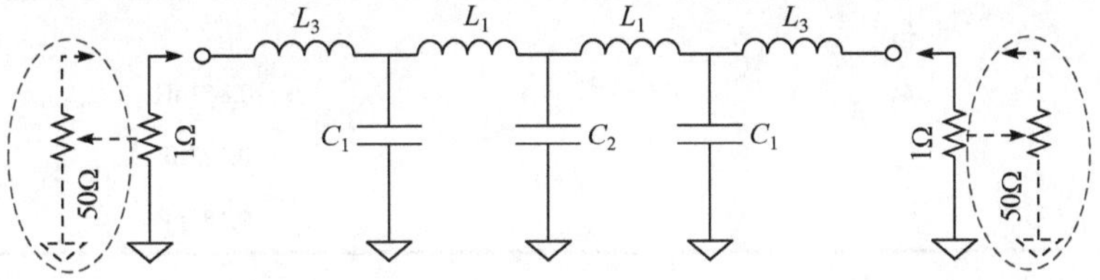

图 4-39　七阶 Chebyshev 归一化 LPF 的 LC 电路(起伏 1.0dB)

对此结构的特性分析和五阶电路的分析方法一致，通过对称电路的分析方法分别分析差分信号和共模信号的响应，图 4-41 所示为七阶理想电路的奇偶模半电路。完成 LPF 原型设计后，即确定了奇模半电路的单端口电路，但奇模半电路是不包含 L_2 的。因此，还需确定影响偶模半电路响应的接地电感 L_2 的值。

从归一化七阶 LPF 推演到待设计 LPF 的过程和前文中五阶电路的推导过程

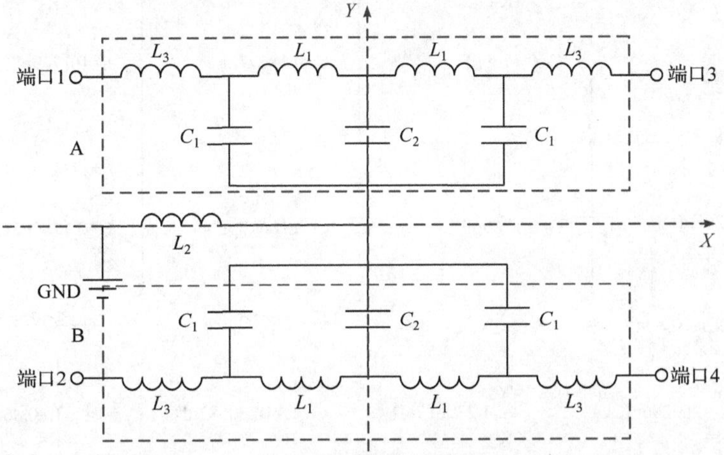

图 4-40　七阶共模噪声抑制滤波器电路拓扑结构

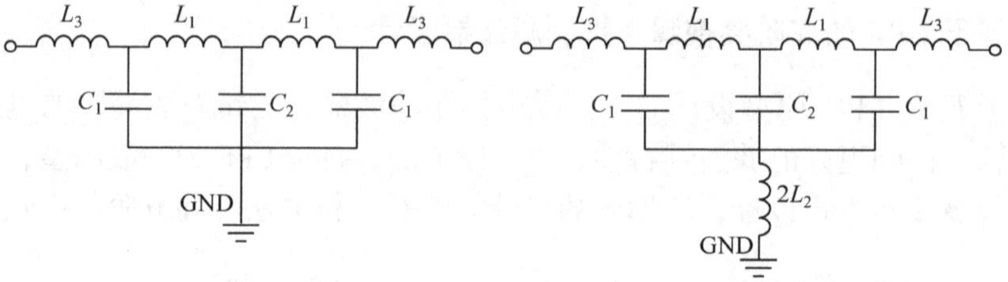

(a) 奇模半电路　　(b) 偶模半电路

图 4-41　七阶理想电路的奇偶模半电路

相同，截止频率为 20GHz。通过式(4-8)～式(4-15)可以得到待设计七阶 Chebyshev 滤波器的电路参数，如表 4-5 所示。

表 4-5　待设计七阶 Chebyshev 滤波器的电路参数

元件参数	取值
L_1	1.23nH
L_3	0.862nH
C_1	0.177pF
C_2	0.186pF

除此之外，公共接地电感的确定和五阶共模噪声抑制滤波器的分析一致，并且针对不同的公共接地电感进行滤波器电路特性对比，经过对比，选择接地电感为 2nH。在 ADS 中搭建出的七阶共模噪声抑制滤波器理想电路如图 4-42 所示。

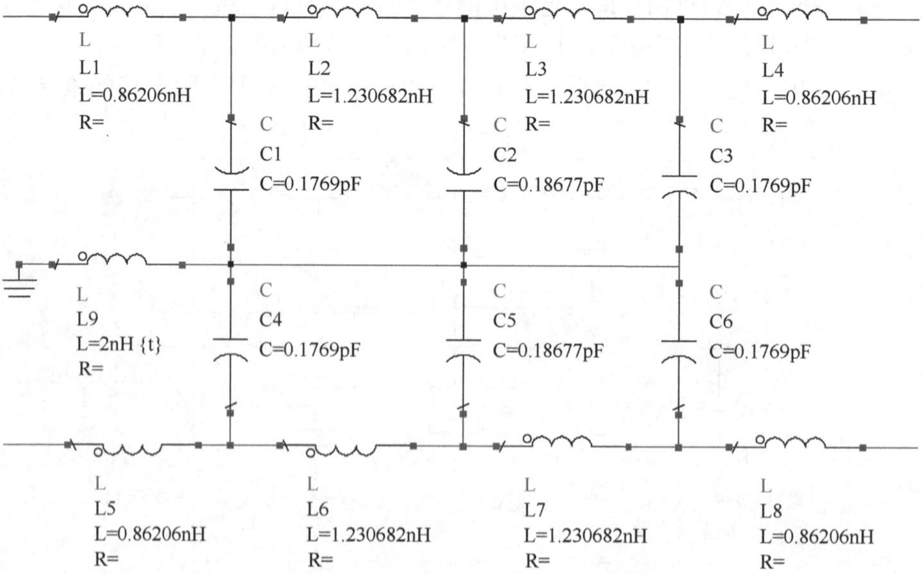

图 4-42　ADS 中七阶共模噪声抑制滤波器理想电路

2. 物理结构搭建

依据计算的电路元件参数，利用 ANSYS Q3D 仿真软件确定无源器件的物理结构。考虑到电感值最大为 2nH，电容值只有 186fF，因此无源器件的结构预采用单位电感值大的 TSV 螺旋电感和容易实现的平行极板电容。TSV 螺旋电感的结构如图 4-7 所示，但具体的匝数，以及 TSV 之间的距离不同。用到的平行极板电容结构如图 4-43 所示，结构包含上下两个平行的金属极板和两极板中间的介质。电容值的计算表达式为

$$C=\frac{\varepsilon_{\mathrm{r}}S}{4\pi kd}$$

式中，ε_{r} 为介质的相对介电常数；S 为两极板的正对面积；d 为两极板间距离；k 为静电力常量，其值为 $9.0\times10^9\mathrm{N}\cdot\mathrm{m}^2/\mathrm{C}^2$。

S 的计算表达式为

$$S=a\times b$$

式中，a 为金属极板长度；b 为金属极板宽度。

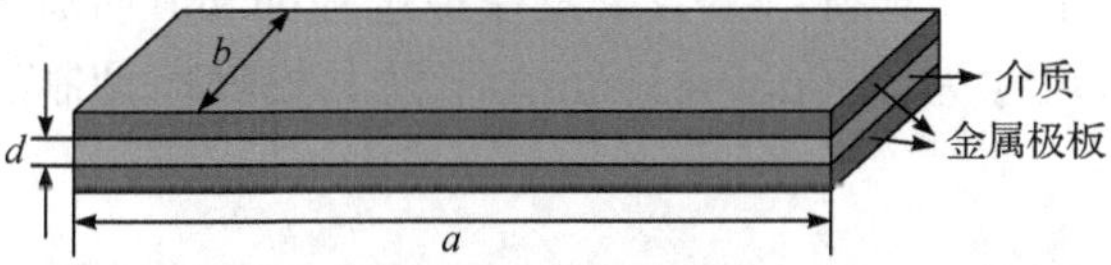

图 4-43　平行极板电容结构

图 4-44 所示是基于 Chebyshev 低通原型的七阶共模噪声抑制滤波器结构，

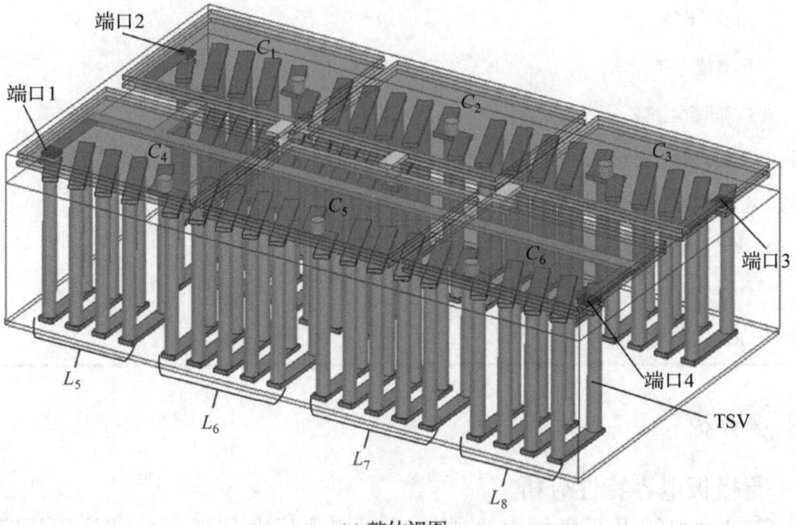

(a) 整体视图

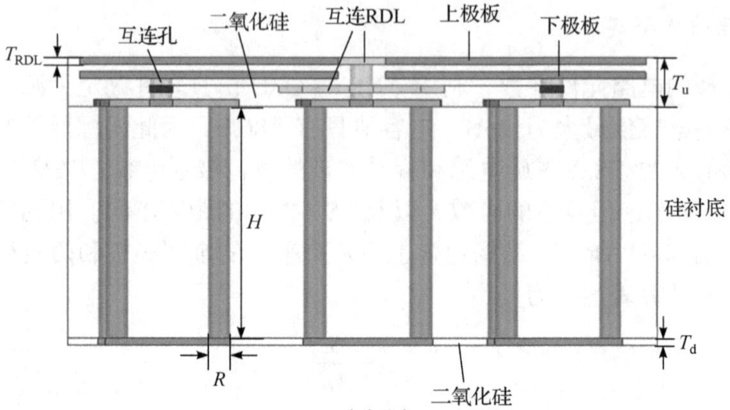

(b) 侧视图

图 4-44　基于 Chebyshev 低通原型的七阶共模噪声抑制滤波器结构示意图

整体布局从下到上依次是 TSV 电感，包含下层 RDL、中间的 TSV、上层 RDL；连接层，分别是连接金属柱、互连的 RDL；最上面是平行极板电容。所有平行极板电容和 TSV 电感都各自处于同一层，在连接的节点通过金属柱引出，水平方向则利用 RDL 相连。其材料参数以及模拟过程都和五阶滤波器的保持一致，所集总的物理结构尺寸为 250μm×430μm。七阶共模噪声抑制滤波器的主要结构参数如表 4-6 所示。

表 4-6　七阶共模噪声抑制滤波器的主要结构参数

参数	符号	取值/μm
TSV 高度	H	100
TSV 半径	R	5
隔离层厚度	$d_{隔}$	0.3
TSV 间距(电感)	D	10
氧化物层厚度(上表面)	T_u	18
氧化物层厚度(下表面)	T_d	3
RDL 宽度(TSV 电感)	W_{RDL_T}	10
RDL 宽度	W_{RDL}	10
RDL 厚度	T_{RDL}	3

3. 特性分析

1) 平行极板电容特性分析

本小节对建立的平行极板电容结构进行相关特性分析，分别从极板间距和极板正对面积两个角度进行分析，如图 4-45 所示。通过改变 a 来改变极板正对面积 S。结果表明，电容值和极板间距成反比，和极板正对面积成正比。

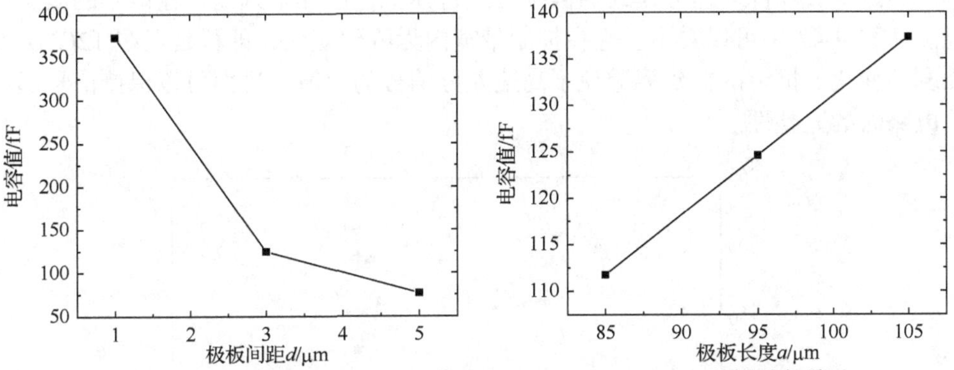

(a) 极板间距　(b) 极板正对面积

图 4-45　平行极板电容特性分析结果

2) S 参数分析

图 4-46 所示为所搭建滤波器结构的 S 参数仿真结果。仿真结果表明，差模信号的截止频率在 17.8GHz，即在频率小于 17.8GHz 的带宽内差分信号的损耗小于 3dB。对共模噪声来说，在 3.3～11.8GHz 的频带可以实现超过 10dB 的共模噪声抑制，抑制带宽为 8.5GHz，分数带宽达到 112.6%，达到了超宽带的滤波性能。共模信号的传输零点分别在 3.7GHz 和 9.8GHz 处。

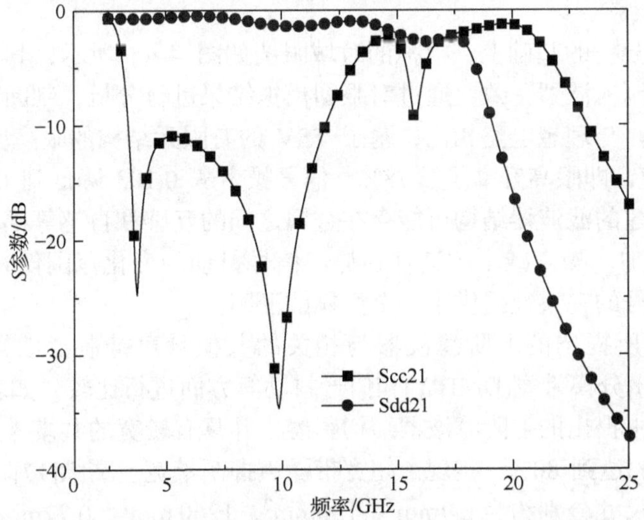

图 4-46　基于 LPF 的七阶共模噪声抑制滤波器 S 参数仿真结果

3) 信号完整性分析

(1) 群延迟。

通过仿真软件对差分模式的群延迟进行模拟，以此来判断传输信号的质量情况。从图 4-47 中可以看出，它在抑制带宽内无剧烈变化，即群延迟在 12GHz 处无剧烈变化。恒定的群延迟避免了高速差分信号的色散，进而可以保持信号通过该电路时的完整性。

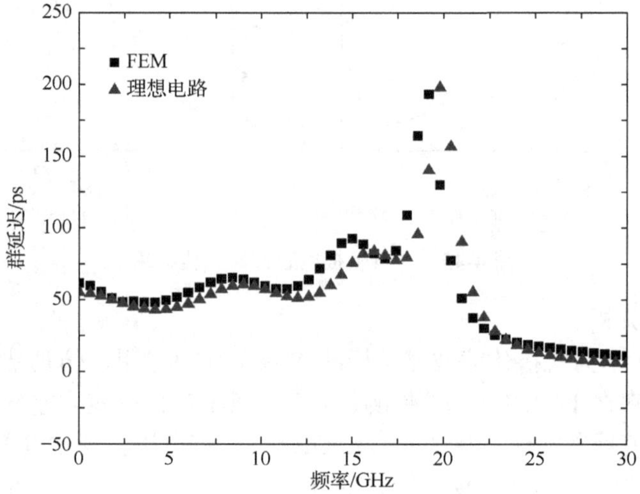

图 4-47　差分模式的群延迟响应

(2) 时域眼图。

在群延迟分析的基础上，模拟的时域眼图如图 4-48 所示，其模拟环境和五阶共模噪声抑制滤波器一致，通过对眼图模拟结果进行分析，判断该结构中信号传输的完整性。与理想电路相比，基于 TSV 的有限元结构的眼高反而从 0.830V 升高到 0.878V，即眼高升高了 5.78%。信号噪声从 0.103 降低到 0.045，相对于理想电路，搭建的滤波器结构可能存在金属之间的互感和自感等耦合，导致时域眼图有显著增加，噪声减小的良好趋势。信号抖动的变化范围仅为 2～3ps。这些数据都为信号的完整性提供了一个可靠的证明。

最后，将所提出的七阶滤波器与相关的共模噪声抑制滤波器在抑制频带(SB)、大小、微分模带宽(DMBW)和信号抖动等方面进行比较，如表 4-7 所示。结果表明，本书提出的七阶滤波器结构紧凑，并具有较宽的共模噪声抑制带宽。分数带宽(FBW)达到 80%，实现了超宽带噪声抑制带宽。文献[17]、[20]～[23]提出的滤波器的尺寸分别约为 6.9mm^2、150mm^2、1260 mm^2、0.72mm^2 和 0.9mm^2。然而，本书提出的滤波器尺寸仅为 0.0928mm^2、0.172mm^2 和 0.1075mm^2，最高的分数带宽达到 112.6%，基于不同滤波器原型的共模噪声抑制滤波器结构，解决

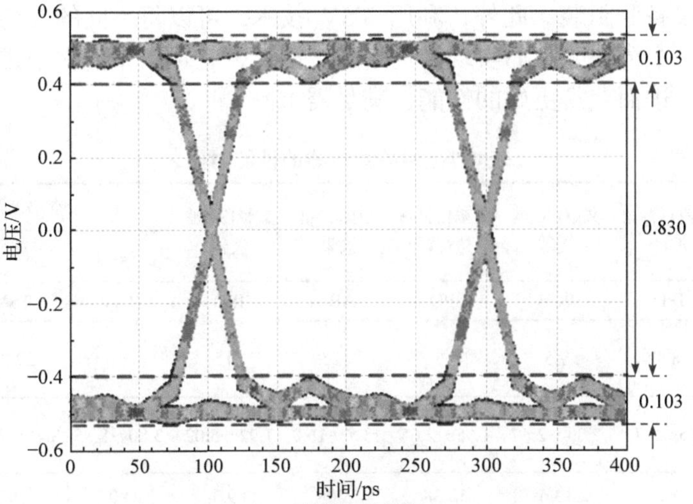

(a) 理想电路模型

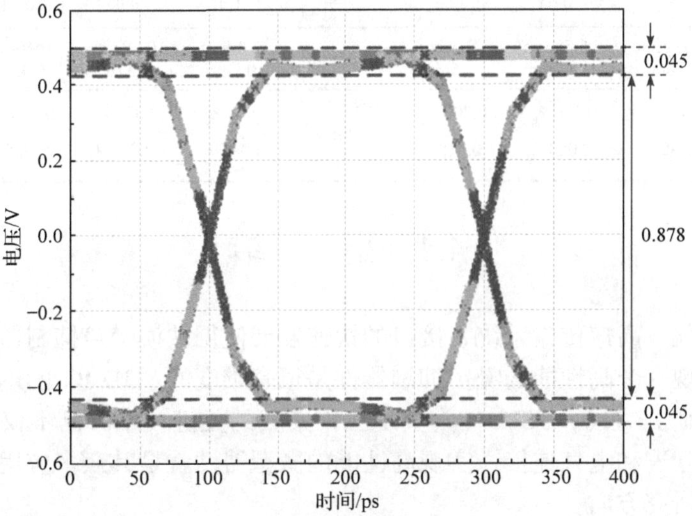

(b) FEM结构

图 4-48　七阶共模噪声抑制滤波器在 5Gb/s 的时域眼图

了大面积电路小型化的问题，在噪声抑制带宽方面与国内外同类器件相比表现良好，并且在器件尺寸方面有很大优势。

TSV 技术相对其他工艺的优势：是对无源器件集成的一种实现。与 IPD、PCB 工艺相比，TSV 技术在不减少工艺节点的情况下，通过三维堆叠大大提高了系统集成性，减小了器件尺寸。通过减小互连传输信道的长度和集成度，减小信号传输延迟，增加信号传输信道的数量，也增加了芯片间相应的信息传输带宽。较短的传输路径使得传输路径损耗更低，TSV 技术提供了比其他工艺技术更低功耗的设备和封装。此外，利用 TSV 技术，可以将不同的异构芯片在竖直方向集总到一个模块，从而实现异构集成。因此，它可以很方便地进行不同规格芯片的集总，进而获得更好的性能，满足需求。

表 4-7　相关滤波器的性能对比

参数	文献[17]滤波器	文献[20]滤波器	文献[21]滤波器	文献[22]滤波器	文献[23]滤波器	本书滤波器		
						$F_{全通}$	$F_{五阶}$	$F_{七阶}$
	IPD	PCB	IPD	ABF	IPD	TSV	TSV	TSV
3dB 差分信号带宽/GHz	8.8	7.5	>5	>25	>15	8.6	29.25	17.8
噪声抑制带宽/GHz	3.6～9.7	2.33～2.67	1.55～2.65	13.7～16.8	1.92～5.02	3.80～8.85	8.41～26.20	3.3～11.8
带宽分数/%	92	13.6	52.38	20	89.3	80	103	112.6
信号噪声/V	—	0.04	—	—	0.1	0.072	0.012	0.045
尺寸	3.71mm×1.86mm	15.68mm×9.62mm	28mm×45mm	0.72mm^2	1.0mm×0.9mm	0.29mm×0.32mm	0.40mm×0.43mm	0.25mm×0.43mm
相对尺寸	0.080 λ_g × 0.040 λ_g	0.130 λ_g × 0.080 λ_g	0.200 λ_g × 0.310 λ_g	0.005 λ_g^2	0.049 λ_g × 0.045 λ_g	0.021 λ_g × 0.023 λ_g	0.023 λ_g × 0.025 λ_g	0.0063 λ_g × 0.011 λ_g

4.4　小　结

信息时代，高速传输系统、接口的快速发展使得共模噪声抑制器件得到广泛关注，但实现一个高性能的噪声抑制器件是很有难度的。3D IC 的迅猛发展为此提供了一个研究方向，TSV 作为实现三维集成的关键技术，已不仅局限于异构芯片的垂直互连和电气连接，实现高性能的微型器件就是其众多应用方向之一，也是本书的研究方向。

本章提出了三种共模噪声抑制滤波器结构，主要包括拓扑结构设计、物理结构搭建、特性分析和相关问题研究。

(1) 描述 TSV 的发展过程，随着 TSV 技术的不断运用及工艺的不断成熟，TSV 技术被应用到很多电路中，利用 TSV 三维技术实现的微型化滤波器结构成为研究热点之一。介绍了 TSV 无源器件的研究现状，以及相关特性研究。同时介绍了滤波器的相关特性指标和特性曲线。

(2) 基于三维集成技术和共模噪声滤波器设计原理，利用等延迟线模拟信号传输通道，设计了六阶共模噪声滤器。依据等延迟线设计方法，计算电路参数并通过 ADS 软件搭建拓扑结构，采用 ANSYS Q3D Extractor 仿真软件确定无源器件结构，在有限元 ANSYS HFSS 电磁仿真软件中集总和全波模拟。结果表明，滤波器面积仅有(290×320)μm^2，在带宽 3.80～8.85GHz 共模噪声抑制>10dB，分数带宽为 80%。差分信号损耗<−3dB 的带宽为 0～8.6GHz。

(3) 基于三维集成技术和共模噪声抑制滤波器设计原理，利用 LPF 模拟信号传输通道，提出了五阶和七阶共模噪声抑制滤波器。依据 LPF 设计方法计算拓扑结构参数，通过对比不同 LPF 所设计共模噪声抑制滤波器响应，选择 Chebyshev LPF 进行共模噪声抑制滤波器设计。五阶 LPF 的截止频率为 30GHz，共模噪声抑制滤波器的面积仅有(400×430)μm^2，仿真结果表明，在带宽 8.41～26.20GHz 共模噪声抑制>10dB，分数带宽为 103%，抑制带宽为 17.79GHz。差分信号的截止频率(3dB)在 29.25GHz。考虑高阶电路实现更好的滤波器性能，搭建了七阶共模噪声抑制滤波器电路和结构并仿真。仿真结果表明，在尺寸仅有(250×430)μm^2 的情况下，差模信号的截止频率在 17.8GHz。在 3.3～11.8GHz 的频带实现>10dB 的共模噪声抑制，抑制带宽为 8.5GHz，分数带宽达到了 112.6%。相比于基于全通滤波器的共模噪声抑制滤波器，此电路和结构更简洁，带宽分数和信号完整性更好。与国内外同类滤波器相比，本章所提出的三种滤波器结构在尺寸方面有很大优势。

参 考 文 献

[1] WANG F, PAVLIDIS V F, YU N, et al. Miniaturized SIW bandpass filter based on TSV technology for THz applications[J]. IEEE Transactions on Terahertz Science and Technology, 2020, 10(4): 423-426.

[2] WANG F, ZHU Z, YANG Y, et al. An effective approach of reducing the keep-out-zone induced by coaxial through-silicon-via[J]. IEEE Transactions on Electron Devices, 2014, 61(8): 2928-2934.

[3] KUMAR P, LEE T K, DUTTA I, et al. Microstructure and mechanical reliability issues of TSV[J]. 3D Microelectronic Packaging, 2021, 64: 71-105.

[4] SHEN W W, CHEN K N. Three-dimensional integrated circuit (3D IC) key technology: Through-silicon via (TSV)[J]. Nanoscale Research Letters, 2017, 12(1): 1-9.

[5] SELVANAYAGAM C S, LAU J H, ZHANG X, et al. Nonlinear thermal stress/strain analyses of copper filled TSV(through silicon via) and their flip-chip microbumps[J]. IEEE Transactions on Advanced Packaging, 2009, 32(4): 720-728.

[6] CHENG C H, WU T L. Analysis and design method of a novel absorptive common-mode filter[J]. IEEE Transactions on Microwave Theory and Techniques, 2019, 67(5): 1826-1835.

[7] LUO D, KALANTARI M, YUE P, et al. Study on the effects of distortions and common-mode noise in high-speed PAM-4 systems[J]. Electronics Letters, 2018, 54(8): 484-486.

[8] AZMAT R, WANG L, MAQBOOL K Q, et al. Sensing and cancellation circuits for mitigating emi-related common mode noise in high-speed pam-4 transmitter[J]. IEEE Transactions on Circuits and Systems I: Regular Papers, 2021, 68(11): 4545-4555.

[9] ZHANG Y, WU Y, WEI Y, et al. Novel planar balanced bandpass filter with wideband common-mode suppression and in-band common-mode noise absorption[J]. International Journal of RF and Microwave Computer-Aided Engineering, 2021, 31(1): e22483.

[10] CHEN W, WU Y, WANG W, et al. Planar wideband high-selectivity impedance-transforming differential bandpass filter with deep common-mode suppression[J]. IEEE Transactions on Circuits and Systems II: Express Briefs, 2019, 67(10): 1914-1918.

[11] LIU W T, TSAI C H, HAN T W, et al. An embedded common-mode suppression filter for GHz differential signals using periodic defected ground plane[J]. IEEE Microwave and Wireless Components Letters, 2008, 18(4): 248-250.

[12] LI P J, CHENG C H, WU T L, et al. A resistor-free absorptive common-mode filter using gap-coupled resonator[J]. IEEE Microwave and Wireless Components Letters, 2018, 28(10): 885-887.

[13] WU T L, BUESINK F, CANAVERO F, et al. Overview of signal integrity and EMC design technologies on PCB: Fundamentals and latest progress[J]. IEEE Transactions on Electromagnetic Compatibility, 2013, 55(4): 624-638.

[14] 李振松. 三维集成中的高速信号互连传输关键技术研究[D]. 北京: 北京邮电大学, 2021.

[15] MARTEL VILLAGRÁN J, FERNÁNDEZ PRIETO A, LUJAMBIO A, et al. Differential lines for common-mode suppression based in Hybrid microstrip/CPW technology[J]. IEEE Microwave and Wireless Components Letters, 2017, 27 (1): 13-15.

[16] 邢正伟, 许聪, 丁震, 等. 针对 DSP 的系统级封装设计和应用[J]. 电子与封装, 2022, 22(8): 26-31.

[17] CHAN C H, LIN Y S. Miniature common-mode rejection filter in silicon-based integrated passive device technology[C]. 2019 International Symposium on Electromagnetic Compatibility-EMC EUROPE, Barcelona, Spain, 2019.

[18] 杨方旭, 唐旻, 毛军发. 一种用于高速差分线的宽带共模噪声滤波器[J]. 上海交通大学学报, 2017, 51(5): 598-602.

[19] MOHAN S S, DEL MAR HERSHENSON M, BOYD S P, et al. Simple accurate expressions for planar spiral inductances[J]. IEEE Journal of Solid-State Circuits, 1999, 34(10): 1419-1424.

[20] LIU H W, CHENG C H, LI P J, et al. A novel compact single-stage absorption common-mode filter[J]. IEEE Transactions on Electromagnetic Compatibility, 2021, 64(1): 111-118.

[21] NIU Z, ZHOU P, ZHAO H, et al. Wideband absorptive common-mode filter based on hybrid structures of quarter-wavelength slot and microstrip resonators[C]. 2022 IEEE MTT-S International Wireless Symposium, Harbin, China, 2022.

[22] CHENG C H, WU T L. An ultracompact TSV-based common-mode filter (TSV-CMF) in three-dimensional integrated circuits (3-D ICs)[J]. IEEE Transactions on Electromagnetic Compatibility, 2016, 58(4): 1128-1135.

[23] HUANG Y C, CHENG C H, WU T L, et al. A synthesized method for common-mode noise suppression filters with specified common-mode and differential mode response[J]. IEEE Transactions on Electromagnetic Compatibility, 2018, 61(3): 893-902.

第 5 章　基于 TSV 的分支线耦合器设计

无源器件已广泛用于射频(RF)系统中，用于匹配电路网络、滤波、功率输送网络(PDN)去耦等[1]。在传统的射频系统中，无源器件通常以分立的形式集成在 PCB 上，这导致射频系统的体积太大，大幅度限制了射频系统在许多手持应用和无线设备中的使用。虽然近些年针对无源器件小型化的研究有很多，但集成电路行业仍面临着一个技术障碍，无法集成体积庞大、价格昂贵的芯片外无源射频组件，如高 Q 值电感器、电容器、变容二极管和陶瓷滤波器等。因此，集成无源器件(IPD)已被大量研究，以取代分立无源器件，满足更高集成水平射频模块的发展需求。基于 IPD 的基础元件，包括电感器、电容器和电阻器，可以显著节省系统的占地面积，优化形状因数，并提高射频(RF)系统的性能。

随着三维集成技术的发展，具有垂直互连的微系统正受到研究人员和行业应用的关注。在射频系统中，把 TSV 和 IPD 技术结合起来，可以扩展设备功能、实现系统功能多样化[2]。应用 TSV 技术实现的分支线耦合器，可以提高集成度、进一步缩小尺寸，解决传统分支线耦合器面临的尺寸大、难以集成的技术瓶颈。因此，本章提出基于 TSV 的集总参数分支线耦合器设计方法，详细阐述其工作原理和设计流程，并采用 ADS 进行等效电路的验证，同时采用电磁仿真软件 ANSYS Q3D 和 ANSYS HFSS 进行建模与仿真，对其性能进行评估。

5.1　基于 TSV 的集总参数分支线耦合器设计

分支线定向耦合器是一种典型的四端口微波无源器件，传统的分支线耦合器由四条 1/4 波长(电长度为 90°)的传输线组成，在中心频率附近的频率范围内，直通端和耦合端之间存在 90°的相移，被广泛应用在平衡放大器、混频器、移相器和阵列天线中来实现良好的回波损耗和杂散信号抑制，提供高性能馈电网络[3-6]。微带分支线耦合器由于结构简单，易于实现，在现代无线通信技术中发挥着重要作用，但随着各种无线通信设备的小型化需求越来越紧迫，传统的微带结构已经不能满足发展的需求。此外，随着新一代通信标准的提出，对射频系统提出了更高的要求。分支线耦合器作为射频前端的关键部件，不仅需要更小的尺寸，同时还要求低损耗、多频段、宽频带和高传输频段。

5.1.1 应用π形线圈的分支线耦合器

分支线耦合器由四条长度为 1/4 波长的传输线组成，对于较低的微波频段，分支线耦合器的尺寸往往更大。应用集总参数等效模型可以实现极其紧凑的结构，有效地减小分支线耦合器的尺寸，传统的传输线通常可以用π形集总线圈进行等效。基于 TSV 的分支线耦合器设计流程包括特性阻抗的确定，集总参数值的计算，建立等效电路模型，基于 TSV 电感、电容的设计和建模，整体模型建立和仿真分析。

奇偶模分析法是分析对称微波网络常用的方法，即对称网络的特征参量可以由添加等值同相激励的偶模结构(在对称面开路)和添加等值反相激励的奇模结构(在对称面短路)两个部分相叠加获得。用这种方法，可以将一个四端口网络分解成两个无耦合的二端口网络，大大降低了四端口网络分析的复杂度。分支线耦合器具有完全对称的结构，因此它的特性阻抗可以由奇偶模分析法确定。图 5-1 是分支线耦合器归一化的电路示意图，图中每根线均表示一根传输线，四个端口的归一化导纳 $Y_{01}=Y_{02}=1$，Y_{0A} 和 Y_{0B} 为分支线的归一化特性导纳，分别定义 $Y_{0A}=b$，$Y_{0B}=a$，分支线的长度均为$\lambda_g/4$。

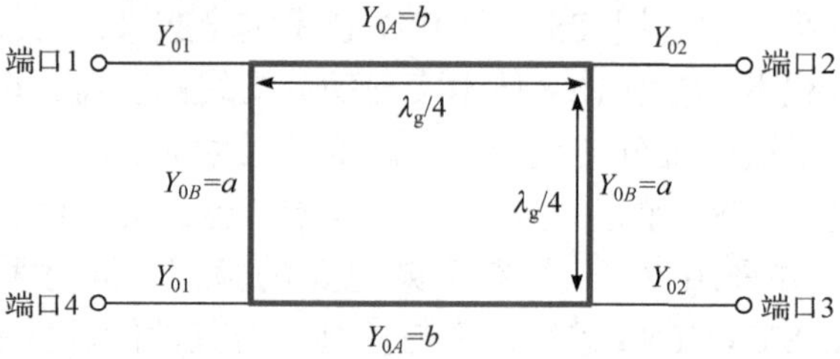

图 5-1　分支线耦合器归一化的电路示意图

在偶模激励下，将网络由对称面处上下分开，在对称面处开路，如图 5-2(a)所示是分支线耦合器在偶模情况下的模型，根据传输线理论可以得到长度为$\lambda_g/8$的传输线的导纳为 ja，以此得到偶模二端口电路的等效电路(图 5-2(b))，该电路结构为并联导纳-传输线-并联导纳，它的 A 矩阵为

$$[A_e]=\begin{bmatrix}1 & 0\\ ja & 1\end{bmatrix}\begin{bmatrix}\cos\frac{\pi}{2} & j\frac{1}{b}\sin\frac{\pi}{2}\\ jb\sin\frac{\pi}{2} & \cos\frac{\pi}{2}\end{bmatrix}\begin{bmatrix}1 & 0\\ ja & 1\end{bmatrix}=\begin{bmatrix}-\frac{a}{b} & j\frac{1}{b}\\ jb-j\frac{a^2}{b} & -\frac{a}{b}\end{bmatrix} \tag{5-1}$$

S 矩阵和归一化 A 矩阵的转换关系为

$$[S]=\frac{1}{a_{11}+a_{12}+a_{21}+a_{22}}\begin{bmatrix}a_{11}+a_{12}-a_{21}-a_{22} & 2(a_{11}a_{22}-a_{21}a_{12})\\ 2 & -a_{11}+a_{12}-a_{21}+a_{22}\end{bmatrix} \tag{5-2}$$

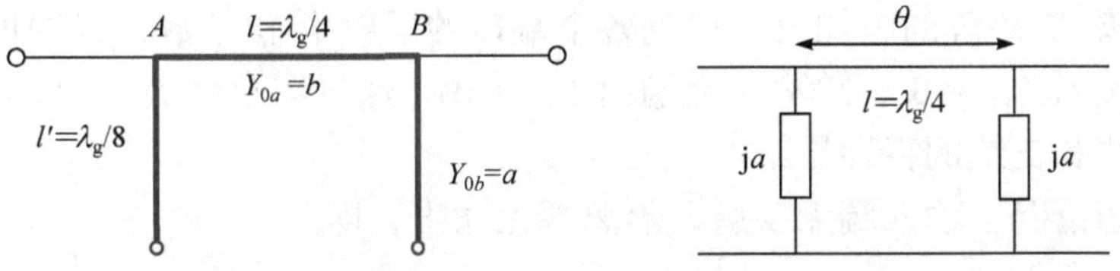

(a) 分支线耦合器在偶模情况下的模型　　(b) 分支线耦合器在偶模情况下的等效电路

图 5-2　分支线耦合器在偶模情况下的模型和电路

通过转换关系可以得到分支线耦合器在偶模激励下的 S 矩阵为

$$[S_{\mathrm{e}}]=\frac{1}{-\dfrac{2a}{b}+\mathrm{j}\left(b+\dfrac{1}{b}-\dfrac{a^2}{b}\right)}\begin{bmatrix}\mathrm{j}\left(\dfrac{a^2}{b}+\dfrac{1}{b}-b\right) & 2\\ 2 & \mathrm{j}\left(\dfrac{a^2}{b}+\dfrac{1}{b}-b\right)\end{bmatrix} \tag{5-3}$$

同理，如图 5-3 所示是分支线耦合器在奇模情况下的模型和电路，在奇模激励下，将网络从对称面上下分开，在对称面处为短路。由同样的方法可以得到奇模情况下的 A 矩阵和相应的 S 矩阵：

$$[A_{\mathrm{o}}]=\begin{bmatrix}1 & 0\\ -\mathrm{j}a & 1\end{bmatrix}\begin{bmatrix}\cos\dfrac{\pi}{2} & \mathrm{j}\dfrac{1}{b}\sin\dfrac{\pi}{2}\\ \mathrm{j}b\sin\dfrac{\pi}{2} & \cos\dfrac{\pi}{2}\end{bmatrix}\begin{bmatrix}1 & 0\\ -\mathrm{j}a & 1\end{bmatrix}=\begin{bmatrix}\dfrac{a}{b} & \mathrm{j}\dfrac{1}{b}\\ \mathrm{j}b-\mathrm{j}\dfrac{a^2}{b} & \dfrac{a}{b}\end{bmatrix} \tag{5-4}$$

$$[S_{\mathrm{o}}]=\frac{1}{\dfrac{2a}{b}+\mathrm{j}\left(b+\dfrac{1}{b}-\dfrac{a^2}{b}\right)}\begin{bmatrix}\mathrm{j}\left(\dfrac{a^2}{b}+\dfrac{1}{b}-b\right) & 2\\ 2 & \mathrm{j}\left(\dfrac{a^2}{b}+\dfrac{1}{b}-b\right)\end{bmatrix} \tag{5-5}$$

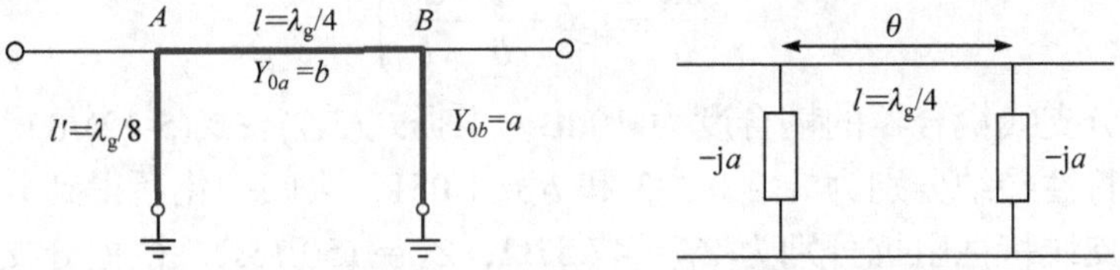

(a) 分支线耦合器在奇模情况下的模型　　(b) 分支线耦合器在奇模情况下的电路

图 5-3　分支线耦合器在奇模情况下的模型和电路

根据散射矩阵的物理含义，S_{ii} 表示第 i 个端口的反射系数，S_{ij} 为第 j 个端口对第 i 个端口的传输系数，矩阵对应关系表示如下：

$$\begin{bmatrix}S_{11} & S_{12}\\ S_{21} & S_{22}\end{bmatrix}=\begin{bmatrix}\Gamma_{11} & T_{12}\\ T_{21} & \Gamma_{22}\end{bmatrix} \tag{5-6}$$

由奇偶模 S 矩阵的叠加可以得到各个端口的反射/传输系数，根据理想情况下输入端无反射($S_{11}=0$)，隔离端无输出($S_{41}=0$)，通过耦合度 S_{31} 可以确定分支线耦合器主线和支线的特性导纳。

根据理想情况下输入端无反射，隔离端无输出，即

$$\Gamma_{\mathrm{e}}+\Gamma_{\mathrm{o}}=0\text{，}\quad \Gamma_{\mathrm{e}}-\Gamma_{\mathrm{o}}=0 \tag{5-7}$$

式中，Γ_{e} 和 Γ_{o} 分别为偶模激励和奇模激励下的反射系数：

$$\Gamma_{\mathrm{e}}=\frac{\mathrm{j}\left(\dfrac{a^2}{b}+\dfrac{1}{b}-b\right)}{-\dfrac{2a}{b}+\mathrm{j}\left(b+\dfrac{1}{b}-\dfrac{a^2}{b}\right)} \tag{5-8}$$

$$\Gamma_{\mathrm{o}}=\frac{\mathrm{j}\left(\dfrac{a^2}{b}+\dfrac{1}{b}-b\right)}{\dfrac{2a}{b}+\mathrm{j}\left(b+\dfrac{1}{b}-\dfrac{a^2}{b}\right)} \tag{5-9}$$

分支线耦合器的耦合端输出可表示为

$$S_{31}=\frac{T_{\mathrm{e}}-T_{\mathrm{o}}}{2} \tag{5-10}$$

式中，T_{e} 和 T_{o} 分别为偶模激励和奇模激励下的传输系数：

$$T_{\mathrm{e}}=\frac{2}{-\dfrac{2a}{b}+\mathrm{j}\left(b+\dfrac{1}{b}-\dfrac{a^2}{b}\right)} \tag{5-11}$$

$$T_{\mathrm{o}}=\frac{2}{\dfrac{2a}{b}+\mathrm{j}\left(b+\dfrac{1}{b}-\dfrac{a^2}{b}\right)} \tag{5-12}$$

拟设计分支线耦合器的耦合度为 10dB，根据式(5-7)～式(5-12)可得主线和支线的归一化特性导纳分别为 $a=0.333$ 和 $b=1.051$，去归一化后得到分支线耦合器的主线和支线特性阻抗分别为 $Z_1=47.57\Omega$，$Z_2=150.15\Omega$，根据分支线耦合器的原理，主线和支线的电长度 θ 均为 90°。

电长度为 θ，特性阻抗为 Z_0 的传输线可以被看作一个二端口网络，如图 5-4(a)所示，该传输线的 A 矩阵为

$$[A]=\begin{bmatrix}\cos\theta & \mathrm{j}Z_0\sin\theta \\ \mathrm{j}\dfrac{\sin\theta}{Z_0} & \cos\theta\end{bmatrix} \tag{5-13}$$

该传输线可以被等效为图 5-4(b)所示的π形集总参数等效模型，该模型的 A 矩阵为

$$[A]=\begin{bmatrix}1 & 0\\ \mathrm{j}\dfrac{B_\mathrm{C}}{2} & 1\end{bmatrix}\begin{bmatrix}1 & \mathrm{j}X_\mathrm{L}\\ 0 & 1\end{bmatrix}\begin{bmatrix}1 & 0\\ \mathrm{j}\dfrac{B_\mathrm{C}}{2} & 1\end{bmatrix} \tag{5-14}$$

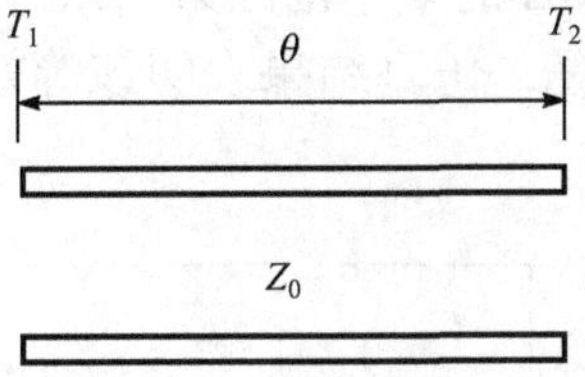

(a) 短传输线

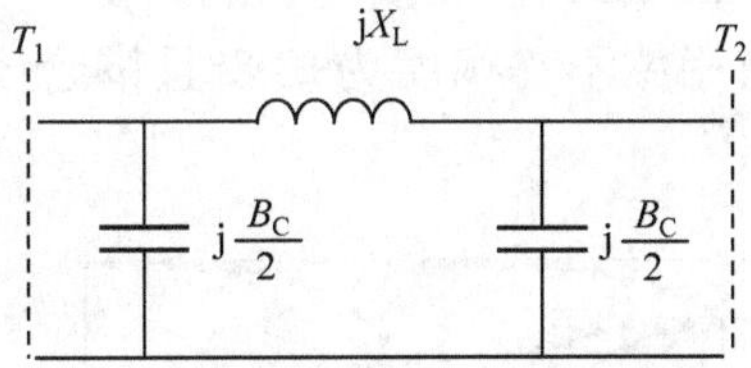

(b) π形集总参数等效模型

图 5-4　传输线的π形等效

通过传输线和π形线圈的 A 矩阵之间的等效关系，可以得到电感和电容的表达式：

$$L=\frac{Z_0\sin\theta}{2\pi f} \tag{5-15}$$

$$C=\frac{1}{2\pi f Z_0}\sqrt{\frac{1-\cos\theta}{1+\cos\theta}} \tag{5-16}$$

将分支线耦合器的四条传输线均用π形等效电路模型替代，可以得到分支线耦合器的集总参数等效模型，如图 5-5 所示。由式(5-15)和式(5-16)，工作频率 f=

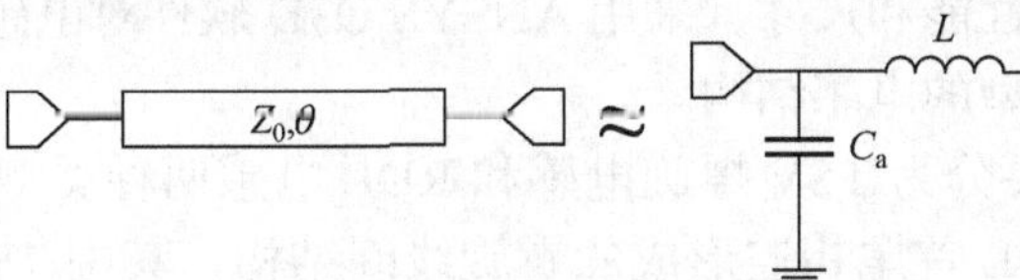

(a) 传输线的等效电路

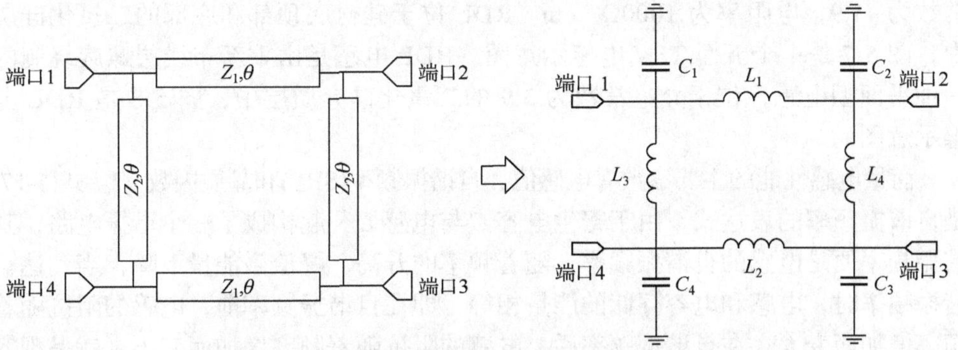

(b) 分支线耦合器的等效电路

图 5-5　分支线耦合器的集总参数等效模型

2.4GHz，可以计算得到图 5-5(b)中电感和电容的值：$L_1 = L_2 = 3.16\text{nH}$，$L_3 = L_4 = 9.95\text{nH}$，$C_1 = C_2 = C_3 = C_4 = 1.84\text{pF}$。

通过 ADS 软件对图 5-5(b)所示集总等效电路进行仿真验证，仿真结果如图 5-6 所示。该分支线耦合器的工作频率为 2.4GHz，在工作频率下回波损耗为 58.87dB，隔离度为 57.26dB，回波损耗和隔离度小于 15dB 的频率范围为 1.93～2.72GHz，在此范围内相位不平衡度为±3.8°且耦合度平缓，仿真结果表明该等效电路符合设计要求。

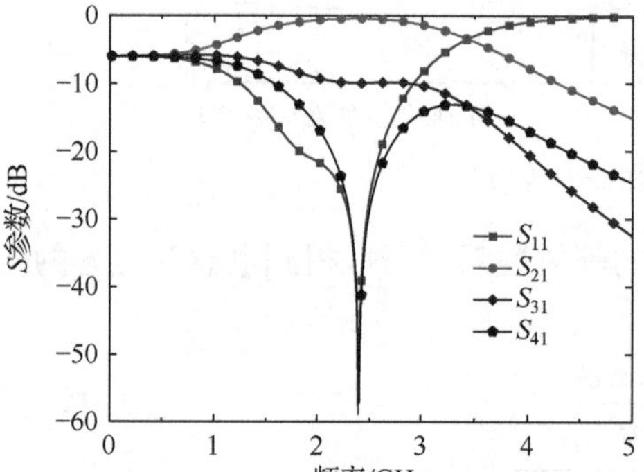

(a) S参数

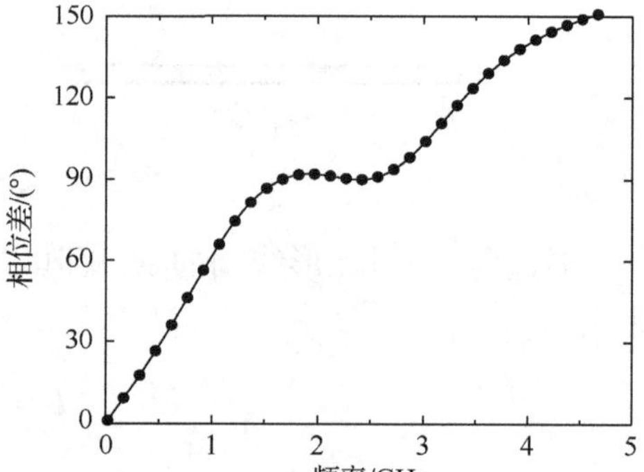

(b) 端口2和端口3的相位差

图 5-6　分支线耦合器集总参数等效电路仿真结果

对于集总参数分支线耦合器，电感和电容的设计尤为重要，它们在一定程度上决定了分支线耦合器的性能和尺寸，采用 ANSYS Q3D 软件对电感和电容进行建模，并对比几种不同类型的电感结构。

基于 TSV 的电感主要分为 TSV 螺旋电感和 RDL 电感两种类型。TSV 螺旋电感是通过将 TSV 和 RDL 首尾相连形成的螺旋线圈结构，其中 TSV 中填充材料为铜，外部由一层二氧化硅包裹作为隔离层，衬底材料是高阻硅，它的介电常数为 11.9，电阻率为 1000Ω · cm。RDL 位于硅衬底顶部和底部的二氧化硅层中，图 5-7 是一个五匝 TSV 电感示意图。RDL 电感是由重新布线层螺旋绕制的一种平面型电感，位于介电常数为 3.9 的二氧化硅介质层中，图 5-8 是 RDL 电感示意图。

衡量电感性能的主要参数有电感值、自谐振频率(SRF)和品质因数 Q。式(5-17)是自谐振频率的表达式，由于寄生电容 C 与电感 L 一起构成了一个谐振电路，其谐振频率便是电感的自谐振频率。随着频率的升高，峰值磁能量下降，当到达自谐振频率时，电感和电容存储的能量相等，即在自谐振频率前，电感的阻抗随着频率增加而变大；在自谐振频率后，电感的阻抗随着频率增加而变小，就呈现容性。因此，要保证电感在器件的工作频带范围内稳定，将自谐振频率的影响降到

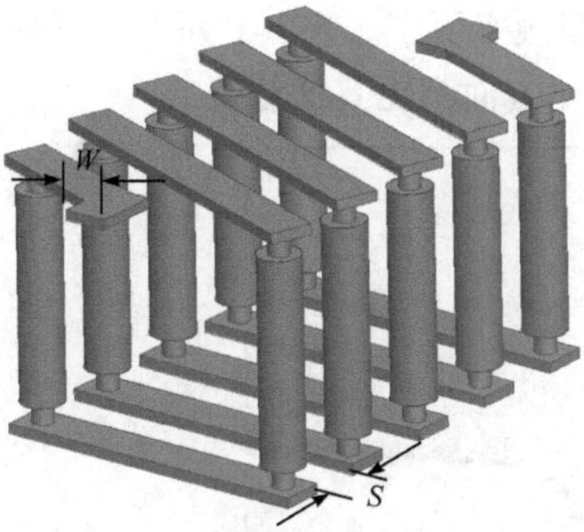

(a) 三维结构

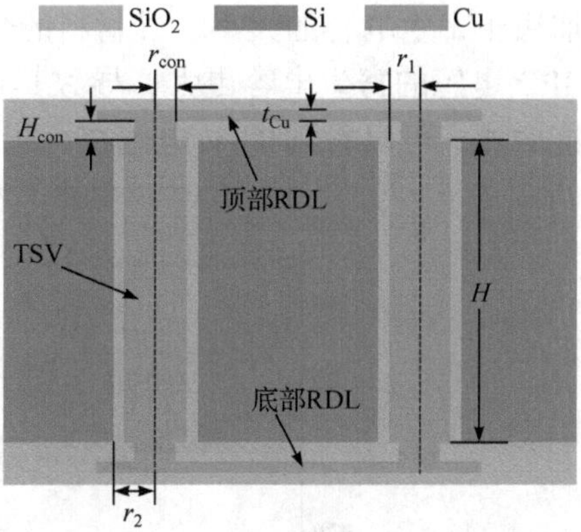

(b) 剖面图

图 5-7　五匝 TSV 电感示意图(扫描前言处二维码查看彩图)

r_1-TSV 金属铜柱的半径；r_2-TSV 绝缘层的外半径；r_{con}-接触孔的半径；H_{con}-接触孔的高度；t_{Cu}-RDL 金属层的厚度

图 5-8　RDL 电感示意图

最低，常常要求电感的自谐振频率尽可能大。Q 是指电感将流过电路的总能量转换为磁能的效率，Q 值越大，线圈的损耗越小，反之，其损耗越大，Q 值一般与衬底的损耗和电感的自谐振有关。

$$\mathrm{SRF}=\frac{1}{2\pi\sqrt{LC}} \tag{5-17}$$

在 ANSYS HFSS 中对基于 IPD 电感、RDL 电感和 TSV 螺旋电感三种不同类型的电感分别进行仿真并对比分析，电感值和 Q 值随频率的变化如图 5-9 所示。为了对比结果更加直观，图中三种电感在工作频率下的电感值均为 1.8nH。由仿真结果可知 IPD 电感、RDL 电感和 TSV 螺旋电感的自谐振频率分别为 8.8GHz、14.9GHz 和 24.3GHz，它们的最大 Q 值分别为 15.6、18.5 和 48.8。对比可知，当电感值相同时，TSV 螺旋电感的自谐振频率最大，品质因数最高；IPD 电感的自谐振频率和品质因数最低。IPD 电感和 RDL 电感均为平面结构，它们的主要区别在于 IPD 电感位于硅衬底中，RDL 电感位于二氧化硅中，电感的自谐振频率主要取决于寄生电容的大小，硅材料的介电常数远大于二氧化硅，因此在相同条件下 IPD 电感的寄生电容更大，导致其自谐振频率更小。表 5-1 列出了三种电感的性能对比，可以看到 TSV 电感在性能和尺寸方面都更具优势。

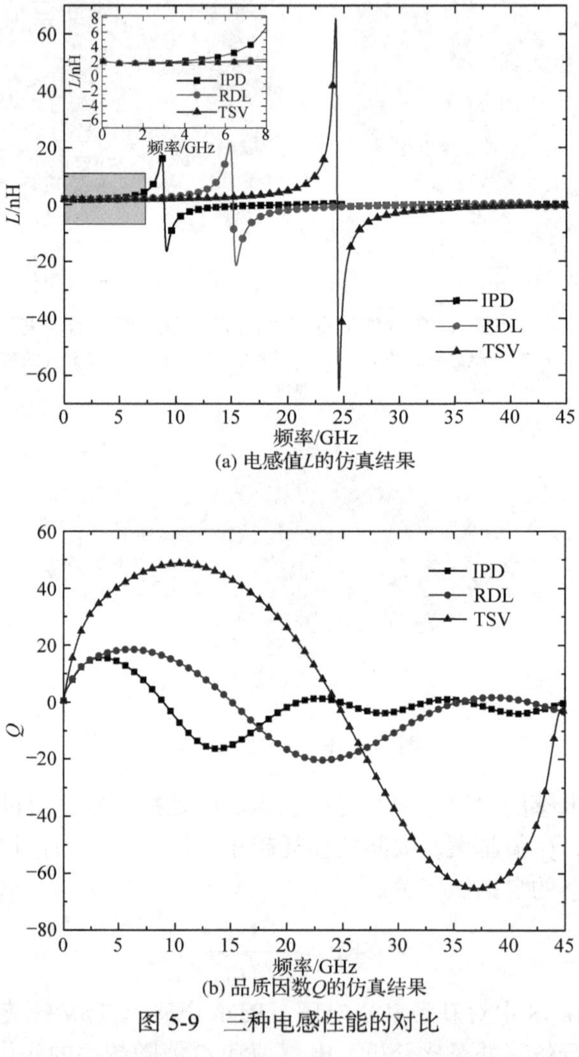

(a) 电感值L的仿真结果

(b) 品质因数Q的仿真结果

图 5-9　三种电感性能的对比

表 5-1　IPD 电感、RDL 电感和 TSV 电感的性能对比

参数	IPD 电感	RDL 电感	TSV 电感
自谐振频率/GHz	8.8	14.9	24.3
品质因数 Q	15.6	18.5	48.8
面积	255μm×275μm	275μm×275μm	144μm×259μm
密度/(nH/mm^2)	25.67	23.80	48.26

由 TSV 技术衍生出的电容结构也有很多种，如 TSV 阵列电容、同轴 TSV 电容、基于 TSV 的三维嵌入式电容[7]和使用 RDL 实现的 MIM 电容和叉指电容等，电容的设计和计算公式如下：

$$C=\frac{\varepsilon_r S}{4\pi kd} \tag{5-18}$$

式中，ε_r 为极板间介质的相对介电常数；S 为电容极板的正对面积；d 为电容极板之间的距离；k 为静电力常量。

本小节应用π形线圈的基于 TSV 的分支线耦合器中的电容采用双层 RDL 叉指结构实现。图 5-10 所示是双层 RDL 叉指电容的结构，它由两层 RDL 组成，分别为 RDL_1 和 RDL_2，两层 RDL 之间的间距为 6μm，采用接触孔进行垂直互连，每层叉指数 $N=8$，两个极板之间的介质材料为二氧化硅，该电容的总电容值由叉指之间的电容值和层间电容值两部分组成。对单层 RDL 叉指电容和双层 RDL 叉指电容的电感和品质因数分别进行仿真并对比，两电容除层数不同外，其余尺寸参数，如叉指的宽度、间距和厚度等均相同。电容值 C 和品质因数 Q 随频率的变化如图 5-11 所示，由仿真结果可知，在 5GHz 的工作频率下，单层 RDL 叉指电容的电容值为 0.113pF，双层 RDL 叉指电容的电容值为 0.401pF，约是单层结构的 3.5 倍；在相同频率下，单层 RDL 叉指电容具有更高的品质因数，损耗更小。由此可见，双层 RDL 叉指电容可以有效增大电容密度，具有更紧凑的结构。

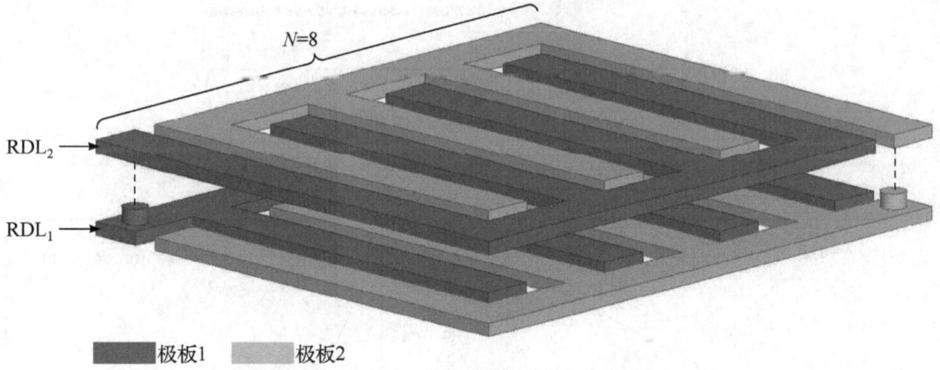

图 5-10　单层叉指数 $N=8$ 的双层 RDL 叉指电容的结构示意图

此外，利用 ANSYS Q3D 进行电容值提取，分析并研究不同尺寸参数的双层 RDL 叉指电容。其中，设定 N 为每层叉指数，t 为金属层厚度，P_1 为两叉指之间的距离，P_2 为两层 RDL 金属层之间的距离。在控制其他三个尺寸参数不变的前提下，分别对每个参数对双层 RDL 叉指电容值的影响进行研究，结果如图 5-12 所示。由图可知，随着金属层厚度 t 的增大，电容值逐渐变大，呈线性增加；增

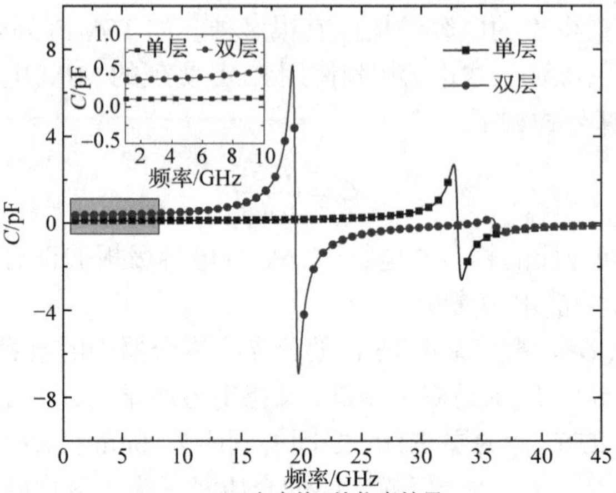

(a) 电容值C的仿真结果

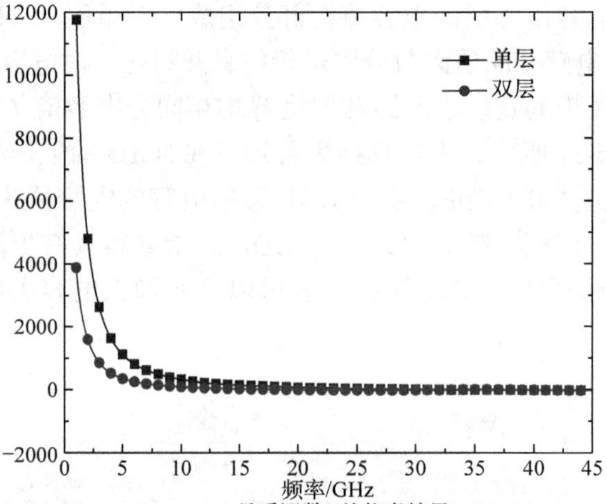

(b) 品质因数Q的仿真结果

图 5-11　单层 RDL 叉指电容和双层 RDL 叉指电容的对比

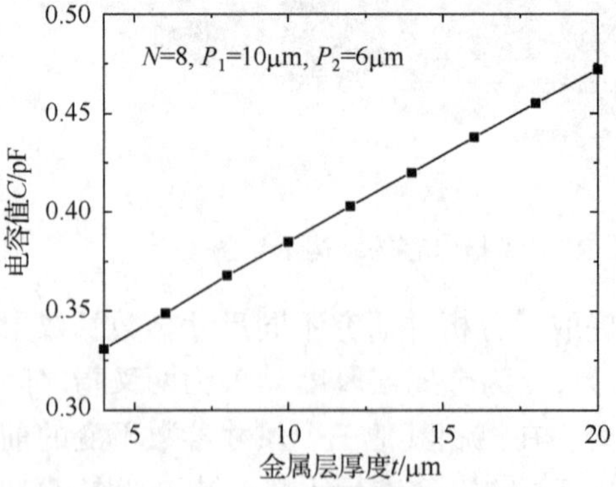

(a) 金属层厚度

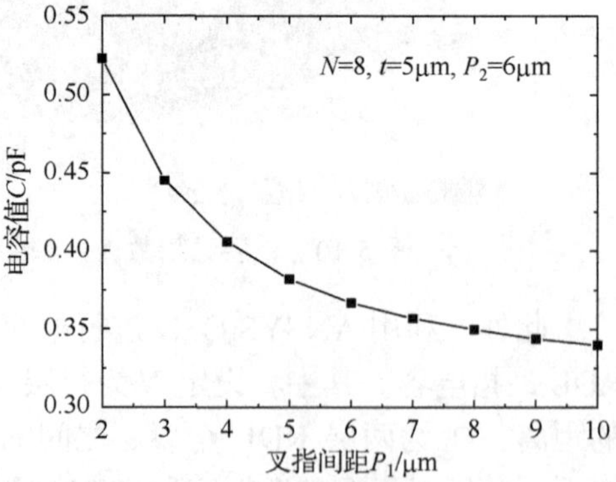

(b) 叉指间距

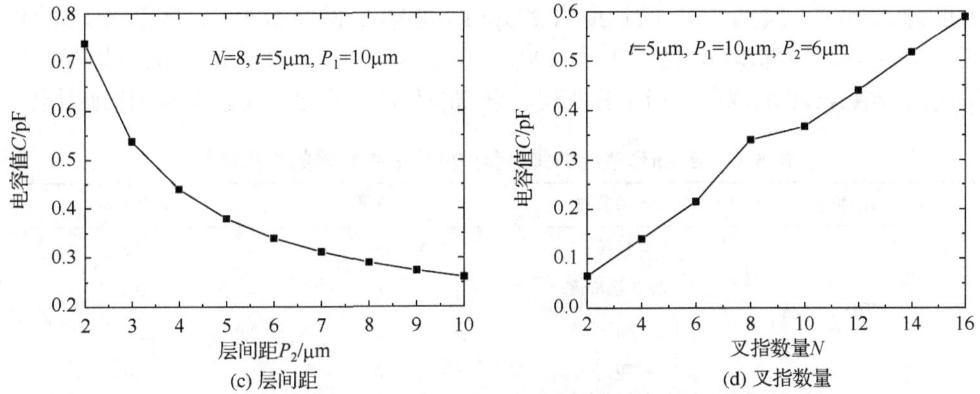

(c) 层间距　　(d) 叉指数量

图 5-12　结构参数对双层 RDL 叉指电容的影响

大叉指间距 P_1 和层间距 P_2，电容值逐渐减小，且随着间距的增大，电容值减小的幅度越来越小；随着叉指数量 N 的增加，电容值呈增长趋势。因此，想要设计大电容值的双层 RDL 叉指电容，应该减小叉指间距和层间距，增加金属层厚度和叉指数量。

图 5-5(b)所示等效电路中电感值和电容值已经通过计算获得，TSV 螺旋电感值取决于 TSV 和 RDL 的自感和互感的大小[8]，根据所需要的电感值可以初步确定 TSV 电感的结构参数，最后利用 ANSYS Q3D 软件对整体结构进行模拟和调整，以获得准确的结构参数。电容采用类似的方法，双层 RDL 叉指电容的电容值主要由指间和层间的寄生电容值两部分组成，通过式(5-18)初步确定电容的结构参数，然后在 ANSYS Q3D 中进行建模和电容值的提取，最终获得精确的模型，图 5-13 是建立的电感和电容的模型，其中电感 L_1 的匝数为 4，底部 RDL 的

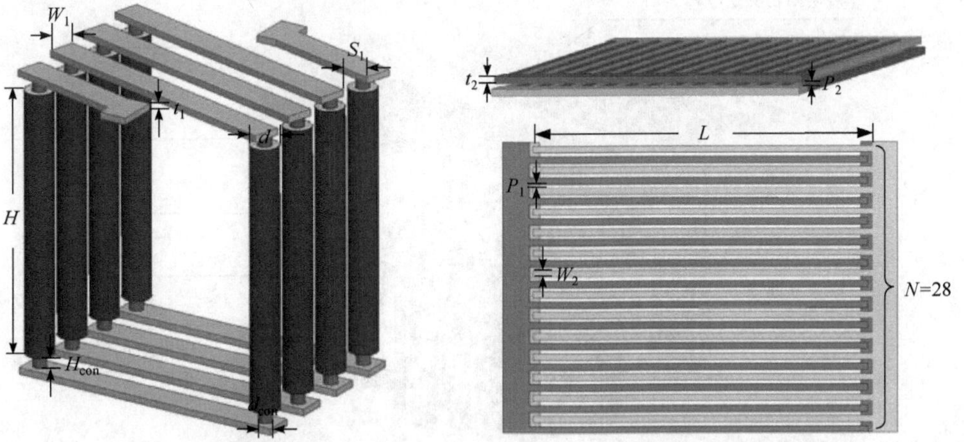

(a) TSV电感模型　　(b) 双层RDL叉指电容模型

图 5-13　TSV 电感和双层 RDL 叉指电容的模型

长度为 220μm，顶部 RDL 的长度为 225μm，电感 L_2 的匝数为 7，底部 RDL 的长度为 285μm，顶部 RDL 的长度为 290μm。电容 C_1、C_2、C_3 和 C_4 的值相等，均采用叉指数 N=28 的双层叉指电容实现。它们的其他结构参数在表 5-2 中详细列出。

表 5-2　应用π形线圈的集总参数分支线耦合器的结构参数

结构	结构参数	符号	取值/μm
TSV	直径	d	20
	氧化层厚度	t_{ox}	0.3
	高度	H	200
	间距	S_1	40
RDL 互连线	宽度	W_1	20
	厚度	t_1	5
RDL 叉指电容	长度	L	260
	宽度	W_2	5
	金属层厚度	t_{Cu}	3
	叉指间距	P_1	3
	层间距	P_2	3
接触孔	直径	d_{con}	6
	高度	H_{con}	5

在完成电感和电容的设计后，在 ANSYS HFSS 软件中进行器件的互连完成整体结构建模，图 5-14 是应用π形线圈的分支线耦合器的三维布局[9]，双层 RDL

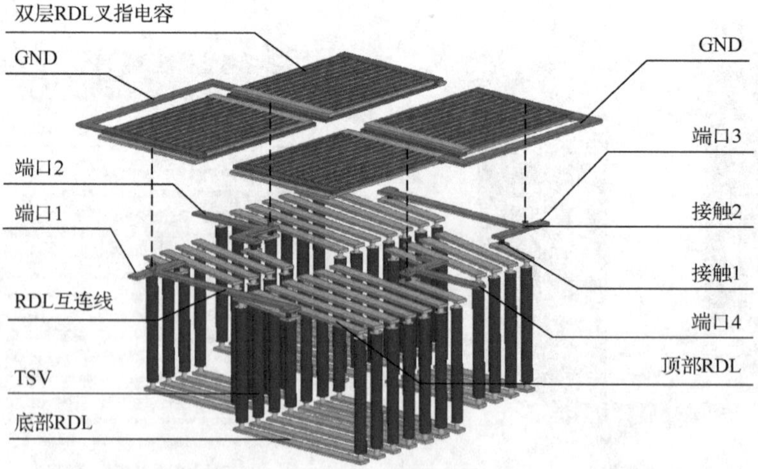

图 5-14　应用π形线圈的分支线耦合器的三维布局(扫描前言处二维码查看彩图)

叉指电容位于 TSV 螺旋电感的上层，通过 RDL 互连线和接触孔将双层 RDL 叉指电容与下层 TSV 螺旋电感进行互连，四个端口由 RDL 互连线引出。介质分为三层，自上到下分别是顶部二氧化硅、硅衬底、底部二氧化硅，其中 TSV 位于硅衬底中，电容、接触孔、RDL 互连线以及 TSV 螺旋电感的顶部 RDL 位于硅衬底上层的二氧化硅层中，底部 RDL 位于硅衬底下层的二氧化硅中。

对分支线耦合器的整体结构进行仿真，S 参数和输出端口的相位差仿真结果如图 5-15 所示。结果表明，当频率为 2.1～2.4GHz 时，耦合器的回波损耗小于 19dB，插入损耗小于 1.53dB，隔离度小于 20dB。在频率为 2.22GHz 时，隔离度可达 57.62dB，隔离度和回波损耗小于 15dB 对应的带宽约为 30.3%，尺寸仅为 $(0.660\times0.630\times0.287)\text{mm}^3((0.018\times0.017\times0.0078)\lambda_g^3)$，同时具有低插入损耗和高隔离度的优势。

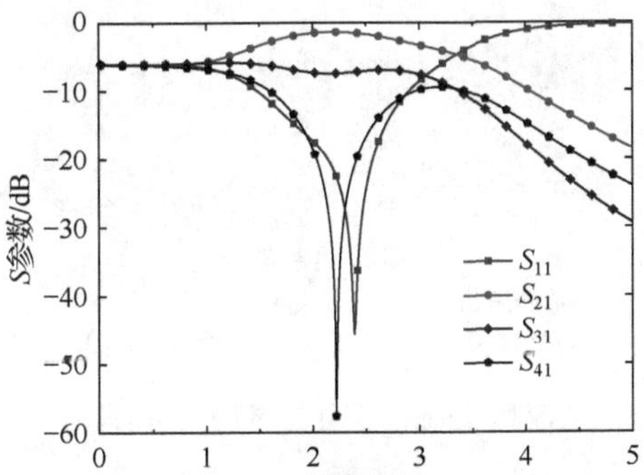

(a) S参数

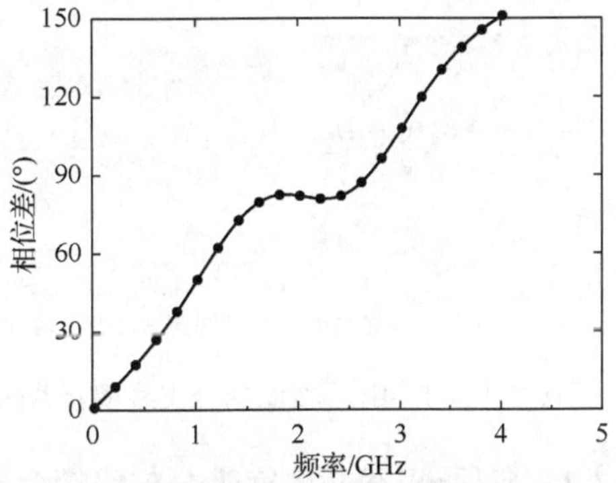

(b) 端口2和端口3的相位差

图 5-15　应用π形线圈的分支线耦合器的仿真结果

上述基于 TSV 的分支线耦合器结构顶部有四层 RDL，从下到上分别为 RDL_1、RDL_2、RDL_3 和 RDL_4，底部有一层 RDL，RDL_2 和接触孔被用于 TSV 电感和 RDL 电容的互连。RDL_3、RDL_4 通过接触孔连接形成双层叉指电容。为了证明该结构的可行性，给出了其制造工艺流程，如图 5-16 所示。第一步，在硅衬底上刻蚀 TSV；第二步，通过化学气相沉积在 TSV 的内表面上制备二氧化硅隔离层；第三步，通过电化学沉积，在具有二氧化硅隔离层的 TSV 中填充铜(Cu)；第四步，在衬底的上表面上沉积第一层二氧化硅，并制造接触孔；第五步，在第一层二氧化硅的上表面上沉积第二层二氧化硅，并制造 RDL_1；第六步，在第二层二氧化硅的上表面上沉积第三层二氧化硅，并形成接触孔；第七步，在第三层二氧化硅的上表面上沉积第四层二氧化硅，并且制造 RDL_2；第八、九步，以相同的方式制造 RDL_3、RDL_4 和接触孔，并进行钝化处理；第十步，将晶圆和辅助载体圆片进行键合并翻转晶圆，进行晶圆背面减薄使 TSV 暴露出来；

第十一、十二步，以与顶部相同的方式完成底部的制造，并去除辅助晶圆。

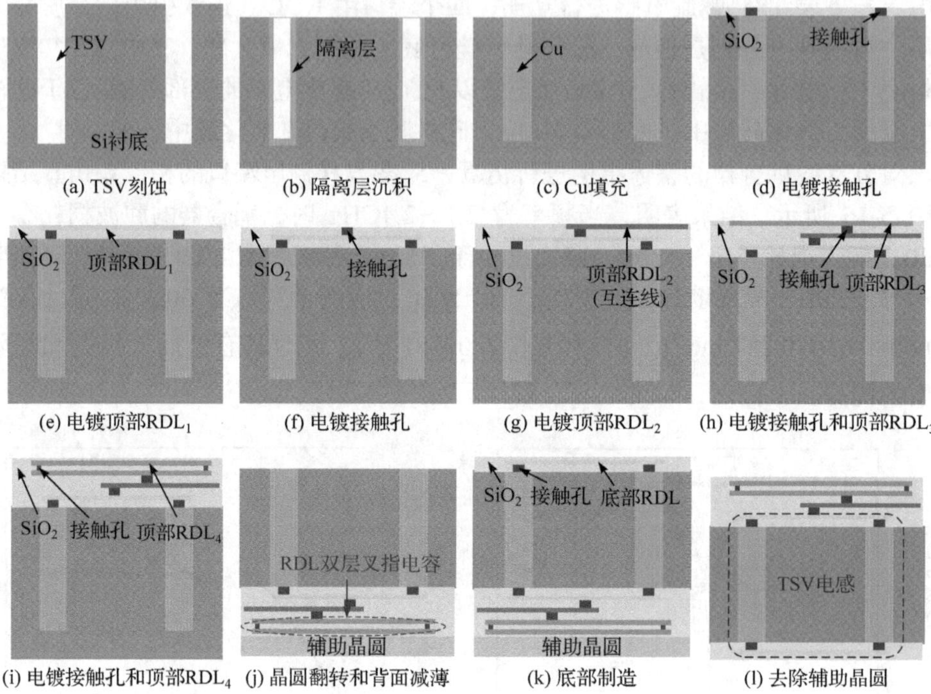

图 5-16　应用π形线圈的分支线耦合器的制造工艺流程(扫描前言处二维码查看彩图)

5.1.2　应用π形线圈的宽带分支线耦合器

传统的二分支定向耦合器普遍存在带宽窄的问题，10dB 回波损耗下的相对带宽通常为20%左右，不适合某些宽带化的应用需求，增加分支线耦合器的级数是提高带宽最常用的方法之一。

为验证增加分支线耦合器级数对性能的影响，在 ADS 软件中对 3dB 的二分支(2BLC)、三分支(3BLC)和四分支(4BLC)耦合器分别进行仿真，并对它们的性能进行对比，工作频率均为 5GHz。由图 5-17(a)可知，二分支、三分支和四分支耦合器在回波损耗小于 15dB 时对应的频带范围分别为 4.54～5.46GHz、4.03～5.97GHz 和 3.32～6.68GHz，它们的相对带宽分别为 18.4%、38.8%和 67.2%；由图 5-17(b)可知，在工作频带范围内，二分支、三分支和四分支耦合器的输出端口相位差分别为 90°±1.0°、90°±1.4°和 90°±4.8°；在工作频率下，二分支耦合器的耦合度误差最小，四分支耦合器的耦合度误差最大，且随着级数增加，耦合度的稳定性越来越差，由图 5-17(c)可知，四分支耦合器的耦合度曲线波动幅度最大。

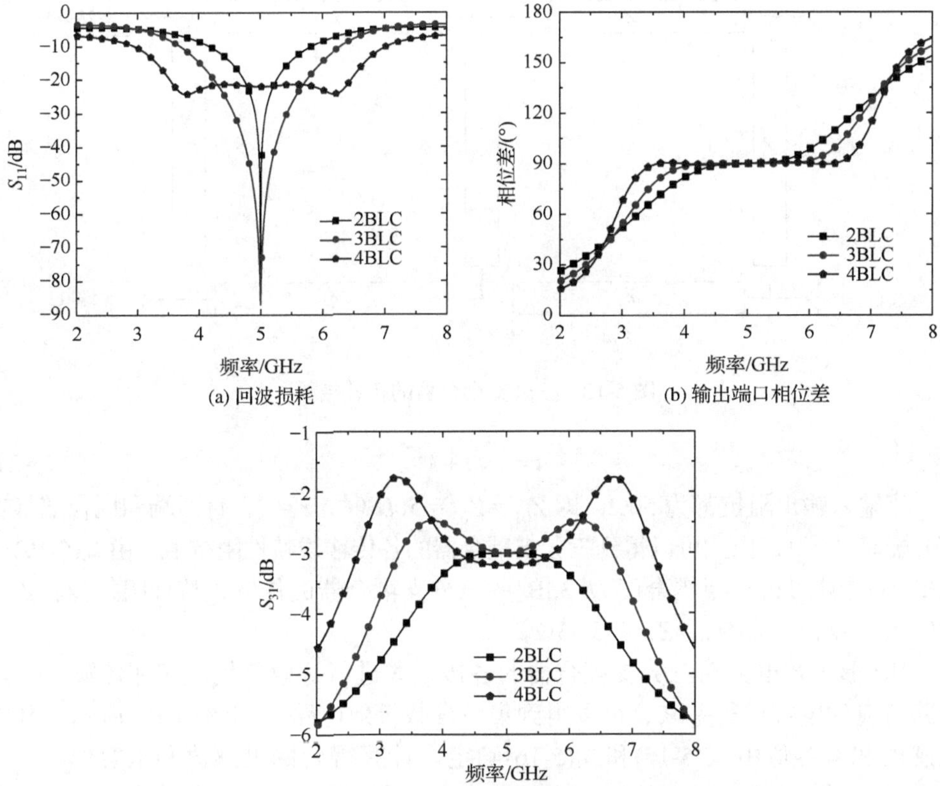

(a) 回波损耗　　(b) 输出端口相位差

(c) 耦合度

图 5-17　二分支、三分支和四分支耦合器的性能参数对比

经过对比可知，在相同工作频率下(5GHz)，随着级数的增加，分支线耦合器的带宽增大，但相应的回波损耗、耦合度和相位平衡度就会变差，即牺牲部分性能换取了带宽，同时，级数增高会造成结构面积和设计复杂度增大。三分支耦合器 10dB 回波损耗下的相对带宽可以达到 52%，有效地增加了分支线耦合器的工作带宽，而且在带宽增大的同时，回波损耗和隔离度损失较少，因此本小节采用π形等效线圈实现基于 TSV 的三分支耦合器。

图 5-18 所示是三分支耦合器的拓扑结构，Z_{01} 和 Z_{02} 分别为输入阻抗和输出阻抗，每条传输线的特性阻抗由 Z_1、Z_2 和 Z_3 表示，所有传输线的长度均为 1/4 波长。各传输线的特性阻抗可表示如下，其中 r 是阻抗变换比，$r = Z_{01}/Z_{02}$，k 是输出功率比，由 $k = P_3/P_2$ 表示。

$$Z_1 = Z_{01}\frac{\sqrt{r(t^2-r)}}{t-r} \tag{5-19}$$

$$\frac{Z_2^2}{Z_3} = Z_{01}\sqrt{r-\frac{r^2}{t^2}} \tag{5-20}$$

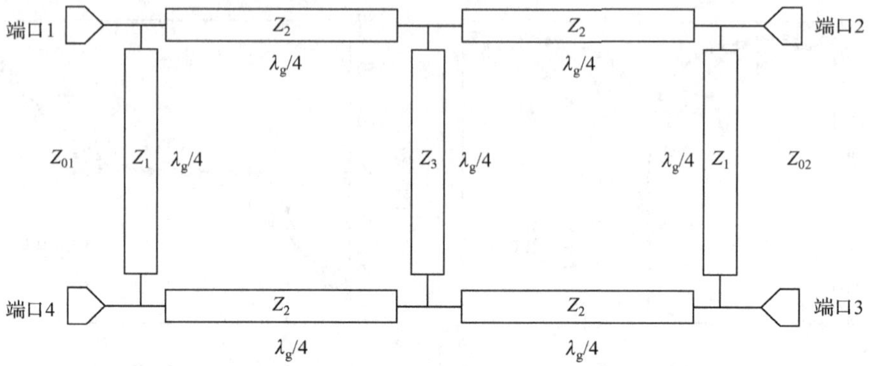

图 5-18　三分支耦合器的拓扑结构

$$t = r\sqrt{1+k^2} \tag{5-21}$$

当输入输出阻抗都为 50Ω，即 $Z_{01} = Z_{02} = 50\Omega$ 时，$r = 1$，直通端和耦合端等功率分配时 $k = 1$，由此可以得到三分支耦合器的各传输线特性阻抗值。由式(5-19)～式(5-21)计算可得一组耦合度为 3dB 的三分支耦合器的传输线特性阻抗值：$Z_1 = 120.71\Omega$，$Z_2 = 35.35\Omega$，$Z_3 = 35.35\Omega$。

用π形等效电路对三分支耦合器的各传输线进行等效替代，相邻传输线等效电路对应的电容进行并联，可以得到集总参数等效电路，如图 5-19 所示。其中电感值和电容值由式(5-15)和式(5-16)确定。计算得到的电感值和电容值：$L_1 = 1.125\text{nH}$，$L_2 = 3.84\text{nH}$，$L_3 = 1.125\text{nH}$，$C_1 = 0.9\text{pF}$，$C_2 = 0.26\text{pF}$，$C_3 = 0.9\text{pF}$，令 $C_a = C_1 + C_2$，$C_b = 2C_1 + C_3$。

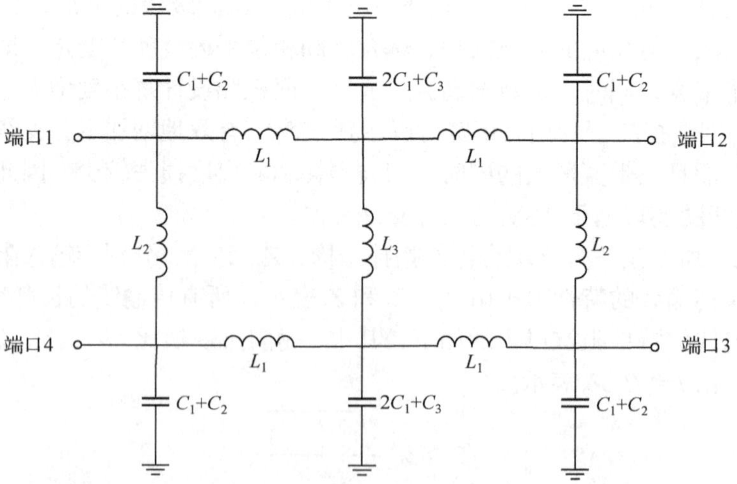

图 5-19　三分支耦合器的等效电路

利用 ADS 对三分支耦合器的集总参数电路模型进行仿真，仿真结果如图 5-20 所示，中心频率为 5GHz，在工作频率下，隔离度和回波损耗可以达到 70dB，在 4.5～5.5GHz 的频率下，耦合度为(−3±0.3)dB，隔离度和回波损耗小于 17dB，相位不平衡度在±1.3°以内，10dB 回波损耗对应的带宽为 40.8%，满足设计要求。

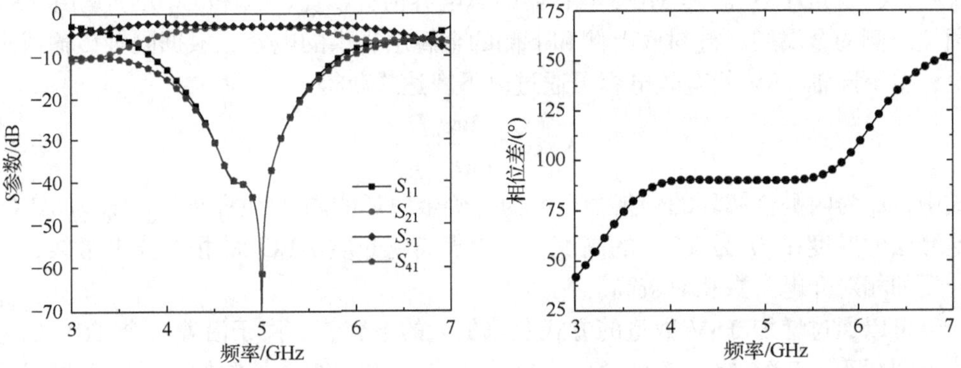

(a) S参数　(b) 输出端口相位差

图 5-20　应用π形线圈的三分支耦合器集总参数电路模型仿真结果

采用π形线圈实现的集总参数三分支耦合器中用到的电容器数量多且电容值大，为了最大程度缩减电路的面积，应用了基于 TSV 的嵌套电容结构，该结构的显著特点是电容密度大，体积小。图 5-21 为 TSV 嵌套 MIM 电容的结构示意图，电容器嵌套于 TSV 的外侧，通过两层金属环(M2 和 M3)实现金属-绝缘体-金属(MIM)堆叠，两层金属环之间的绝缘层介质材料为 Al_2O_3。M2、M3 和绝缘层向外侧延伸，用于和其他器件的互连，与此同时在硅衬底的上表面和下表面形成平面型 MIM 电容，增大了电容密度。这种三维电容的集成与标准同轴 TSV 的

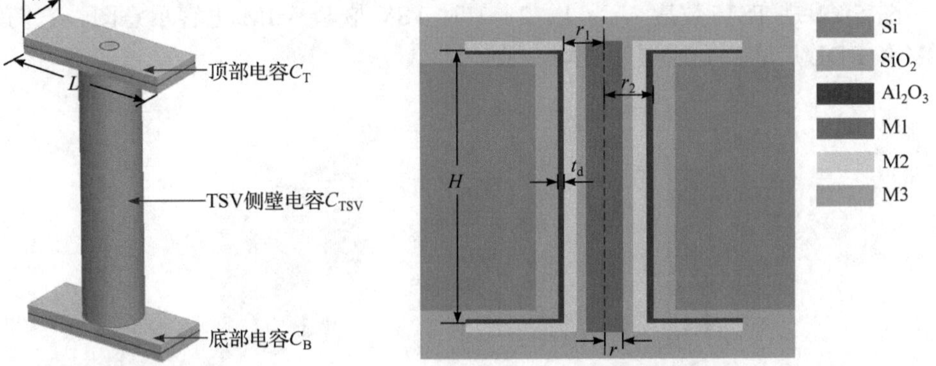

(a) 三维视图　(b) 剖面图

图 5-21　TSV 嵌套 MIM 电容的结构示意图(扫描前言处二维码查看彩图)

r-TSV 内部金属柱 M1 的半径；W-硅衬底上下层金属的宽度；L-硅衬底上下层金属的长度

制造步骤有很多相同之处。例如，通过深度反应离子蚀刻、化学气相沉积氧化物和电镀铜，降低了工艺的总成本[10]。

TSV 嵌套 MIM 电容器的电容值主要由三部分组成：

$$C_{\text{total}} = C_{\text{TSV}} + C_{\text{T}} + C_{\text{B}} \tag{5-22}$$

式中，C_{total} 是 TSV 嵌套 MIM 电容器的总电容值；C_{TSV}、C_{T} 和 C_{B} 分别是由 TSV 圆柱外侧的金属层、硅衬底上侧和下侧的金属层提供的电容。根据同轴传输线理论，单个同轴 TSV 的有效电容可通过以下表达式获得

$$C_{\text{TSV}} = \frac{2\pi\varepsilon_{\text{d}} H}{\ln(r_2 / r_1)} \tag{5-23}$$

式中，r_1 为内侧金属环的外半径；r_2 为外侧金属环的内半径($r_2=r_1+t_{\text{d}}$，t_{d} 为 Al_2O_3 绝缘层的厚度)；H 为 TSV 的高度；ε_{d} 为隔离电介质 Al_2O_3 的相对介电常数，该介质的相对介电常数相对较高。

可以通过增加 TSV 数量的方式获得更大的电容值，由于沿着每个 TSV 的电势近似相等，TSV 之间的耦合效应可以忽略，TSV 圆柱外侧的总电容值可以写成 $C_{\text{T\_TSV}}=C_{\text{TSV}} \cdot N$，该方程表示 TSV 外侧的电容值随 TSV 的数量 N 成比例地增加。此时，硅衬底上下的电容可以表示为

$$C_{\text{T}} = C_{\text{B}} = \frac{\varepsilon_{\text{d}}(WL - \pi r^2 N)}{t_{\text{d}}} \tag{5-24}$$

式中，r 为 TSV 内部金属柱 M1 的半径；W 为硅衬底上下层金属的宽度；L 为硅衬底上下层金属的长度；N 为 TSV 的数量。

TSV 数量为 N 的 TSV 嵌套 MIM 电容器的总电容值为

$$C_{\text{total}} = \frac{2\pi\varepsilon_{\text{d}} HN}{\ln(r_2 / r_1)} + \frac{2\varepsilon_{\text{d}}(WL - \pi r^2 N)}{t_{\text{d}}} \tag{5-25}$$

图 5-22 是 TSV 数量 N 为 1、2、3 时 TSV 嵌套 MIM 电容示意图，它们的 TSV 和 RDL 尺寸、介质层厚度均一致。

(a) N=1　(b) N=2　(c) N=3

图 5-22　N 为 1、2、3 时 TSV 嵌套 MIM 电容示意图

此外，利用 ANSYS Q3D 建模仿真，研究 TSV 嵌套 MIM 电容的结构参数对电容值的影响。结果表明，TSV 圆柱外侧的 MIM 电容在总电容中起到主导作用。由图 5-23(a)所示，随着 TSV 高度的增加，总电容值增大；如图 5-23(b)所示，随着绝缘层介质厚度的增大，电容值减小，当介质厚度增大到一定程度，电容值的变化逐渐变缓；如图 5-23(c)所示，增大 RDL 的长度，总电容值也有所增大。也就是，TSV 嵌套 MIM 电容的总电容值随着 TSV 高度和 RDL 长度的增大呈线性增大，随着绝缘层介质厚度的增大呈减小趋势。图 5-23(d)中，当 $N = 1$ 时，电容值为 1.25pF；当 $N = 2$ 时，电容值为 2.5pF；当 $N = 3$ 时，电容值为 3.72pF，由此可见，TSV 嵌套 MIM 电容的总电容值随着 TSV 数量的增大而成倍增大。

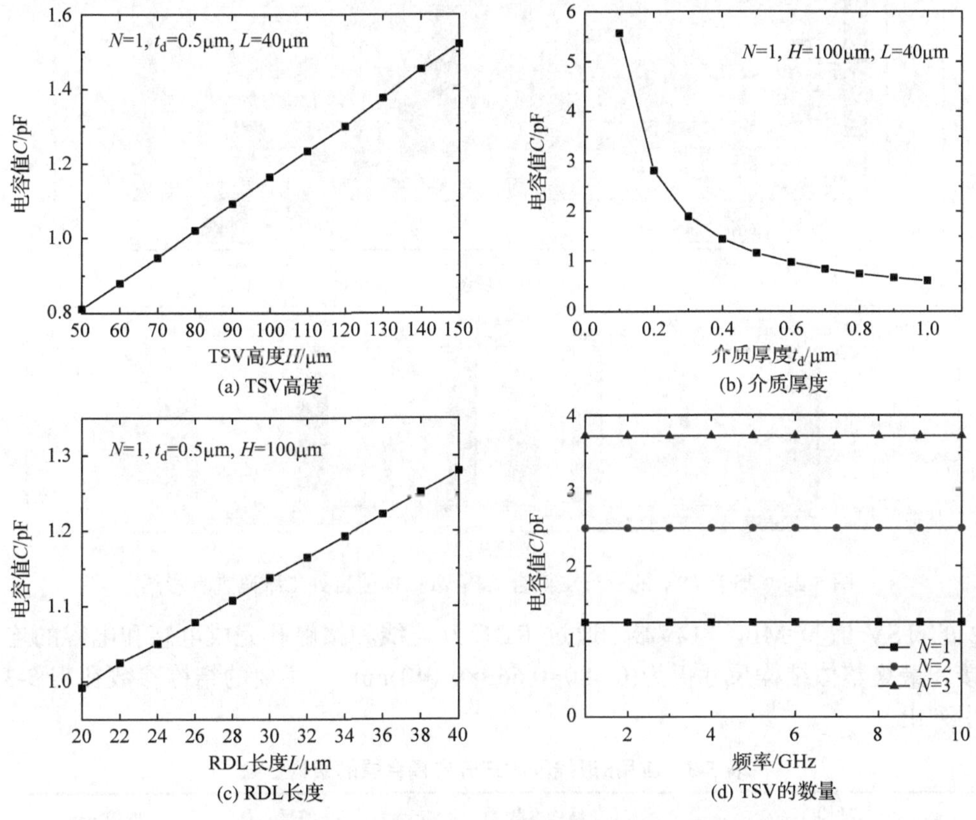

图 5-23　结构参数对 TSV 嵌套 MIM 电容的影响

根据 ADS 中的电路在 ANSYS HFSS 中完成基于 TSV 的三分支耦合器整体结构的建模，三维布局如图 5-24 所示，电感 L_2 采用 9 匝 TSV 螺旋电感结构，L_1 和 L_3 为 RDL 电感，位于 TSV 螺旋电感的上层，尽可能利用了空间，缩短了互连线长度，降低了寄生电感的影响，电容 C_a 和 C_b 分别为 TSV 数量 $N = 1$ 和 $N =$

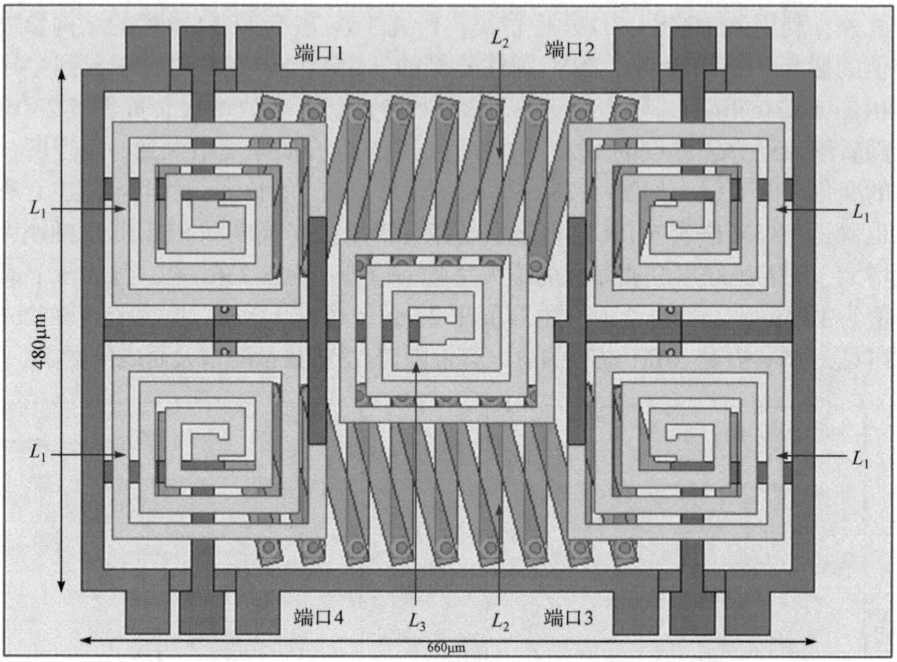

(a) 俯视图

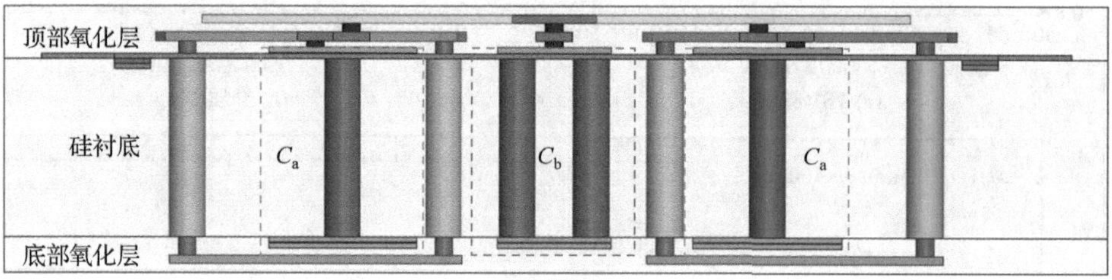

(b) 侧视图

图 5-24　基于 TSV 的三分支耦合器模型(扫描前言处二维码查看彩图)

2 的 TSV 嵌套 MIM 电容器，通过 RDL 互连线和接触孔完成电感和电容的连接，最终整体结构尺寸仅为$(0.480\times0.660\times0.140)\text{mm}^3$。主要的结构参数在表 5-3 中列出。

表 5-3　应用π形线圈的三分支耦合器的结构参数

结构	结构参数	符号	取值/μm
TSV	直径	d	20
	氧化层厚度	t_{ox}	0.3
	高度	H	100
	间距	S	40

续表

结构	结构参数	符号	取值/μm
RDL 互连线	宽度	W_1	20
	厚度	t_1	5
TSV 嵌套 MIM 电容器	Al_2O_3绝缘层厚度	t_d	0.5
	内侧金属环外半径	r_1	6.2
	外侧金属环内半径	r_2	6.7
接触孔	直径	d_{con}	10
	高度	H_{con}	5

使用 ANSYS HFSS 对三分支耦合器的整体模型进行仿真，仿真结果如图 5-25 所示，由结果可知，当频率为 4.83GHz 时，回波损耗最小，可以达到 49.8dB；当频率为 5.01GHz 时，隔离度最小，为 24.3dB；回波损耗小于 15dB 的频率范围为 4.24～5.13GHz，隔离度小于 15dB 的频率范围为 4.59～5.27GHz，10dB 回波损耗对应的频带宽度为 1.77GHz，相对带宽为 41.6%。在 3.5～4.5GHz，输出端口的相位不平衡度在±6.5°。分析仿真结果可知，实际仿真的工作频率与设计指标相比稍有偏移，这主要由寄生参数引起。在高频下，会产生一些不可避免的寄生参数，这将对结构的性能产生一定的影响。图 5-24 中的三分支耦合器主要具有以下寄生参数：TSV 电感器引入的寄生电容和电阻，TSV 电感器之间的互感、互连引入的附加电阻和电感，RDL 层之间产生的寄生电容与电感。寄生电感和电容的存在导致实际连入电路的值略大于理想值，从而造成工作频率比设计指标略小，此外，寄生电阻的存在增加了器件的损耗。同时，寄生参数的存在导致等效电路的实际特性阻抗偏离理想情况，寄生电抗元件会直接影响相位，使等效电路

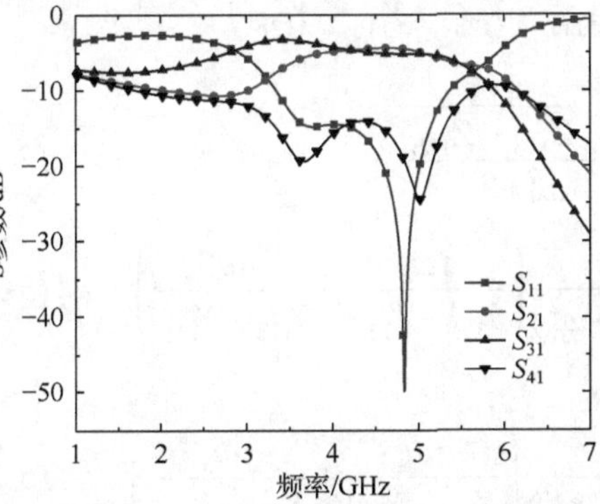

(a) S参数

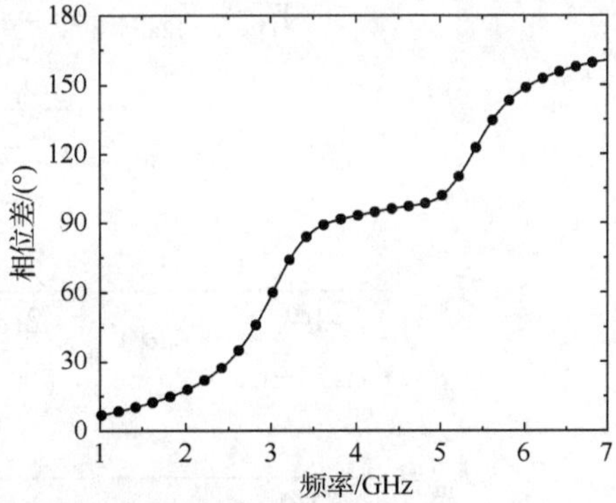

(b) 输出端口相位差

图 5-25　基于 TSV 的三分支耦合器仿真结果

的物理长度大于或小于$\lambda_g/4$，进而导致相位不平衡。

5.1.3　基于 TSV 的双频分支线耦合器

双频分支线耦合器的设计方法有很多种，但传统设计的共同缺点是电路尺寸大，考虑到现在大多数双频无线通信系统工作在 6GHz 以下，传统双频分支线耦合器尺寸大的弊端限制了其在移动终端中的使用[11]。应用桥接 T 形线圈(BTC)可以实现具有紧凑电路尺寸的各种微波无源元件，BTC 经过设计可以实现全通频率响应，因此它具有宽带频率特性，已被用作宽带集总元件传输线，以及小型单频带和宽带分支线耦合器的设计。

本书设计的双频分支线耦合器采用双频桥接 T 形线圈，在 BTC 的基础上进行改进以实现双频的功能，其电路模型如图 5-26 所示，可以被等效为不同频率下的两个不同传输线截面，用该线圈对分支线耦合器的 1/4 波长传输线进行等效，实现两个频率下的工作。

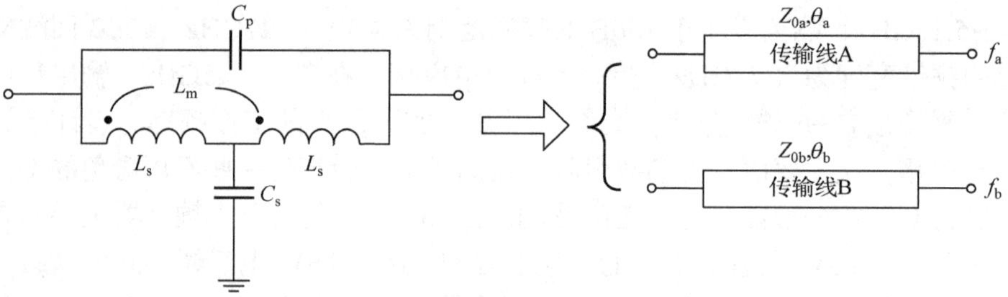

图 5-26　双频桥接 T 形线圈电路模型

线圈中各个参数的计算如下：

$$C_s = \frac{2}{\dfrac{j\omega_a}{Y_{11a} - Y_{12a}} + \dfrac{\omega_a^2}{\omega_b^2 - \omega_a^2}\left(\dfrac{j\omega_a}{Y_{11a} - Y_{12a}} - \dfrac{j\omega_b}{Y_{11b} - Y_{12b}}\right)} \tag{5-26}$$

$$C_p = \frac{\dfrac{j\omega_a}{Z_{11a} - Z_{12a}} - \dfrac{j\omega_b}{Z_{11b} - Z_{12b}}}{2(\omega_b^2 - \omega_a^2)} \tag{5-27}$$

$$L_s = \frac{1}{\dfrac{2j\omega_a}{Z_{11a} - Z_{12a}} + 4\omega_a^2 C_p} + \frac{1}{2(\omega_b^2 - \omega_a^2)}\left(\frac{j\omega_a}{Y_{11a} - Y_{12a}} - \frac{j\omega_b}{Y_{11b} - Y_{12b}}\right) \tag{5-28}$$

$$L_m = \frac{1}{\dfrac{2j\omega_a}{Z_{11a} - Z_{12a}} + 4\omega_a^2 C_p} - \frac{1}{2(\omega_b^2 - \omega_a^2)}\left(\frac{j\omega_a}{Y_{11a} - Y_{12a}} - \frac{j\omega_b}{Y_{11b} - Y_{12b}}\right) \tag{5-29}$$

式中，ω_a 和 ω_b 是角频率；Z_a 和 Z_b 是 Z 参数；Y_a 和 Y_b 是具有相应特性阻抗的理想传输线的 Y 参数。

分支线耦合器由两对传输线组成，需要两组 BTC 线圈分别进行等效，所提出双频分支线耦合器的工作频率 $f_a = 2.4\text{GHz}$ 和 $f_b = 5.2\text{GHz}$，等效线圈 BTC_1 相当于在 $f_a = 2.4\text{GHz}$ 下特性阻抗为 50Ω，电长度为 90°的传输线和在 f_b=5.2GHz 下特性阻抗为 50Ω，电长度为 270°的传输线；同理，BTC_2 可以等效为在 $f_a = 2.4\text{GHz}$ 下特性阻抗为 35.35Ω，电长度为 90°的传输线和在 $f_b = 5.2\text{GHz}$ 下特性阻抗为 35.35Ω，电长度为 270°的传输线。

经过计算，可以获得 BTC_1 和 BTC_2 的电路参数，为了验证等效线圈的准确性，在 ADS 中分别对 BTC_1 和 BTC_2 的传输特性进行仿真。BTC 的传输特性如图 5-27 所示，在 f_a 和 f_b 频率下，BTC_1 的插入相位分别为−93.284°和 88.53°。BTC_2 在相应频率下的插入相位分别为−89.997°和 90.006°。此外，BTC_1 和 BTC_2 的等效特性阻抗特别接近 50Ω 和 35.35Ω，误差为±0.6Ω，因此该线圈满足设计要求。

双频分支线耦合器的等效电路由主线和支线相对应的 BTC 组成，如图 5-28 所示。在 f_a 频率下，耦合器端口 2 和端口 3 之间的相位差为 90°；在 f_b 频率下，耦合器端口 2 和端口 3 之间的相位差为 270°，从而可以实现双频的功能。通过式(5-26)～式(5-29)可以计算获得与主线、支线的等效电路 BTC_1、BTC_2 相对应的集总元件参数：$L_{s1} = 2.31\text{nH}$，$L_{m1} = -0.53\text{nH}$，$C_{s1} = 1.43\text{pF}$，$C_{p1} = 0.57\text{pF}$，$L_{s2} = 1.64\text{nH}$，$L_{m2} = -0.37\text{nH}$，$C_{s2} = 2.02\text{pF}$，$C_{p2} = 0.80\text{pF}$。

在 ADS 中对该双频分支线耦合器等效电路进行仿真验证，结果如图 5-29 所示，回波损耗和隔离度小于 15dB 的范围为 2.27～2.52GHz 和 4.95～5.50GHz，分别对应两个工作频带；在较低的工作频带端口 2 和端口 3 的相位差为 90°±1°，在较高的工作频带端口 2 和端口 3 的相位差为 270°±1°；两个工作频带对应的输出端口幅度不平衡度分别在±0.474dB 和±0.481dB 以内。

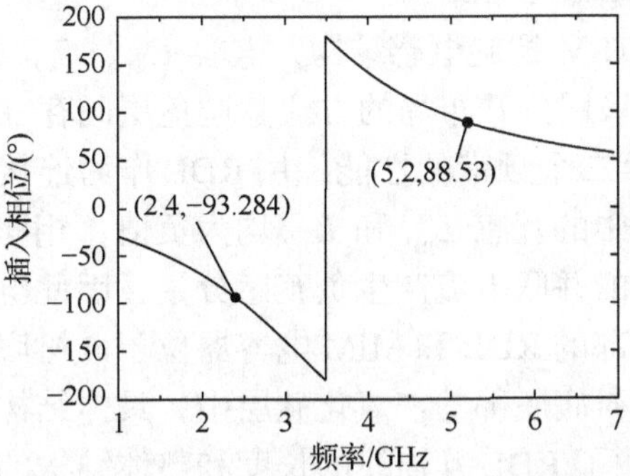

(a) BTC_1的插入相位

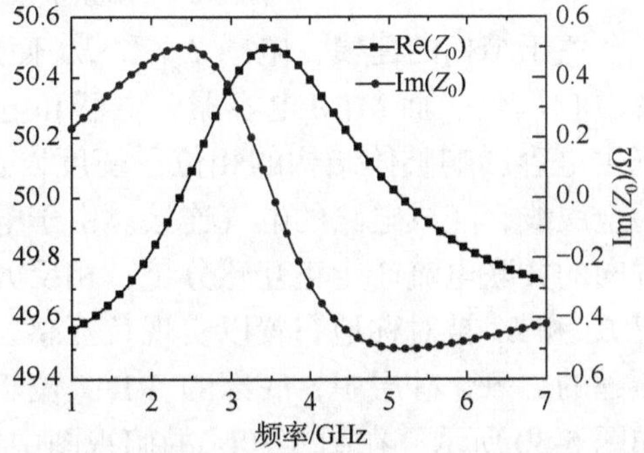

(b) BTC_1的特性阻抗

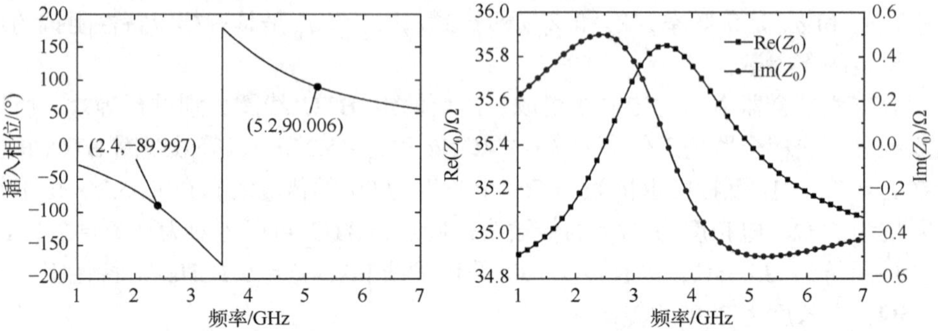

(c) BTC_2的插入相位　　(d) BTC_2的特性阻抗

图 5-27　双频带桥接 T 形线圈的传输特性

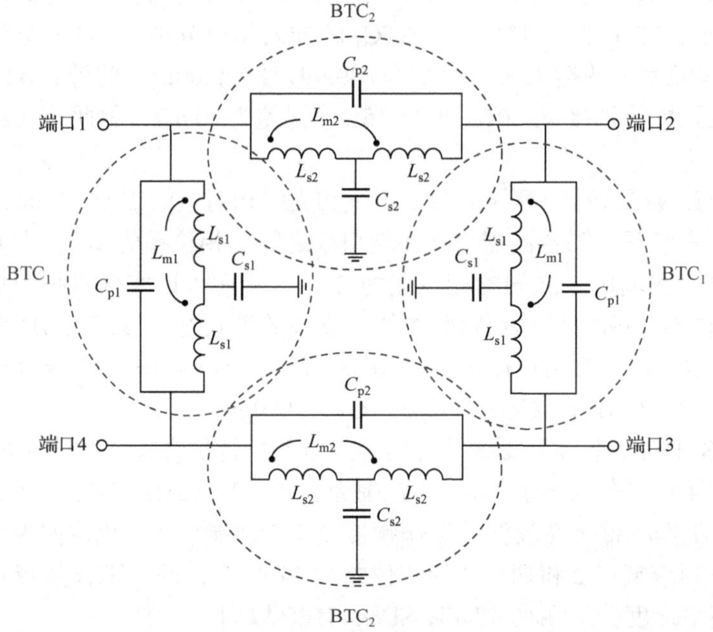

图 5-28　双频桥接 T 形线圈电路模型

关于结构的建模，电感 L_{s1} 和 L_{s2} 使用 TSV 螺旋电感结构，电容 C_{s1}、C_{s2}、C_{p1} 和 C_{p2} 为平面 MIM 电容器，电感和电容采用分开布局的方式，避免层间存在寄生电容影响整体结构的相位平衡度以及第二个频带的性能，用 RDL 作为连接的金属线，完成电路的电气连接。由于电路中的互感 L_{m1} 和 L_{m2} 均为负值，相同方向的并联电流产生正互感分量，相反方向的并联电流产生负互感分量，因此电感 L_{s1} 和 L_{s2} 被对称地布置以实现负互感。顶部的 RDL 和 MIM 电容器位于硅衬底顶部的二氧化硅层中，底部的 RDL 位于硅衬底底部的二氧化硅层中，具体结构如图 5-30 所示。在图 5-30(a)的俯视图中标注了 RDL 互连线的长度和整体结构的尺寸，其他关键的结构参数在表 5-4 中给出。

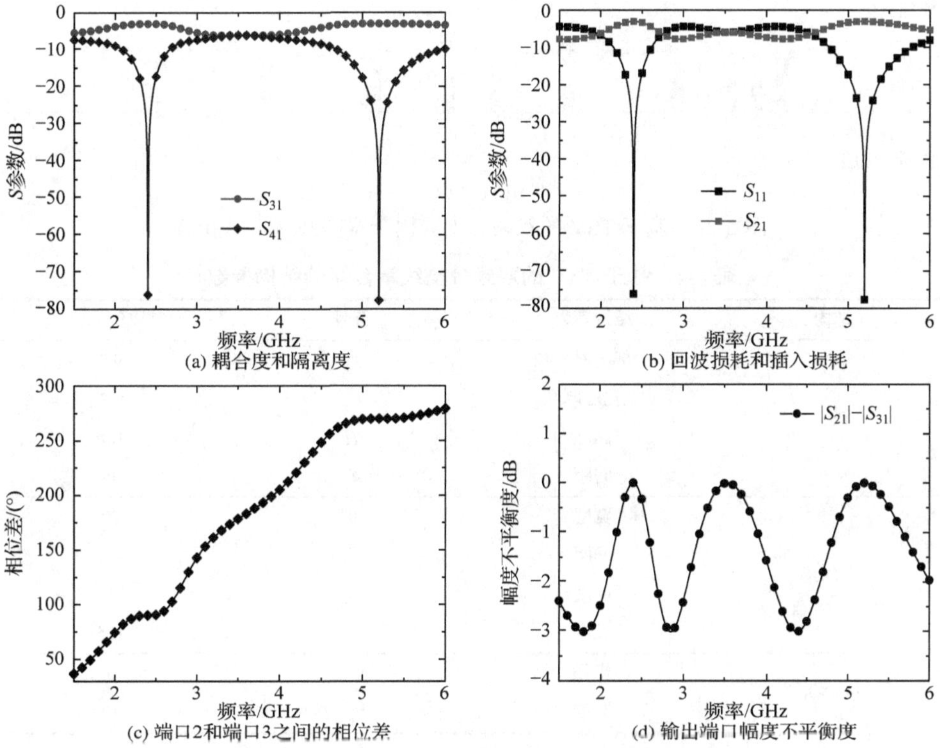

(a) 耦合度和隔离度　　(b) 回波损耗和插入损耗

(c) 端口2和端口3之间的相位差　　(d) 输出端口幅度不平衡度

图 5-29　双频分支线耦合器等效电路的仿真验证

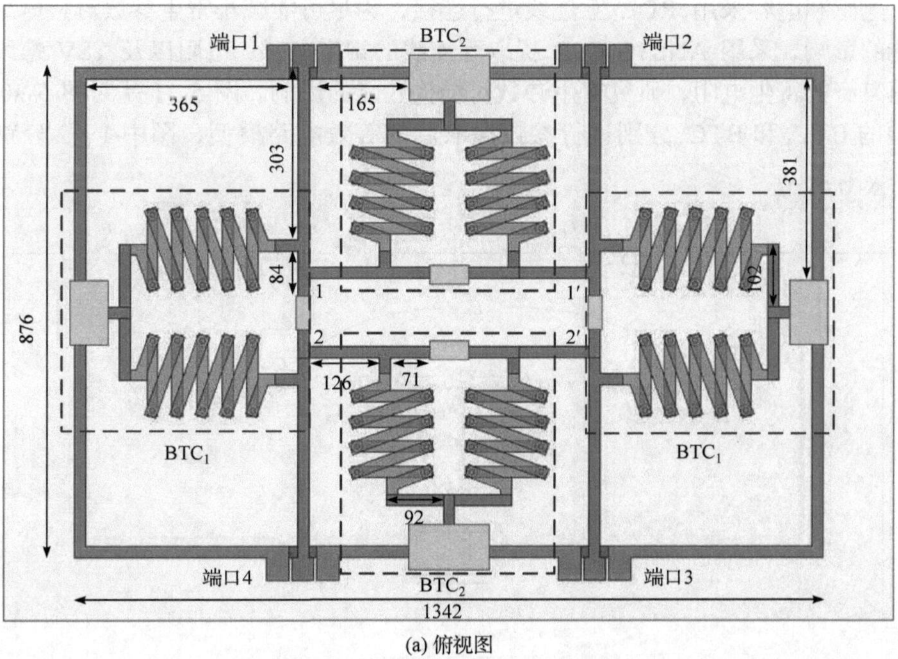

(a) 俯视图

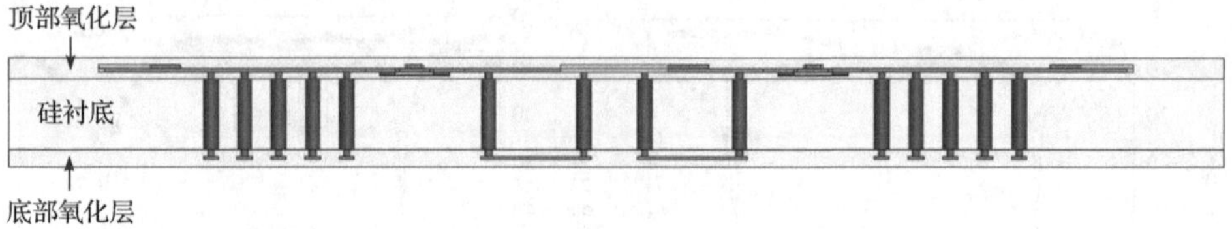

(b) 前视图

图 5-30　基于 TSV 的双频分支线耦合器模型(单位：μm)

表 5-4　基于 TSV 的双频分支线耦合器的结构参数

结构	结构参数	符号	取值/μm
TSV	内部金属半径	r_1	9.7
	氧化层厚度	t_{ox}	0.3
	高度	H	100
	间距	S_1	45
RDL	宽度	W	20
	间距	S_2	45
	厚度	t_{Cu}	5
	长度	L	125
接触孔	半径	r_{con}	5
	高度	H_{con}	10

电感和电容采用 RDL 互连线进行连接，为尽可能减小寄生参数对整体结构性能的影响，采用 ANSYS Q3D 提取互连线的寄生电感、电阻以及 TSV 螺线管电感自身的寄生电阻，研究寄生参数对结构性能的影响。图 5-31 是对图 5-30 中模型的 BTC_1 和 BTC_2 分别进行参数提取后的等效电路模型，图中 1、2 分别为

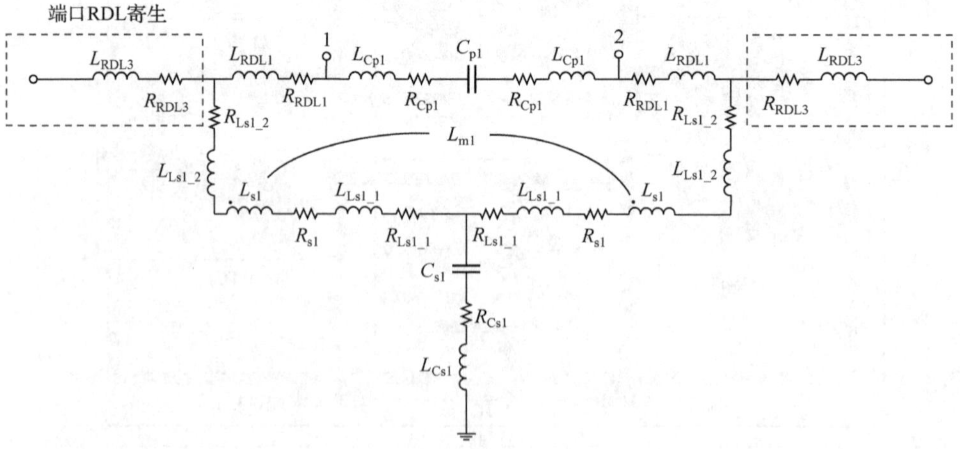

(a) BTC_1

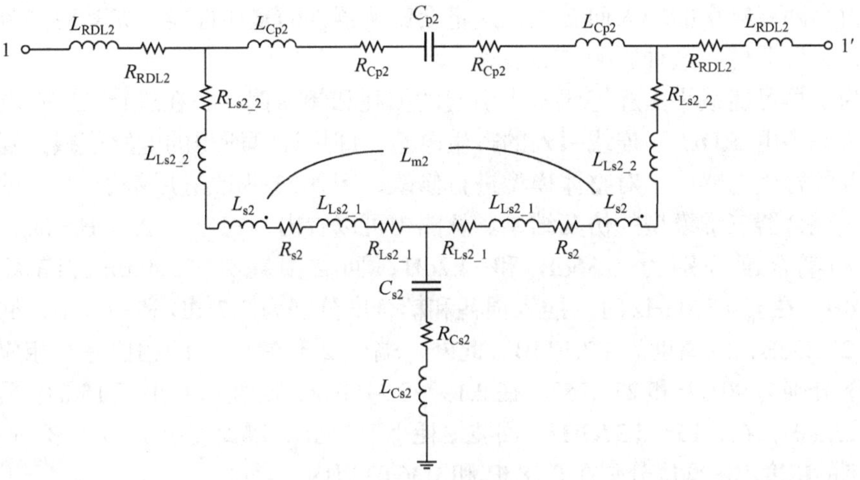

(b) BTC_2

图 5-31　双频分支线耦合器三维模型的寄生参数提取

BTC_1 和 BTC_2 相连接的节点，将两组 BTC_1 和 BTC_2 连接后可以得到整体模型的等效电路。

在 ADS 中对该等效电路进行仿真，图 5-32 所示是该模型的 S 参数仿真结果。由图可知，由于寄生参数的影响，回波损耗和插入损耗变大，隔离度有所减小，这是线上寄生电阻和电感本身存在的寄生电阻造成的。两个频带的中心频率分别为 2.32GHz 和 4.99GHz，与设计频率相比均偏小，偏移量分别为 0.08GHz 和 0.21GHz，这是因为寄生电感的存在导致实际连入电路的电感值大于所设计的电感值，进而造成中心频率偏离设计值。另外，使用 ADS 进行电路仿真时，集总元件的值均为理想值，而在建模和实际制作过程中，由于寄生电容的存在，电感

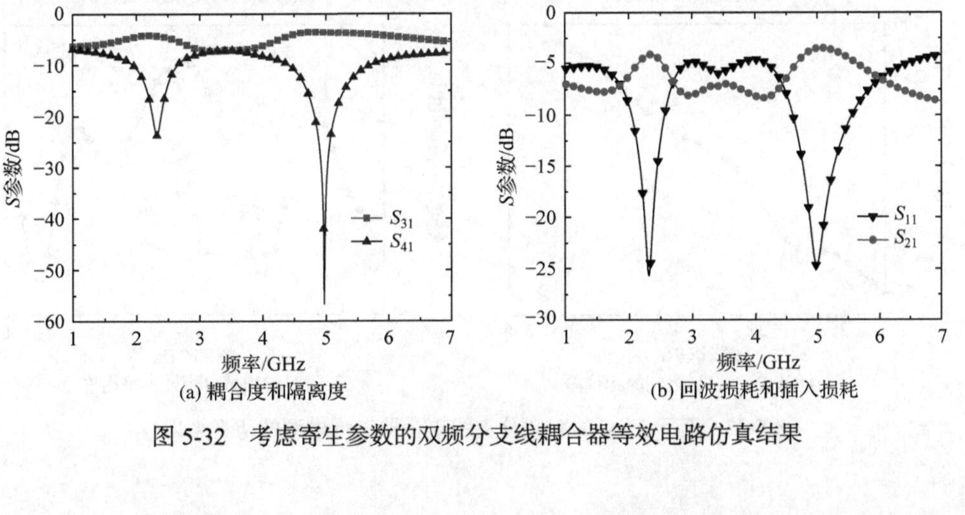

(a) 耦合度和隔离度　　(b) 回波损耗和插入损耗

图 5-32　考虑寄生参数的双频分支线耦合器等效电路仿真结果

器的值会随着频率的增大而变大，这将会影响器件的整体性能，尤其对多频带和宽频带无源器件，这种影响更加显著。

为了尽可能减小由互连线寄生引起的损耗和频率偏移，在进行 TSV 电感设计时考虑了由 RDL 互连线引入的寄生电感，即用计算所得的电感值减去互连线上提取的寄生电感值，对整体模型进行修改，图 5-33 为改进后基于 TSV 的双频分支线耦合器三维模型的仿真结果。从图中可以看出，在 $f_a = 2.4\text{GHz}$ 时，插入损耗和耦合度分别为 3.36dB 和−4.2dB，回波损耗为 23.44dB，隔离度为 32.61dB；在 $f_b = 5.2\text{GHz}$ 时，插入损耗和耦合度分别为 3.71dB 和−4.5dB，回波损耗为 21.23dB，隔离度为 37.14dB。此外，端口 2 和端口 3 的相位差在相应工作频率下分别为 90.37°和 273.75°。在 2.19～2.51GHz，回波损耗小于 15dB，隔离度小于 15.6dB；在 5.15～5.37GHz，回波损耗小于 15dB，隔离度小于 17.2dB，两个频率范围的幅度不平衡度分别在 0.28dB 和 1.36dB 以内。

表 5-5 将提出的基于 TSV 的双频分支线耦合器与相关双频耦合器的性能进行了比较，可以看到本小节耦合器结构跟其他四者相比具有最小的尺寸，比文献[12]

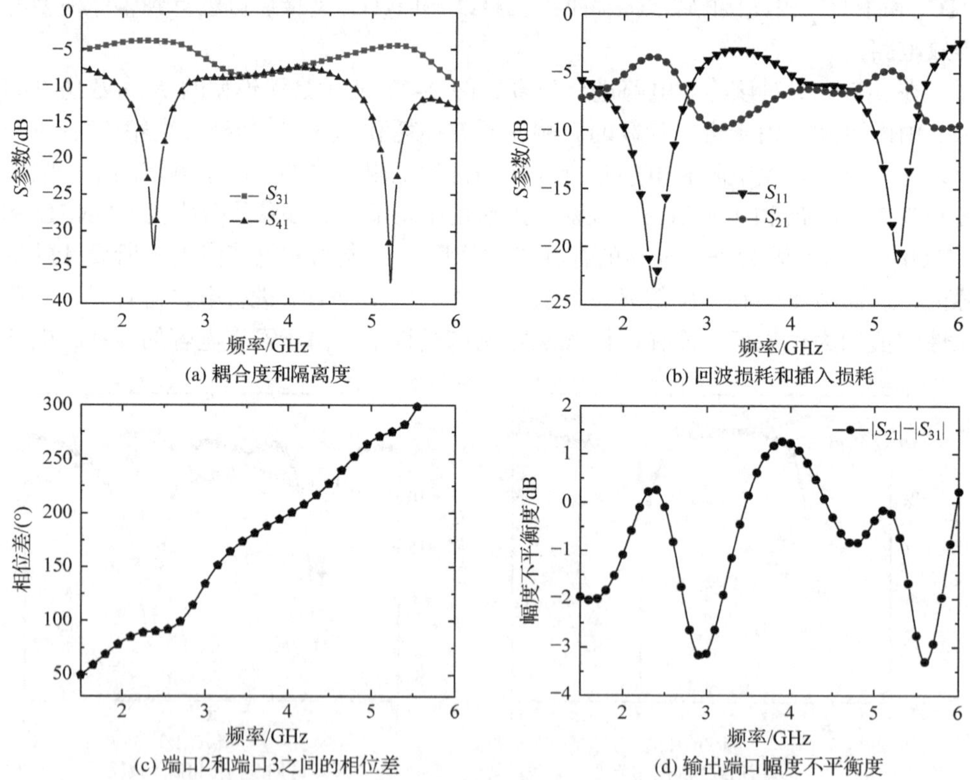

(a) 耦合度和隔离度　(b) 回波损耗和插入损耗

(c) 端口2和端口3之间的相位差　(d) 输出端口幅度不平衡度

图 5-33　基于 TSV 的双频分支线耦合器三维模型的仿真结果

中耦合器结构尺寸小了两个数量级，和文献[11]中用 IPD 实现的片上双频分支线耦合器结构相比尺寸缩小了近 50%。此外，该结构在两个频段都具有优异的隔离度和回波损耗，且所使用的 TSV 工艺与 CMOS 兼容，可以很容易地与其他有源电路进行集成，以提高 RF 系统的集成度。

表 5-5　双频分支线耦合器的性能对比

性能参数	文献[11]耦合器	文献[12]耦合器	文献[13]耦合器	文献[14]耦合器	本小节耦合器
工作频率/GHz	2.45/5.8	1/1.76	0.85/1.8	0.9/1.8	2.4/5.2
回波损耗/dB	21.6/18.5	19.8/21.6	28.9/23.8	36.6/24.5	23.4/21.2
隔离度/dB	26.9/24.8	18.4/19.1	30.1/23.9	30.4/31.4	32.6/37.1
相位差/(°)	90.2/271.3	46/−47.3	90/90.6	89.6/90.7	90.4/273.7
尺寸/mm×mm	2.8×1.4	142×114	31×31	82.7×37.3	1.35×0.88
相对尺寸/$\lambda_g\times\lambda_g$	0.079×0.039	0.78×0.58	0.113×0.113	0.60×0.27	0.037×0.025

5.2　基于 TSV 的分布参数分支线耦合器设计

未来的无线通信服务需要传输更多数据，这将促进超高频(UHF)频带范围的利用。为了满足现代移动通信技术低延迟、大容量、大连接的要求，对高性能毫米波射频无源器件的需求量也大大增加。目前针对毫米波耦合器的研究大多是平面结构，限制了耦合器向高密度和小尺寸发展，难以满足毫米波集成系统集成的持续需求。实现高频带耦合器的方法有很多种，传统的微带线结构简单，制造方便，但在毫米波波段损耗大，性能难以提高；金属波导在高频下损耗小，但存在集成困难、成本高、结构复杂等问题。以上的结构都不能解决高频下集成和损耗之间的矛盾，因此迫切需要新的解决方案来实现尺寸和损耗之间的折中或两者兼顾。

5.2.1　基于同轴 TSV 和 CPW 的三维毫米波分支线耦合器

同轴 TSV 由于其独特的结构可以有效地减小信号损失和耦合噪声，具有抑制信号串扰、减小传输损耗、信号传输延迟减小等优势，对保持高频信号的完整性具有良好的效果。同时，它具有改善电气性能、提高封装密度和实现异构集成的潜在优势，可以完美解决耦合器在高频段应用存在的问题。共面波导(coplanar waveguide，CPW)传输线也是高频段耦合器设计常用的一种传输线类型，它在高频下具有良好的传输性能，文献[15]、[16]和[17]中就应用了该传输线，分别实现了 94GHz、70GHz 和 60GHz 的工作频率。

为了实现工作在毫米波的小型化分支线耦合器，采用将同轴 TSV 和 CPW 结合的方式。首先，分别对同轴 TSV 和 CPW 的传输特性进行研究。

对于同轴TSV，其寄生电容 C_{TSV} 和寄生电感 L_{TSV} 由式(5-30)和式(5-31)[18]给出：

$$C_{\mathrm{TSV}}=\frac{2\pi\varepsilon_0\varepsilon_{\mathrm{b}}H}{\ln(r_2/r_1)} \tag{5-30}$$

$$L_{\mathrm{TSV}}=\frac{\mu_0\ln(r_2/r_1)H}{2\pi} \tag{5-31}$$

式中，H 为同轴 TSV 的高度；r_1 为内导体的半径；r_2 为外导体的内半径；ε_{b} 为内导体和外导体之间介质的相对介电常数；ε_0 为真空介电常数；μ_0 为真空中磁导率。

由寄生电感和电容的表达式可以得到同轴 TSV 的特性阻抗表达式如下：

$$Z_{0\mathrm{TSV}}=\sqrt{\frac{L_{\mathrm{TSV}}}{C_{\mathrm{TSV}}}}=\frac{\sqrt{\mu_0}\ln(r_2/r_1)}{2\pi\sqrt{\varepsilon_0\varepsilon_{\mathrm{b}}}} \tag{5-32}$$

由特性阻抗的表达式可知，当介质材料相同时，同轴 TSV 的特性阻抗取决于外导体内半径 r_2 和内导体半径 r_1 的比值，采用苯并环丁烯(BCB)材料作为导体之间的介质(相对介电常数为 2.6)，研究同轴 TSV 的半径对传输特性的影响。图 5-34 是同轴 TSV 的截面图，为了避免特性阻抗的不同对传输特性的影响，控制各组 TSV 的特性阻抗均为 50Ω，即 r_2 和 r_1 的比值恒定，通过计算得到对于 50Ω 的同轴 TSV 有 $r_2/r_1=3.833$。

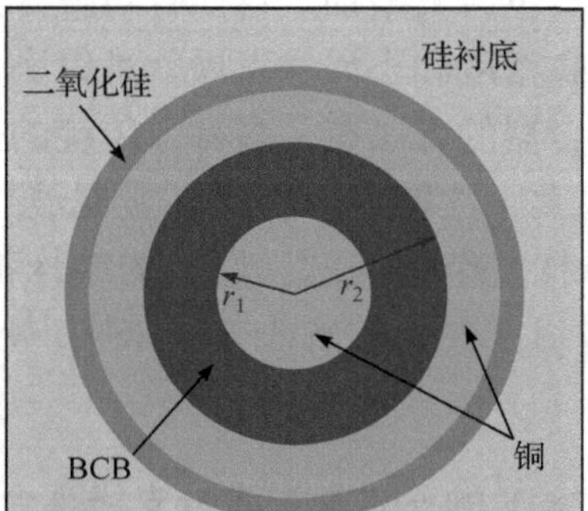

图 5-34　同轴 TSV 的截面图

在 ANSYS HFSS 中对同轴 TSV 进行仿真，r_1 的范围为 2～10μm，步长为 1μm，图 5-35 所示是回波损耗和插入损耗的仿真结果。由仿真结果可知，随着频率的增大，同轴 TSV 的回波损耗变大；随着半径的增大，损耗有变小的趋势，但总体上变化不大；在 150GHz 的高频下，同轴 TSV 的回波损耗均小于 35dB，这证实了同轴 TSV 在高频下良好的传输特性。同时，对于相同特性阻抗的同轴

TSV，即外导体内半径和内导体半径的比值确定时，它的损耗受半径影响不大，这意味着同轴 TSV 在工艺制造中有更大的灵活性，可以根据工艺尺寸要求选择合适的结构参数，而且工艺偏差对它的影响较小。

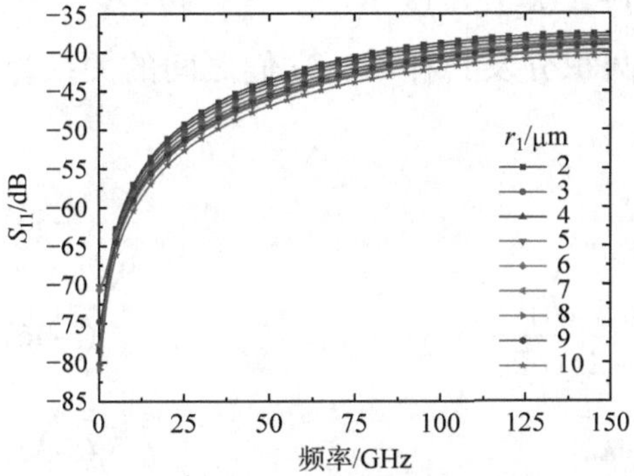

(a) 回波损耗S_{11}

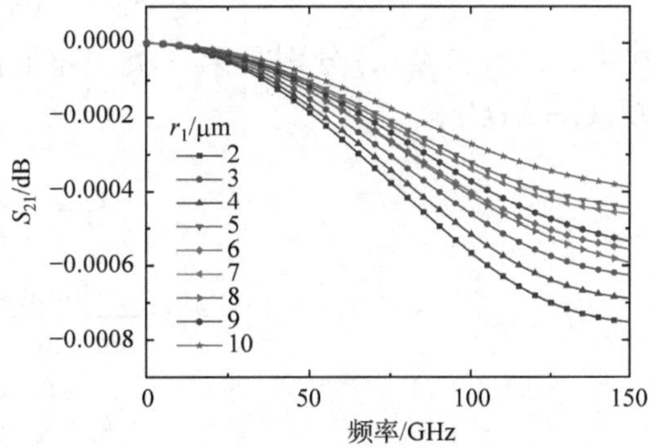

(b) 插入损耗S_{21}

图 5-35　同轴 TSV 导体半径的大小对传输特性的影响

同轴 TSV 的高度由传输线的电长度和工作频率决定，研究工作频率为 100GHz，特性阻抗为 50Ω 时，不同高度对同轴 TSV 回波损耗的影响。高度 H 为 75～300μm，步长为 25μm，仿真结果如图 5-36 所示，随着高度的增大，同轴 TSV 的 S_{11} 逐渐变大，但在 300μm 以内 S_{11} 均低于−40dB。

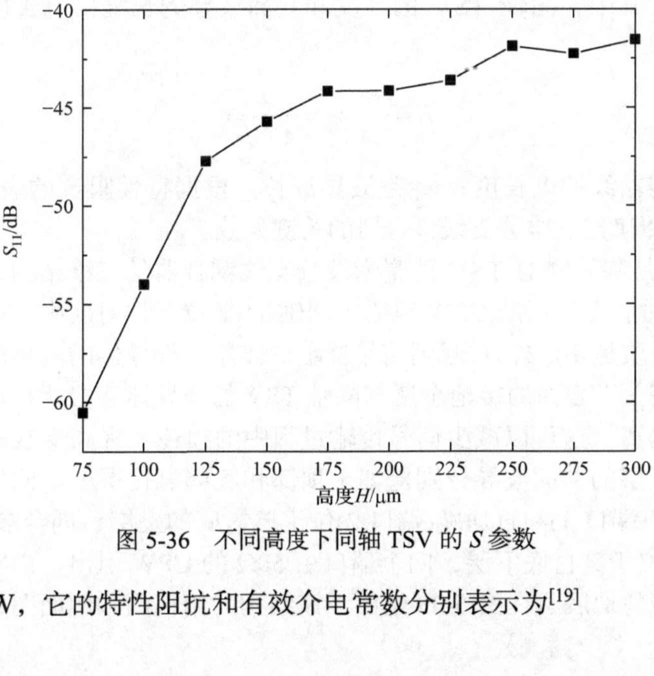

图 5-36　不同高度下同轴 TSV 的 S 参数

对于 CPW，它的特性阻抗和有效介电常数分别表示为[19]

$$Z_{0\text{cp}} = \frac{60\pi}{\sqrt{\varepsilon_{\text{re}}}} \frac{1}{K(k_1)/K'(k_1) + K(k_2)/K'(k_2)} \tag{5-33}$$

$$\varepsilon_{\text{re}} = 1 + \frac{(\varepsilon_{\text{r}} - 1)\{K(k_2)/K'(k_2)\}}{K(k_1)/K'(k_1) + K(k_2)/K'(k_2)} \tag{5-34}$$

式中，$K(k)$和 $K'(k)$ 分别是第一类完整椭圆积分及其补码，它们之间的关系为 $K'(k) = K(k')$；

$$k_1 = \frac{w}{w + 2s} \tag{5-35}$$

$$k_2 = \frac{\tanh(\pi w / 2b)}{\tanh(\pi(w + 2s) / 2b)} \tag{5-36}$$

$$k_1' = \sqrt{1 - k_1^2} \tag{5-37}$$

$$k_2' = \sqrt{1 - k_2^2} \tag{5-38}$$

式中，w 为信号线的宽度；s 为信号线和上接地金属层之间的距离；b 为介质层厚度。

3dB 分支线耦合器主线和支线的特性阻抗分别为 50Ω 和 35.35Ω，它们的电气长度均为 90°(λ_g/4)，使用同轴 TSV 作为分支线耦合器的 50Ω 主线，CPW 作为 35.35Ω 的支线，两种传输线的结构参数主要取决于主线和支线的特性阻抗和电长度。其中，同轴 TSV 的高度和共面波导的长度由电长度和工作频率决定：

$$L = \frac{\theta}{2\pi} \lambda_{\text{g}} = \frac{c}{4f\sqrt{\varepsilon}} \tag{5-39}$$

式中，θ 是传输线的电长度；λ_g 是波导波长。根据特性阻抗的表达式(5-32)和式(5-33)，可以确定三维分支线耦合器的关键参数。

图 5-37 是基于同轴 TSV 的毫米波分支线耦合器的三维结构，该结构由同轴 TSV 和硅衬底上下层的 CPW 组成。同轴 TSV 位于硅衬底中，内导体和外导体之间的电介质是 BCB，它起到信号屏蔽的作用，外导体的隔离层由二氧化硅制成。硅衬底上下表面的接地金属与同轴 TSV 的外导体连接，从而使四条传输线彼此电磁隔离，这可以减少信号传输过程中的损耗，提高支线耦合器的隔离度。上层和下层的共面波导分别掩埋于顶部和底部氧化层中。此外，分支线耦合器的输入端(端口 1)和直通端(端口 2)位于硅衬底的上层，耦合端(端口 3)和隔离端(端口 4)位于硅衬底下层，四个端口由 50Ω 的 CPW 引出，以实现良好的匹配，为了更清楚地展示，图 5-38 给出了该结构的俯视图和剖面图，结构参数如

表 5-6 所示。

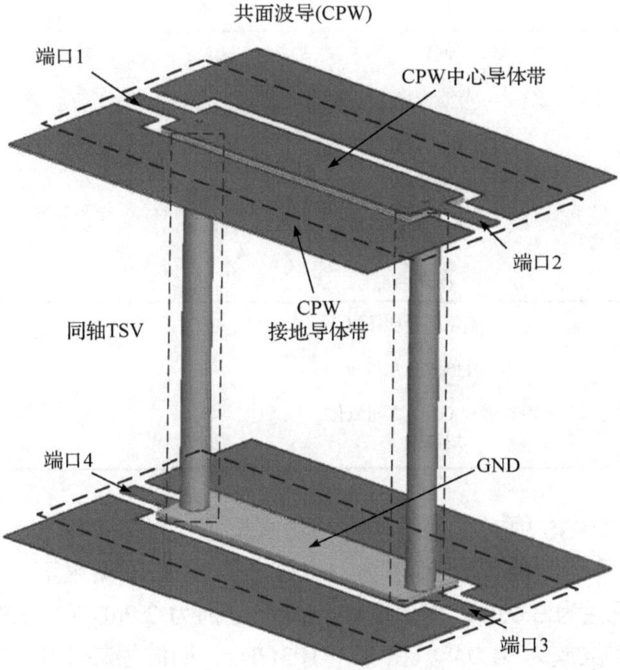

图 5-37　基于同轴 TSV 的毫米波分支线耦合器三维结构

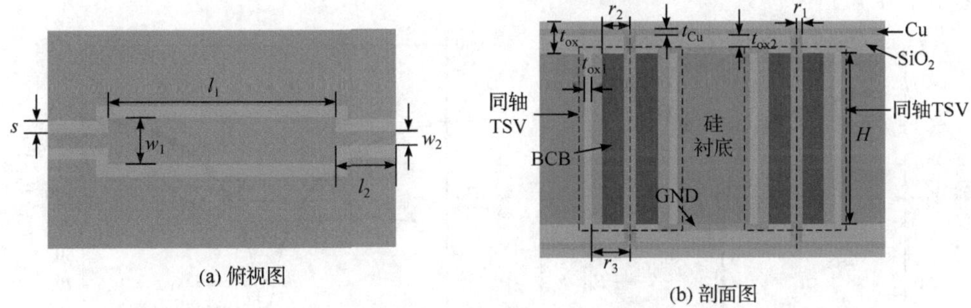

图 5-38　基于同轴 TSV 的毫米波分支线耦合器(扫描前言处二维码查看彩图)

表 5-6　基于同轴 TSV 的毫米波分支线耦合器结构参数

结构	结构参数	符号	取值/μm
同轴 TSV	内部金属半径	r_1	2.5
	外侧金属环内半径	r_2	9.6
	外侧金属环外半径	r_3	11.6
	高度	H	310

续表

结构	结构参数	符号	取值/μm
CPW	间距	s	12
	导带宽度	w_1	61
	端口宽度	w_2	17
	导带长度	l_1	265
	端口长度	l_2	60
	厚度	t_{Cu}	1
氧化层	上下氧化层介质厚度	t_{ox}	20
	TSV 外侧氧化层厚度	t_{ox1}	0.4
	传输带和 GND 之间氧化层厚度	t_{ox2}	2

在 ANSYS HFSS 中对上述结构进行仿真模拟，结果如图 5-39 所示。所提出的三维分支线耦合器的工作频率为 100GHz，在工作频率下，回波损耗可达 72.7dB，插入损耗为 3.6dB，耦合度和隔离度分别为 2.9dB 和 37.8dB，端口 2 和端口 3 之间的相位差为 91.04°。在 97～103GHz，回波损耗小于 22dB，隔离度小于 23dB，相位差为 90°±1.8°，15dB 回波损耗对应的带宽为 16.3%，相位差的变化小于 4°。

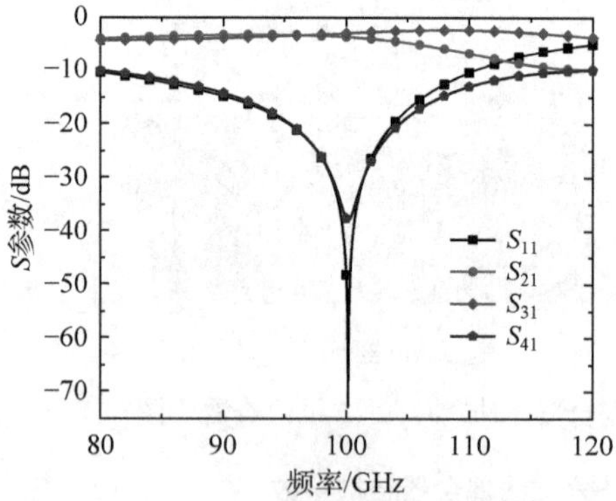

(a) S参数

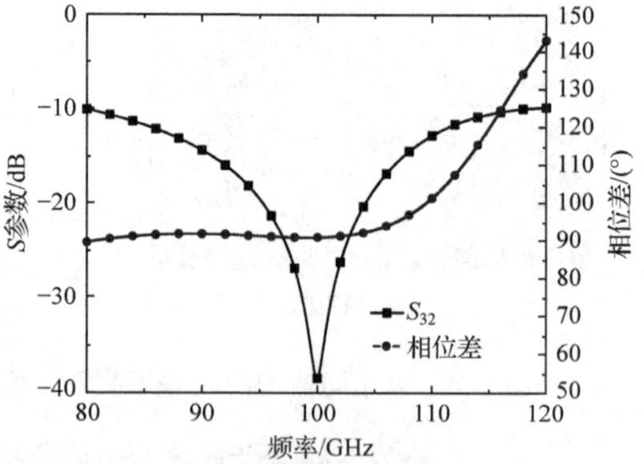

(b) 输出端口相位差

图 5-39　基于同轴 TSV 的毫米波分支线耦合器三维模型仿真结果

将该结构的仿真结果与毫米波波段相关分支线耦合器的仿真结果进行比较，结果如表 5-7 所示。本小节提出的三维分支线耦合器在工作频段的回波损耗和隔离度小于 20dB，输出端口的相位不平衡度为±1.8°，尺寸仅为(0.285×0.385×0.350)mm^3。可以看到本小节结构具有损耗小、隔离度高、尺寸小的优势。

表 5-7　基于同轴 TSV 的毫米波分支线耦合器与相关结构性能参数的比较

性能参数	文献[16]耦合器	文献[20]耦合器	文献[21]耦合器	文献[22]耦合器	本小节耦合器
f_0/GHz	75	26.2	100	30	100
频带范围/GHz	70～80	23.6～29.0	90～110	27.0～31.5	97～103
回波损耗/dB	<19	<17	<14	<10	<22
隔离度/dB	<19	<20	<15	<10	<23
相位差/(°)	90±2	90±3	90±5.5	87±5	90±1.8
尺寸/mm×mm	0.450×0.452	17×17	0.174×0.237	6.462×6.462	0.285×0.385
相对尺寸/$\lambda_g\times\lambda_g$	0.39×0.39	1×1	0.116×0.158	1.12×1.12	0.32×0.44

图 5-37 中分支线耦合器的三维模型包括同轴 TSV 和 CPW 两部分，由传输线等效理论可以得到它们的等效电路模型。对于同轴 TSV，其电容 C_{TSV} 和电感 L_{TSV} 由式(5-30)和式(5-31)给出。CPW 等效模型的电感和电容如下[21]：

$$L_{cp}=\frac{\sqrt{\varepsilon_{re}}l}{c}Z_{0cp} \tag{5-40}$$

$$C_{cp}=\frac{\sqrt{\varepsilon_{re}}l}{cZ_{0cp}} \tag{5-41}$$

式中，Z_{0cp} 为 CPW 的特性阻抗；c 为自由空间中电磁波的速度；ε_{re} 为 CPW 的有效介电常数；l 为 CPW 的长度。

图 5-40 是基于同轴 TSV 的毫米波分支线耦合器的等效电路模型，其中 L_{cp1}、C_{cp1} 是耦合器支线的 CPW 对应的电感、电容，L_{cp2}、C_{cp2} 是耦合器用于四个端口

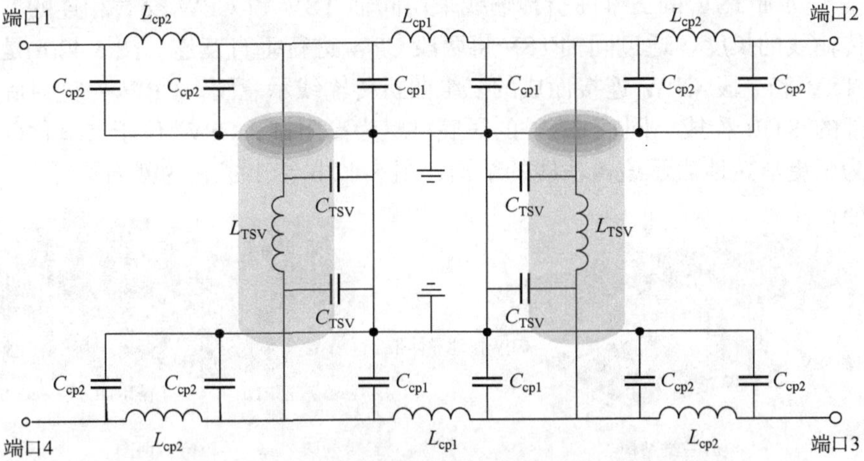

图 5-40　基于同轴 TSV 的毫米波分支线耦合器的等效电路模型

引出的 CPW 对应的电感、电容，L_{TSV}、C_{TSV} 是耦合器主线的同轴 TSV 对应的电感、电容。

对该电路进行仿真验证，结果如图 5-41 所示，在工作频率下回波损耗和隔离度为 51.76dB，耦合度为 3.02dB，在 95～105GHz 的频率范围，回波损耗和隔离度小于 17dB，输出端口的相位不平衡度在±0.8°以内，对比图 5-39 可知该模型可以准确地反映基于同轴 TSV 的三维分支线耦合器的性能。

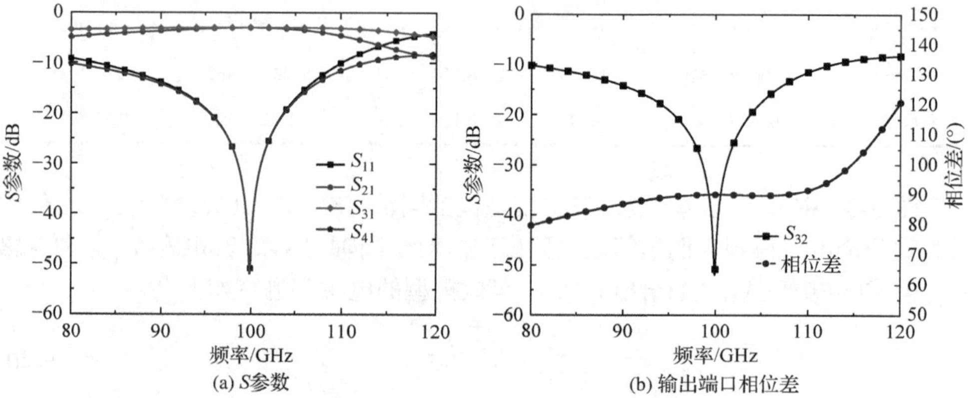

图 5-41　基于同轴 TSV 的三维分支线耦合器的等效电路仿真

5.2.2　基于三维曲折传输线的小型化毫米波分支线耦合器

在 5.2.1 小节中已经证实了同轴 TSV 优良的高频传输特性，但直接以同轴 TSV 作为分支线耦合器 1/4 波长传输线的方式会受到工艺尺寸的限制，为了解决这一问题，本小节做了进一步的研究，提出一种基于同轴 TSV 的三维曲折传输线，并应用该传输线实现了小型化毫米波分支线耦合器。

基于同轴 TSV 的三维曲折传输线采用同轴 TSV 和 CPW 交替相连的方式来缩短传输线的长度，通过同轴 TSV 将两段 CPW 进行垂直互连，图 5-42(a)是四个同轴 TSV 和五段 CPW 连接而成的三维曲折传输线示意图，CPW 由硅衬底顶部和底部的 RDL 构成，同轴 TSV 的衬底材料为高阻硅，CPW 位于二氧化硅介质中，为了更清楚地表示该传输线的结构，图 5-42(b)给出了它的截面图。

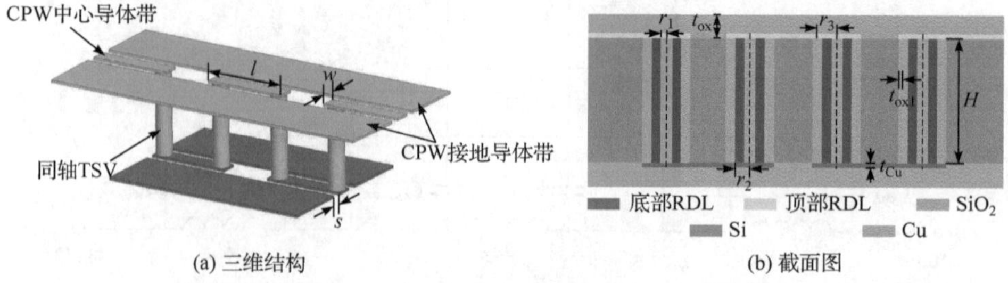

图 5-42　基于同轴 TSV 的三维曲折传输线模型(扫描前言处二维码查看彩图)

图 5-42 中所设计传输线的特性阻抗为 50Ω，由式(5-32)～式(5-38)并借助 ADS 的传输线计算工具可以确定同轴 TSV 和 CPW 的尺寸参数，表 5-8 中列出了关键尺寸参数。

表 5-8　基于同轴 TSV 的三维曲折传输线尺寸参数

结构	结构参数	符号	取值/μm
同轴 TSV	内部金属半径	r_1	2
	BCB 屏蔽层外半径	r_2	7.7
	外侧金属环外半径	r_3	9.7
	氧化隔离层厚度	t_{ox1}	0.3
	高度	H	100
CPW	中心导体带宽度	w	20
	中心导体带长度	l	100
	导体带厚度	t_{Cu}	3

在 ANSYS HFSS 中对该传输线模型进行仿真，图 5-43 是其传输特性仿真结果。由图 5-43(a)可知，随着工作频率的增大，传输线的回波损耗增大，插入损耗逐渐减小；小于 20dB 回波损耗对应的频率范围为 0～36.9GHz；在 0～60GHz，回波损耗小于 15dB，插入损耗小于 0.3dB。理想的 50Ω 无损传输线的特性阻抗不随频率变化，但在实际应用中由于线上存在电阻和电导，以及高频下趋肤效应的影响，传输线的特性阻抗会随频率变化。由图 5-43(b)可知，随着频率的增大，特性阻抗逐渐偏离设计值 50Ω，在频率为 47.17GHz 时特性阻抗实部的偏差值最大，为 6.6Ω；虚部随着频率的增大，先增大后减小，在 60GHz 时偏差为 6.82Ω，在 0～30GHz 频率范围特性阻抗的偏差在(4±2.6i)Ω 以内。

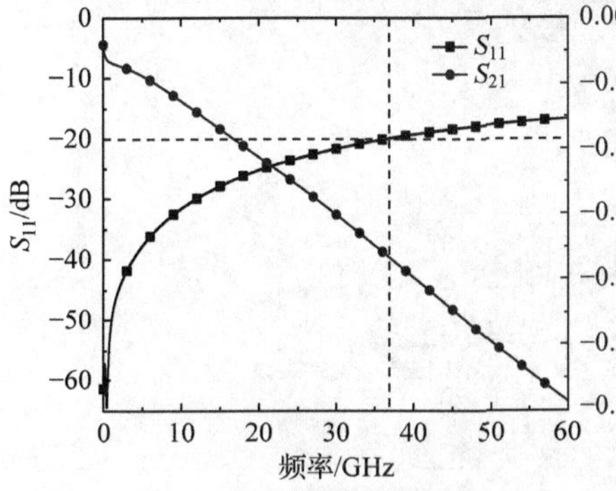

(a) 回波损耗和插入损耗

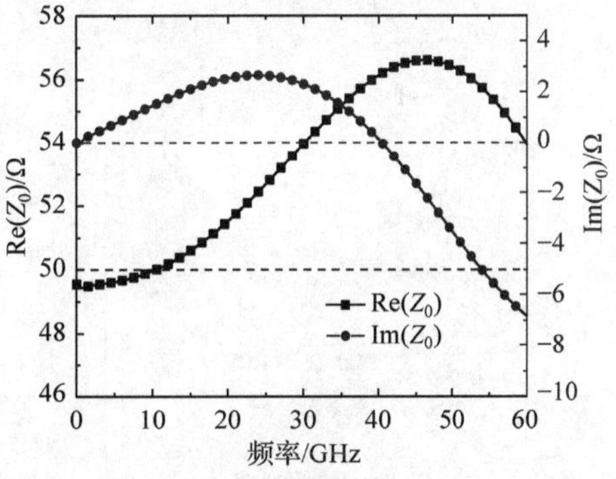

(b) 特性阻抗

图 5-43　基于同轴 TSV 的三维曲折传输线的传输特性仿真结果

利用上述基于同轴 TSV 的三维曲折传输线和平面曲折 CPW 传输线可以获得小型化分支线耦合器。图 5-44 是基于三维曲折传输线的分支线耦合器模型，该耦合器的工作频率为 30GHz，主线采用平面曲折 CPW 传输线，支线为基于同轴 TSV 的三维曲折传输线。对于三维曲折传输线，CPW 传输线的长度和同轴 TSV 的高度由工作频率决定，具体的计算方法如下：

$$mH + nl = \frac{\lambda_g}{4} \tag{5-42}$$

式中，m 为同轴 TSV 的数量；n 为 CPW 传输线的数量；H 为同轴 TSV 的高度；l 为 CPW 传输线的长度；λ_g 为波导波长。

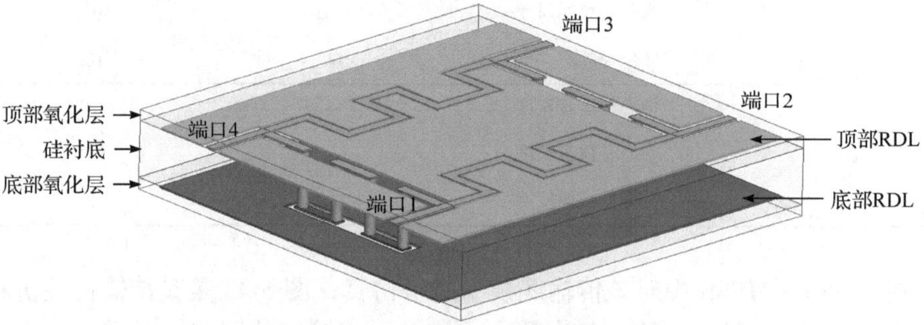

图 5-44　基于三维曲折传输线的分支线耦合器模型

该分支线耦合器的四个端口由特性阻抗为 50Ω 的 CPW 引出，顶部、底部氧化层和硅衬底的长度、宽度分别为 800μm、768.7μm，氧化层的厚度为 20μm，硅衬底的厚度为 100μm。图 5-45 为该耦合器的俯视图和仰视图，图中标注了关键的尺寸参数，并在表 5-9 中进行了说明。

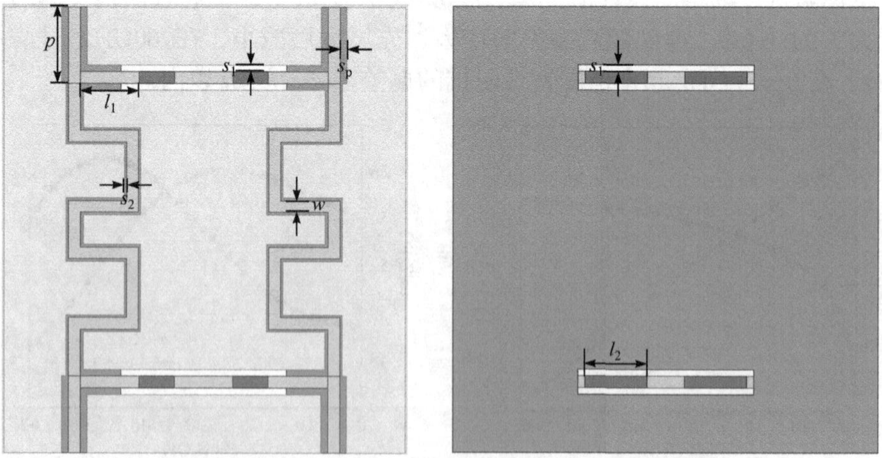

(a) 俯视图　　(b) 仰视图

图 5-45　基于三维曲折传输线的分支线耦合器俯视图和仰视图

表 5-9　基于三维曲折传输线的分支线耦合器的尺寸参数

结构参数	符号	取值/μm
CPW 中心导体带的宽度	w	20
硅衬底顶部 CPW 长度	l_1	100
硅衬底底部 CPW 长度	l_2	100
50Ω 支线 CPW 间距	s_1	11.85
35.35Ω 主线 CPW 间距	s_2	4.5
端口的长度	p	100
端口与接地导带的间距	s_p	11.85

利用 ANSYS HFSS 软件对所提出的基于三维曲折传输线的分支线耦合器进行仿真，仿真结果如图 5-46 所示，工作频率为 30GHz，在工作频率下分支线耦合器的回波损耗和插入损耗分别为 45.24dB 和 3.56dB，耦合度和隔离度分别为 3.83dB 和 23.95dB，直通端和耦合端的输出信号相位差为 90.32°。在 28～32GHz，回波损耗小于 17.3dB，隔离度小于 15.8dB，输出端口相位不平衡度为±2.84°，幅度不平衡度在 0.9dB 以内，且尺寸仅为(768.7×695)μm²((0.265×0.240) λ_g^2)，与传统的分支线耦合器相比尺寸缩小了 47.1%。

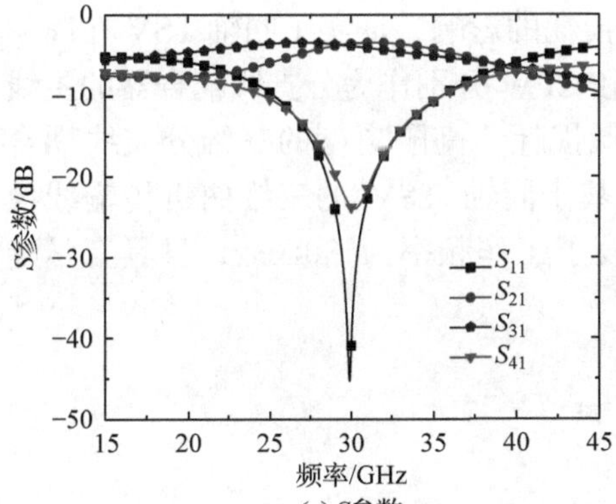

(a) S参数

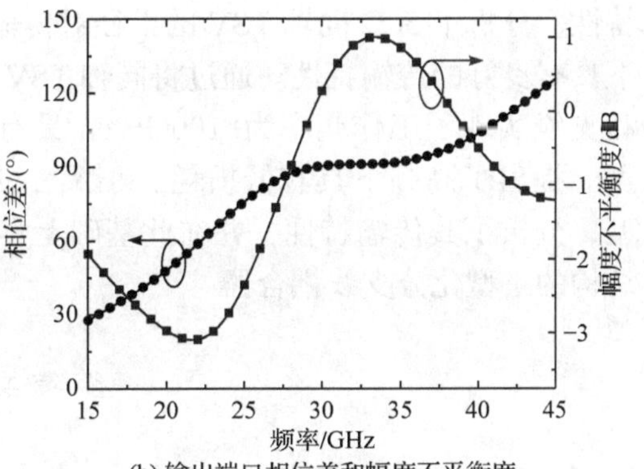

(b) 输出端口相位差和幅度不平衡度

图 5-46　基于三维曲折传输线的分支线耦合器的仿真结果

将该结构与相关频段的分支线耦合器的模拟仿真结果进行对比，如表 5-10 所示。本书提出的基于三维曲折传输线的分支线耦合器与其他三项研究相比在尺寸上有显著优势，面积仅为(0.7687×0.695)mm²，其中文献[23]中分支线耦合器的面积为本节的 9 倍。此外，与其他三项研究对比，本书提出的结构具有更小的回波损耗。

表 5-10　基于三维曲折传输线的分支线耦合器与相关耦合器结构性能参数的比较

性能参数	文献[22]耦合器	文献[23]耦合器	文献[24]耦合器	本小节耦合器
f_0/GHz	30	30	38	30
频带范围/GHz	27.0～31.5	27～33	36.6～43.0	28～32
RL/dB	<10	<15	<13	<17.3
隔离度/dB	<10	<15	<12	<15.8
相位差/(°)	87±5	90±2.5	90±4.6	90±2.84
尺寸/mm×mm	6.462×6.462	11×15	1.182×1.088	0.7687×0.695
相对尺寸/$\lambda_g\times\lambda_g$	1.12×1.12	1.91×2.60	0.29×0.272	0.27×0.24

5.3　小　　结

在基于 TSV 的集总参数分支线耦合器方向，本章通过分支线耦合器的奇/偶模分析和传输线等效理论得到了分支线耦合器的集总参数等效电路模型。进一步通过 TSV 螺旋电感和基于 TSV 电容的设计，应用 RDL 和 TSV 进行集总元件的互连完成了具有紧凑结构、小尺寸的分支线耦合器设计，并应用π形传输线等效电路和 BTC 线圈实现了基于 TSV 的宽带化和双频带的分支线耦合器。

在基于 TSV 的分布参数分支线耦合器设计方面，提出了两种采用同轴 TSV 和 CPW 实现的毫米波硅基三维分支线耦合器。介绍了同轴 TSV 和 CPW 的传输特性，分析了 50Ω 同轴 TSV 的半径对传输损耗的影响，证实了同轴 TSV 在高频下具有良好的传输特性。通过将同轴 TSV 和 CPW 分别作为分支线耦合器的主线和支线实现了工作频率为 100GHz，具有低损耗、高隔离度的三维分支线耦合器。提出了高频下具有低损耗、小尺寸的基于同轴 TSV 的三维曲折传输线模型，分析了其传输特性，并在此基础上实现了工作频率为 30GHz，且具有紧凑结构的小型化分支线耦合器

参 考 文 献

[1] MI X, TAKAHASHI T, UEDA S, et al. Integrated passives on LTCC for achieving chip-sized-modules[C]. 2008 38th European Microwave Conference, Amsterdam, Netherlands, 2008.

[2] MENG W, JIN Y, GUAN Y, et al. Fabrication process of a TSV interposer for radio frequency chip with integrated passive devices[C]. 2016 17th International Conference on Electronic Packaging Technology, Wuhan, China, 2016.

[3] MALO-GOMEZ I, GALLEGO-PUYOL J D, DIEZ-GONZALEZ C, et al. Cryogenic hybrid coupler for ultra-low-noise radio astronomy balanced amplifiers[J]. IEEE Transactions on Microwave Theory and Techniques, 2009, 57(12): 3239-3245.

[4] KOOI J W, CHAMBERLIN R A, MONJE R, et al. Balanced receiver technology development for the caltech submillimeter observatory[J]. IEEE Transactions on Terahertz Science and Technology, 2012, 2(1): 71-82.

[5] TING H L, HSU S K, WU T L, et al. Broadband eight-port forward-wave directional couplers and four-way differential

phase shifter[J]. IEEE Transactions on Microwave Theory and Techniques, 2018, 66(5): 2161-2169.

[6] XIA R L, QU S W, LI P F, et al. An efficient decoupling feeding network for microstrip antenna array[J]. IEEE Antennas and Wireless Propagation Letters, 2015, 14: 871-874.

[7] LIN Y, SENG T C. Through-substrate via (TSV) with embedded capacitor as an on-chip energy storage element[C]. 2016 IEEE International 3D Systems Integration Conference, San Francisco,USA, 2016.

[8] GOU S, DONG G, MEI Z, et al. Accurate inductance modeling of 3-D inductor based on TSV[J]. IEEE Microwave and Wireless Components Letters, 2018, 28(10): 900-902.

[9] WANG F, XIAO S, YIN X, et al. A miniature TSV-based branch line coupler using pi equivalent circuit model for transmission line[J]. IEICE Electronics Express, 2022, 19(3): 1-3.

[10] QIAN L, QIAN X, HE X, et al. Through-silicon via-based capacitor and its application in LDO regulator design[J]. IEEE Transactions on Very Large Scale Integration (VLSI) Systems, 2019, 27(8): 1947-1951.

[11] FANG W, CHANG E, LIN Y. Bridged-T coil for miniature dual-band branch-line coupler and power divider designs[J]. IEEE Transactions on Microwave Theory and Techniques, 2018, 66(2): 889-901.

[12] ZAIDI A M, KANAUJIA B K, BEG M T, et al. A novel dual-band branch line coupler for dual-band butler matrix[J]. IEEE Transactions on Circuits and Systems II: Express Briefs, 2019, 66(12): 1987-1991.

[13] GAI C, JIAO Y, ZHAO Y, et al. Compact dual-band branch-line coupler with dual transmission lines[J]. IEEE Microwave and Wireless Components Letters, 2016, 26(5): 325-327.

[14] FENG W, DUAN X, SHI Y, et al. Dual-band branch-line couplers with short/open-ended stubs[J]. IEEE Transactions on Circuits and Systems II: Express Briefs, 2020, 67(11): 2497-2501.

[15] YAO H, SUN H. Analysis and design of high-directivity branch coupler on W-band[C]. 2019 International Conference on Microwave and Millimeter Wave Technology (ICMMT), Guangzhou, China, 2019.

[16] SHOPOV S, AMAYA R E, ROGERS J W M, et al. High-performance reduced-size 70–80GHz CMOS branch-line hybrid using CPW and CPWG guided-wave structures[C]. 2012 IEEE/MTT-S International Microwave Symposium Digest, Montreal, Canada, 2012: 1-3.

[17] HAROUN I, PLETT C, HSU Y C, et al. Compact 60-GHz IPD-based branch-line coupler for system-on-package V-band radios[J]. IEEE Transactions on Components, Packaging and Manufacturing Technology, 2012, 2(7): 1070-1074.

[18] ZHAO W, WANG X, XU X, et al. Electrothermal modeling of coaxial through silicon via (TSV) for three-dimensional ICs[C]. 2010 IEEE Electrical Design of Advanced Package & Systems Symposium, Singapore City, Singapore, 2010: 1-4.

[19] BAHL I, BOZZI M, GARG R, et al. Microstrip Lines and Slotlines[M]. 3rd ed. Norwood: Artech House, 2013.

[20] SHEN D, WANG K, ZHANG X. A substrate integrated gap waveguide based wideband 3-dB coupler for 5G applications[J]. IEEE Access, 2018, 6: 66798-66806.

[21] LU Q, ZHU Z, SHAN G, et al. 3-D compact 3-dB branch-line directional couplers based on through-silicon via technology for millimeter-wave applications[J]. IEEE Transactions on Components, Packaging and Manufacturing Technology, 2019, 9(9): 1855-1862.

[22] ZHAO Z, DENIDNI T A. Millimeter-wave printed-RGW hybrid coupler with symmetrical square feed[J]. IEEE Microwave and Wireless Components Letters, 2020, 30(2): 156-159.

[23] JIN J, XU F. Low-loss, wideband 3dB Hybrid coupler based on amc for 5G millimeter-wave application[C]. 2019 International Symposium on Antennas and Propagation, Xi' an, China, 2019.

[24] CHANG C L, TSENG C H. Design of 38-GHz branch-line coupler in glass-substrate integrated passive device technology[C]. 2016 IEEE International Symposium on Radio-Frequency Integration Technology, Taipei, China, 2016.

第 6 章　基于 TSV 的功分器设计

随着无线通信技术的发展，通信系统对微波功分器集成度和性能的要求也越来越高。与其他类型的微波功分器相比，威尔金森功分器的应用范围更加广泛。此外，随着摩尔定律的发展，芯片上需要集成越来越多的器件，因此芯片上的器件尺寸必须朝小型化、高集成度的目标发展。然而，基于传统工艺实现的威尔金森功分器存在尺寸较大、不易集成且性能越来越无法满足要求等问题。鉴于上述情况，为了实现功分器小型化和高性能的要求，对单频以及应用频带更广泛的双频功分器进行研究。

功分器作为多端口的无源器件在无线通信系统中占据着重要地位，在航天航空、雷达、遥感遥控等领域都发挥着重要作用。在实际应用中，对单频功分器性能的要求也越来越高。通过减小传输线的长度，并在电路里并联电容的方法，即容性负载加载理论，降低微带线对于功分器电路尺寸的影响。此外，利用 TSV 技术这一成熟的三维集成技术，实现本章设计的功分器电路，最终得到性能优异的单频功分器，并进行误差分析。

6.1　基于 TSV 的单频功分器设计

首先，要明确本章的设计目标，即设计一个工作在 10～50GHz，中心频率为 30GHz 的单频功分器。另外，判断功分器性能还有以下几个重要的参数。

(1) 插入损耗。插入损耗是指信号在通过传输线的过程中，介质对信号的损耗以及端口的不匹配导致的损耗。通常定义为输出端口接收的功率和输入端口的功率的比值，单位为 dB。因此，插入损耗越小，代表介质对信号的损耗越小，那么电路的性能也就越好。因为本节研究的功分器是等分为两路的三端口电路，因此，理想情况下，要求插入损耗为 3dB，并且越接近越好。

(2) 回波损耗。回波损耗又称反射损耗，是表示信号反射性能的参数。回波损耗说明入射功率的一部分被反射回信号源。从数学上分析，回波损耗是反射功率和入射功率的比值。由于入射功率大于等于发射功率，因此回波损耗大于等于 0，且其值越大，说明反射功率越小，匹配越好。一般要求回波损耗大于 10dB，并且越大越好。

(3) 隔离度。从名称便可以看出，隔离度指的是功分器两个输出端口之间功率的比值，隔离度越大，代表输出端口的信号互相影响越小，功分器的性能也就越好。一般要求隔离度大于 10dB，并且越大越好。

通过这几个性能参数，便可以判断出功分器的性能是好是坏。接下来介绍具体设计思路。

6.1.1　TSV 单频功分器设计

1/4 波长传输线是传统混合耦合器中的关键元件，由分布串联电感和并联电容组成。本小节的目的是得到一个与 1/4 波长传输线等效的更小的电路。短于 1/4 波长的传输线具有较低的电感和电容。本小节的方法是通过增加线路的特性阻抗来抵消电感下降，通过增加集总电容来抵消电容损失。理论上，传输线的长度可以为任意小于等于 1/4 波长的值，从图 6-1 可以看出，随着传输线电长度的减小，传输阻抗增加，输入端和输出端的电容也增加。但是，通常情况下，硅衬底最大只能做到 100Ω。为了保持良好的性能，同时减小芯片面积，本小节在进行负载电容加载等效时，确定传输线的长度最终为 1/12 波长。

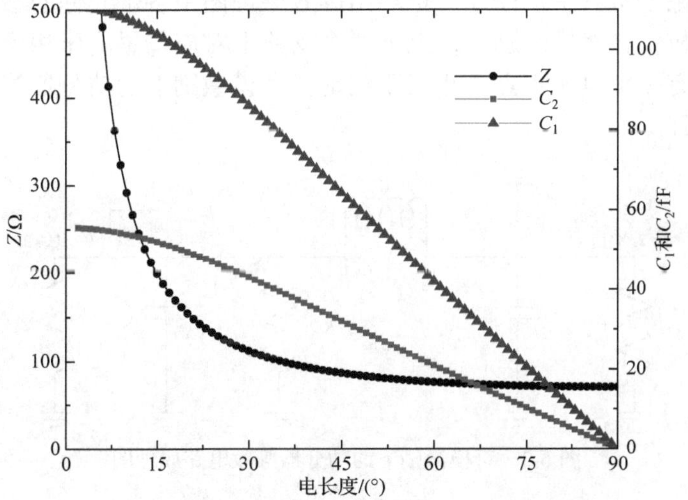

图 6-1　传输线阻抗以及输入输出端电容和电长度的关系

传输线长度的确定是本小节研究功分器的第一步，也是很重要的一步。通过加载电容减小电路尺寸的方式远远不够，为进一步减小尺寸，也为了电路中传输的损耗尽可能低，TSV 技术被用于实现最终的电路结构。根据集总参数的等效电路理论，将传输线等效为电感，以此来获得单频功分器的原理图。之后便在 ADS 仿真软件中进行仿真优化，获得最终性能优异的单频功分器。功分器电路原理如图 6-2 所示。从整体电路分析，对于输出端的 3dB 功率分配，两个传输线具有相同的特性阻抗且功率分配器的所有端口均与负载阻抗(50Ω)匹配。从图 6-2

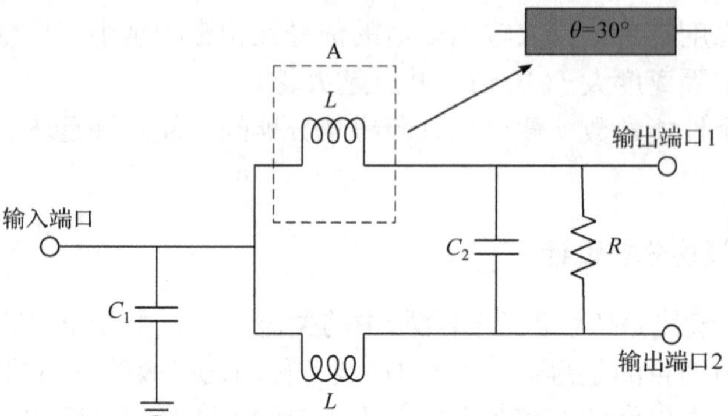

图 6-2　功分器电路原理图

可以分析出，提高输入端口的匹配度，即弥补输入端的虚部，输入端连接一个电容 C_1。输出端之间为一并联的电容和电阻。电阻起到隔离作用，隔离两组信号，避免相互干扰。电容不仅可以起到隔离作用，而且保证输出端的匹配度。

确定功分器电路的原理图之后，为了进一步研究功分器的性能，本小节利用奇偶模理论分析其工作原理，推导出等效原理图中各个元件的参数值。首先进行奇模分析，在奇模激励下，上下两个支路上对应位置电压相反，在电路的上下中线上有一个电压零点，相当于接地。奇模激励下的功分器等效电路原理如图 6-3 所示。

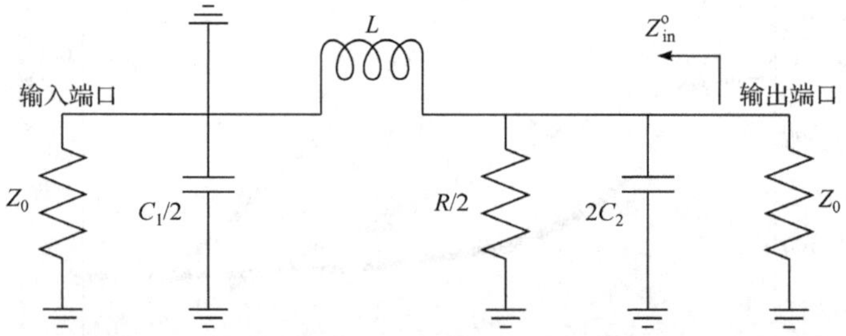

图 6-3　奇模激励下的功分器等效电路原理图

在奇模激励下，端口 2 处的输入阻抗 Z_{in}^{o} 为

$$Z_{in}^{o} = j\omega LP\frac{1}{j\omega^2 C_{p2}}PZ_0 = \frac{j\omega LZ_0}{Z_0 - 2\omega^2 LC_{p2}Z_0 + j\omega L} \tag{6-1}$$

为了进行端口阻抗匹配，端口 2 的等效输入阻抗 Z_{in}^{o} 需满足如下条件：

$$Z_{in}^{o} = Z_0 \tag{6-2}$$

结合式(6-1)和式(6-2)，可以推导出电容 C_2 为

$$C_2 = \frac{1}{2\omega^2 L} = \frac{1}{2\omega Z_0} \tag{6-3}$$

在偶模激励下，输出端口 2 和输出端口 3 被加载具有相同幅度和相位的电压信号。因此，没有电流流向隔离电路的电阻器(R)和电容器(C_2)，等效电路中线处于开路状态。偶模激励下的功分器等效电路原理如图 6-4 所示。

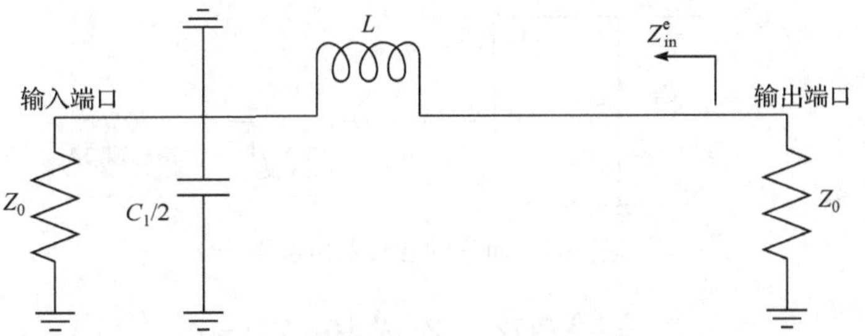

图 6-4　偶模激励下的功分器等效电路原理图

在偶模激励下，端口 2 处的输入阻抗 Z_{in}^{e} 为

$$Z_{in}^{e} = 2Z_0 P \frac{1}{j\omega C_1/2} + j\omega L = \frac{2Z_0 - \omega^2 LC_1Z_0 + j\omega L}{j\omega C_1 Z_0 + 1} \tag{6-4}$$

为了进行端口阻抗匹配，端口 2 的等效输入阻抗 Z_{in}^{e} 需满足如下条件：

$$Z_{in}^{e} = Z_0 \tag{6-5}$$

定义 ω 为电路工作频带下的角频率，结合式(6-4)和式(6-5)可得

$$C_1 = \frac{1}{\omega Z_0} \tag{6-6}$$

$$L = \frac{Z_0}{\omega} \tag{6-7}$$

可以判断出，只要确定了工作带宽的角频率，便可以确定电容值和电感值。此外，一般情况下，隔离电路中的隔离电阻值是负载阻抗值的两倍，电阻也因此确定。

上述已经推算出原理图中各个元件的参数值，基于以上分析，要推导出输入端口的特性阻抗，以验证各个端口是否匹配。从原理图 6-2 可以看出，功分器为上下对称的结构，因此，其电流是不流入隔离电路的，和偶模激励下的电路类似，功分器简化后的电路如图 6-5 所示。

此时，输入阻抗可以写为

$$Z_{in} = \frac{1}{j\omega C_1} P(j\omega L + Z_0) P(j\omega L + Z_0) \tag{6-8}$$

因为在上述描述中确定了电感值和电容值，所以将式(6-6)和式(6-7)代入式(6-8)中，可得

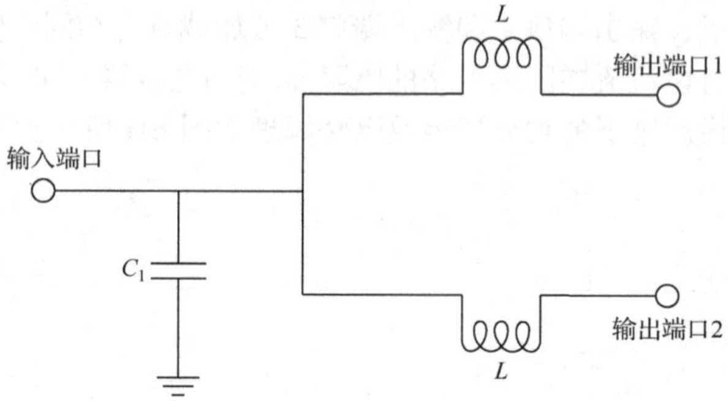

图 6-5　简化的功分器电路图

$$Z_{\mathrm{in}} = \frac{Z_0}{\mathrm{j}} P(\mathrm{j}Z_0 + Z_0) P(\mathrm{j}L + Z_0) = Z_0 \tag{6-9}$$

可以得出结论：功分器的三端口都实现了匹配且根据奇偶模分析出的电感电容符合实际。

6.1.2　TSV 单频功分器仿真与分析

利用 ADS 软件进行模型搭建并进行优化，其中 ADS 是领先的电子设计自动化软件，适用于射频、微波和信号完整性应用。结合 6.1.1 小节推导出的电感、电容计算公式以及已知的参数，可以确定单频功分器的电感为 0.26nH，输入端口处的电容为 104fF，输出端口隔离电路中电容为 52fF，隔离电路中电阻为 100Ω。得到的仿真结果如图 6-6 所示。

从图 6-6 所示仿真结果可以看出，在中心频率 30GHz 附近，本节设计的功分器回波损耗大于 10dB，可达 41dB，性能十分优异，其有效工作带宽可以达到

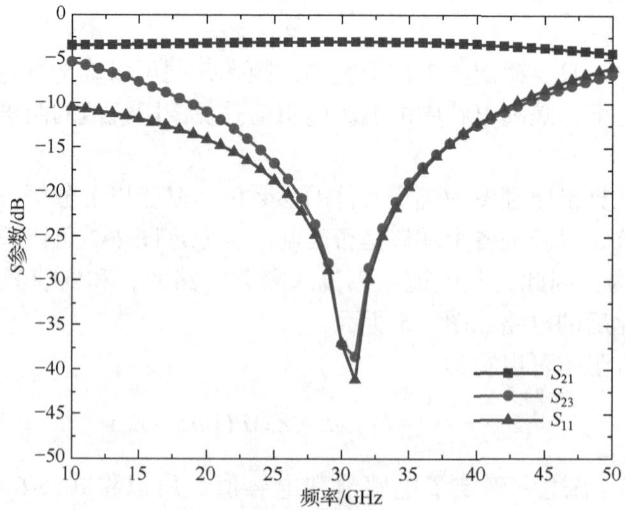

图 6-6　ADS 仿真下的 S 参数

83%。插入损耗在频带范围内基本在 3dB，同时在中心频率 30GHz 下插入损耗为 3dB，以此可以判断，在中心频率处，输入功率几乎没有损耗地传给输出端。此外，隔离度为 38dB，远远大于 10dB，因此功分器两个输出端口的隔离度满足要求。

在 ADS 里建模的功分器满足要求后，对功分器的三维结构进行分析，本小节利用仿真电磁软件 ANSYS HFSS 对电路进行三维物理模型搭建，功分器的三维结构如图 6-7 所示。其中，电感采用三维螺旋电感结构，电容采用 MIM 电容，电阻采用平面电阻，端口采用集总端口。

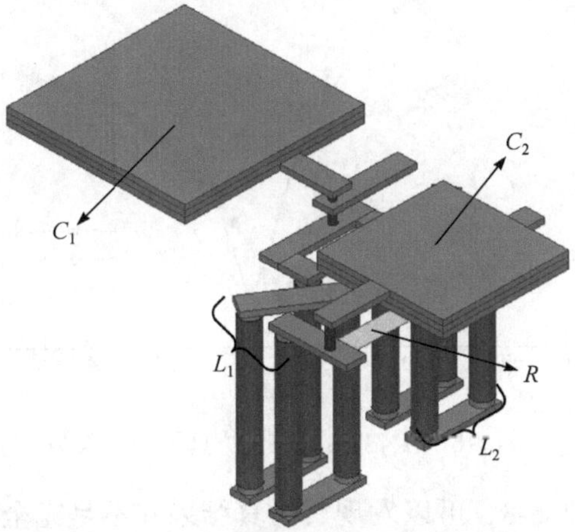

图 6-7　功分器的三维结构

TSV 电感的结构参数如表 6-1 所示，输入端电容，也就是 C_1 的尺寸为 93μm×93μm，输出端隔离电路电容 C_2 的尺寸为 65μm×65μm。其中 C_1、C_2 的上下极板厚度均为 3μm，极板中间二氧化硅介质的厚度均为 3μm。根据上述参数，在仿真软件 ANSYS HFSS 中设置频带范围进行仿真，得到的 TSV 电感结构 S 参数如图 6-8 所示。

表 6-1　TSV 电感的结构参数

结构	结构参数	符号	取值 /μm
TSV	金属芯半径	r_{TSV}	4.7
	二氧化硅厚度	t_{SiO_2}	0.3
	TSV 高度	H_{TSV}	84
	异侧 TSV 间距	P_{TSV1}	20
	同侧 TSV 间距	P_{TSV2}	20

续表

结构	结构参数	符号	取值 /μm
RDL	宽度	W_{RDL}	10
	厚度	t_{RDL}	3

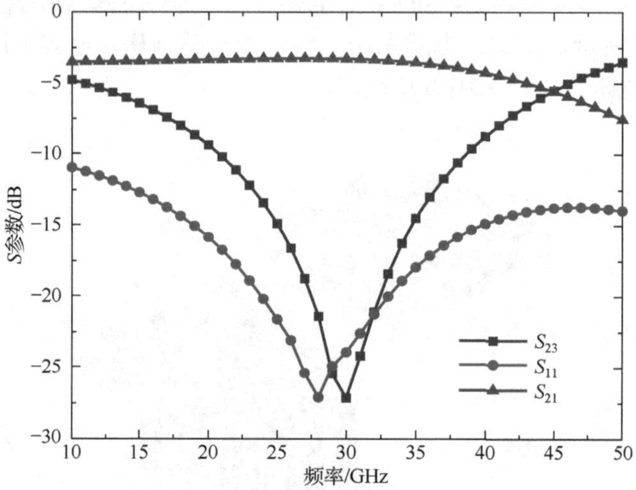

图 6-8　ANSYS HFSS 仿真下的 S 参数

对比图 6-6 和图 6-8，可以发现其仿真结果并不是完全重合的。在中心频率 30GHz 附近，ANSYS HFSS 仿真出的回波损耗为 26dB。在工作频带范围内，插入损耗在 3dB 左右，隔离度为 27dB。可以明显对比出，ANSYS HFSS 仿真下功分器性能没有 ANSYS ADS 仿真下功分器性能好。这是因为 ANSYS ADS 为理想电磁仿真软件，不考虑一些三维电路连接时产生的影响。例如，因为不同元件的连接会引入不连续性且连接处用到的连接线也会产生电感。除此之外，电感也会有寄生电阻和互感现象的存在。实际电路中因为电感带来的影响已经很明显地影响到电路性能，为了更加完整、准确地分析功分器的性能，本小节在 ANSYS Q3D 里对电感 L_1、L_2 之间的互感以及各自的寄生电阻进行分析。首先，对两个电感加上磁场，确定电流在电感上的流向，输入端加上 sink 激励，输出端加上 source 激励，点击软件中的仿真按钮，结束仿真后，在标题栏点击 solution data，便可以清晰地看到电感的自感、互感及寄生电阻，如表 6-2 所示。可以看出，L_1 的寄生电阻为 0.17134Ω，L_2 的寄生电阻为 0.17131Ω，L_1 和 L_2 的互感为 0.014224nH，L_1 和 L_2 的自感分别为 0.263nH 和 0.26301nH。除此之外，电路中还存在连接产生的额外电感，将电路中连接部分在 ANSYS Q3D 里进行仿真，即可得到另外一些影响功分器性能的额外电感。

表 6-2　TSV 电感的自感、互感及寄生电阻

电感	L_1	L_2
L_1	0.17134Ω,0.263nH	0Ω,0.014224nH
L_2	0Ω,0.014224nH	0.17131Ω,0.26301nH

在 ANSYS Q3D 里获得 TSV 电感的自感、互感以及寄生电阻后，便可在理想的原理图中加入这些影响，进而仿真出其参数。观察在理想的原理图上加上这些实际影响后性能是否和 ANSYS HFSS 里仿真的三维电路性能接近，从而推断出正是这些客观存在的影响导致三维电路的仿真结果无法和理想电路的仿真结果完全重合。同时，为了保证三维电路的性能更接近理想值，可以通过减小这些影响来提高性能，并且使得功分器更适应于系统的三维电路中。三维电路的等效电路如图 6-9 所示，L_1、L_2、C_1、C_2、R_1 是功分器本来存在的电路元件，L_3 和 L_4 是互连线产生的电感，R_2、R_3 为 L_1、L_2 产生的寄生电阻，L_5 和 L_6 为电容 C_2 的互连线产生的电感，L_7 为输入端口互连线产生的电感，L_8 为电容 C_1 的互连线产生的电感。

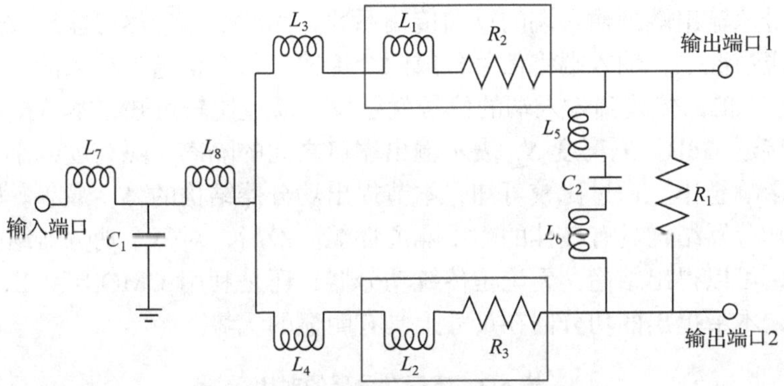

图 6-9　考虑寄生后的等效电路

对等效电路进行仿真，得到的参数结果如图 6-10 所示，可以看到在中心频率 30GHz 附近，ANSYS HFSS 仿真出的回波损耗为 27.5dB，隔离度为 28dB。在工作频带范围内，插入损耗在 3dB 左右。对比 ANSYS ADS 原理图和 ANSYS HFSS 模型的参数图可以看出，虽仍然存在误差，但已经非常接近。这里分析不能百分之百重合可能是因为各个元件之间距离较近造成磁场之间干扰等各种电磁干扰因素，这些都是在实际电路中会导致功分器性能降低的因素。

对本小节所提出的功分器进行分析后，接下来和近几年不同结构的功分器进行对比，分析本节所提出的功分器在性能以及尺寸上的优势。表 6-3 比较了不同传输线长度下功分器的面积和 S 参数。可以看出，回波损耗 S_{11} 表示端口匹配度。

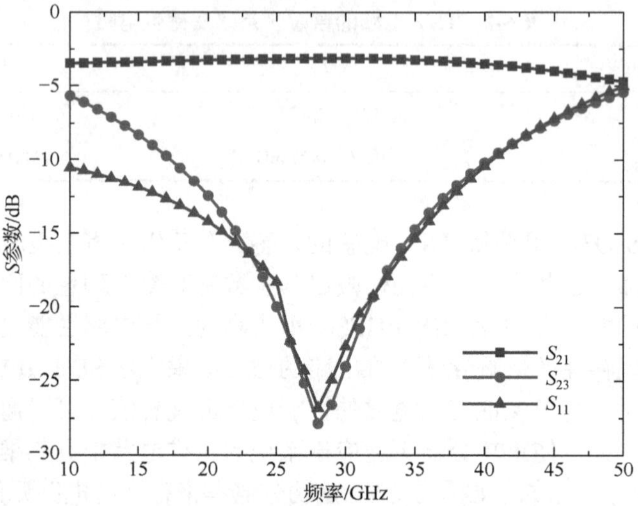

图 6-10　考虑寄生后的 S 参数

S_{11} 越小，端口匹配度越高，传输越完整，损耗越小。本节提出的功分器结构与其他功分器结构相比，S_{11} 最小，端口匹配度最高。插入损耗 S_{21} 表示当输入端口匹配时信号从输出端到输入端的反向传输系数，因此信号应尽可能地发送到输出端。在理想情况下，输入端将信号分成两个传输，每个信道是输入的一半，因此 S_{21} 越接近−3dB，传输到输入端的信号就越少。通过比较可知，本节提出的功分器结构最接近−3dB。隔离度 S_{23} 表示输出端口之间的隔离。隔离度越小，输出端口之间的影响越小。通过比较可知，本节提出功分器结构的 S_{23} 最小。因此，本节提出的功分器结构具有最佳的输出隔离性能。最后，对每个功分器结构的尺寸进行比较，可以得出结论：无论是传统功分器，还是利用 CMOS 和 LTCC 技术的功分器，本节提出的功分器在尺寸上具有明显的优势。

表 6-3　不同功分器的对比

结构参数	本节提出的功分器	文献[1]功分器	文献[2]功分器	文献[3]功分器
中心频率/GHz	30	10.9	40	3
S_{11}/dB	−26	−11	−9.5	−21
S_{21}/dB	−3	−3.75	−4.14	−3.3
S_{23}/dB	−27	−21	−15	−22
S_{11} 占空比/%	94	92.7	15	80
S_{23} 占空比/%	50	91.7	15	70
相对尺寸/ λ_g^2	0.0022	0.52	0.036	5.12

6.2　基于 TSV 的双频功分器设计

传统的 Wilkinson 功分器只能工作在指定的频率或其奇次谐波处，设计在任意的两个或者多个频段同时工作的功分器件，不仅可以有效减小电路体积，而且对降低插入损耗、改善噪声特性等有突出贡献。因此，研究双频和多频 Wilkinson 功分器具有重要的理论价值和实用意义。本节将利用 TSV 技术与双频功分器相结合，设计两款性能优异，尺寸较小的双频功分器。首先，对集总分布式双频功分器进行分析，计算出各个元件的参数。其次，将该结构等效为集总式功分器，并在仿真软件 ANSYS HFSS 里进行结构搭建与仿真。最后，分析其参数图，得出最终结论。通过频率变化的方式，即添加电感电容的谐振电路，将单频结构转化为双频结构，以下为具体的设计思路。

6.2.1　基于集总参数变化的双频功分器设计与仿真

本小节利用阻抗变化器提出一个可以工作在任意频率比下的双频集总分布式功分器[4]，如图 6-11 所示。该功分器由两个阻抗变换器支路组成，Z_1 和 Z_2 是两段传输线的特性阻抗，对应的电长度分别为 l_1 和 l_2，该双频功分器工作在 f_1 和 f_2 下。输出端隔离电路由并联的电阻 R、电感 L、电容 C 组成，这一谐振电路不仅有效地提高了隔离度，还增加了工作带宽。可以看出，不管是单频结构，还是双频结构，功分器都是上下对称的，因此，采用奇偶模分析法来确定参数。

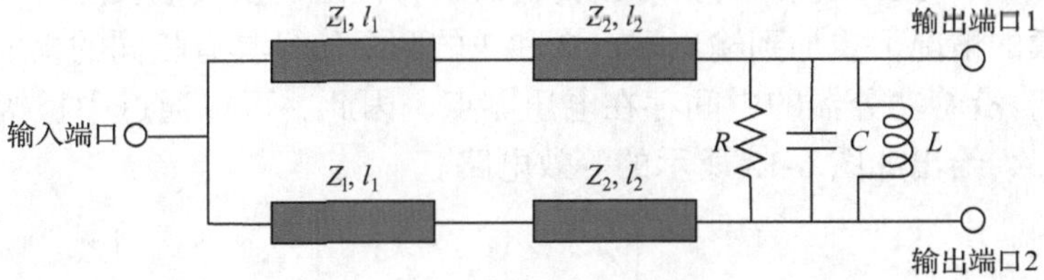

图 6-11　双频集总分布式功分器

在相同幅度和相位的两个信号，即偶模信号被施加到输出端口 2 和 3 的情况下，没有电流流过对称面。如图 6-12 所示，电路可以在中板处一分为二。由于没有电流流过对称面，因此，隔离电路里的电阻、电容、电感可以被省略。

输入端的特性阻抗因为偶模激励其值变为 $2Z_0$。这里设置频率 1 为 f_1，频率 2 为 f_2，两个频率的频率比为 m。为了简化计算，本节提出的双频功分器的电长度相等，也就是 $l_1 = l_2 = l$。根据蒙松提出的理论[5]，可以得到以下两个公式：

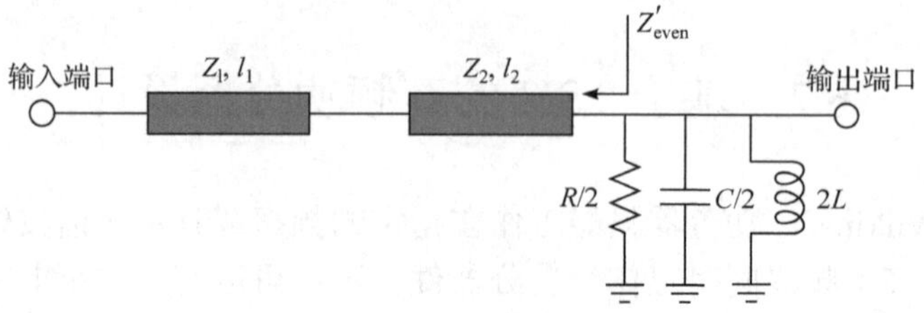

图 6-12　双频偶模等效电路

$$l_1 = l_2 = \frac{n\pi}{\beta_1 + \beta_2} \tag{6-10}$$

$$Z_2 = Z_0 \sqrt{\frac{1}{2\alpha} + \sqrt{\frac{1}{4\alpha^2} + 2}} \tag{6-11}$$

以及

$$Z_1 = \frac{2Z_0^2}{Z_2} \tag{6-12}$$

$$\alpha = (\tan(\beta_1 \cdot l_1))^2 \tag{6-13}$$

$$\beta = \frac{2\pi}{\lambda} \tag{6-14}$$

式中，n 为任意正整数；λ为波长；β_1 为频率为 f_1 时的传播常数；β_2 为频率为 f_2 时的传播常数。

从式(6-10)～式(6-12)即可推导出传输线的特性阻抗及其电长度。

在奇模的情况下，加到输出端口 2 和 3 的两个信号具有相同的幅度，但相位相差 180°。沿着功分器的中间存在电压零点。因此，可以通过中板接地将此电路一分为二，给出如图 6-13 所示的等效电路。

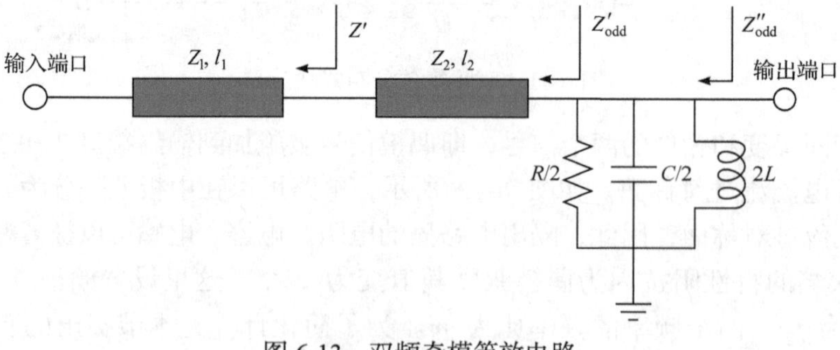

图 6-13　双频奇模等效电路

因为本节设计的双频功分器满足 $l_1 = l_2$，所以频率 1 下的 Z'、Z'_{odd} 以及 Z''_{odd} 为

$$Z' = \mathrm{j} \cdot Z_1 \cdot \tan(\beta_1 \cdot l_1) \tag{6-15}$$

$$Z'_{\mathrm{odd}} = Z_2 \cdot \frac{\mathrm{j} \cdot (Z_1 + Z_2) \cdot \tan(\beta_1 \cdot l_1)}{Z_2 - Z_1 \cdot \tan^2(\beta_1 \cdot l_1)} \tag{6-16}$$

$$Z''_{\mathrm{odd}} = \left(\frac{1}{Z'_{\mathrm{odd}}} + \frac{2}{R} + \mathrm{j} \cdot \left(\omega_1 \cdot 2C - \frac{2}{\omega_1 L} \right) \right)^{-1} \tag{6-17}$$

此时，$\omega_1 = 2\pi f_1$ 且输出端口 2 处因为是匹配的，所以 $Z''_{\mathrm{odd}} = 50\Omega$，那么通过式(6-16)即可得到 $R = 2Z_0$，且有

$$\frac{1}{Z'_{\mathrm{odd}}} = \mathrm{j} \cdot \left(\frac{2}{\omega_1 L} - 2\omega_1 C \right) \tag{6-18}$$

将式(6-16)代入式(6-17)，可得

$$\frac{Z_2 - Z_1 \cdot \tan^2(\beta_1 l_1)}{Z_2 \cdot (Z_1 + Z_2) \cdot \tan(\beta_1 l_1)} = \omega_1 \cdot 2C - \frac{2}{\omega_1 L} \tag{6-19}$$

同理，在中心频率 f_2 下可得到式(6-20)：

$$\frac{Z_2 - Z_1 \cdot \tan^2(\beta_2 l_2)}{Z_2 \cdot (Z_1 + Z_2) \cdot \tan(\beta_2 l_2)} = \omega_1 \cdot 2C - \frac{2}{\omega_2 L} \tag{6-20}$$

将式(6-19)和式(6-20)的等号左边分别用 A 和 B 代替，则可得

$$A = \omega_1 \cdot 2C - \frac{2}{\omega_1 L} \tag{6-21}$$

$$B = \omega_2 \cdot 2C - \frac{2}{\omega_2 L} \tag{6-22}$$

式(6-21)和式(6-22)联立即可得电感值、电容值：

$$C = \frac{\dfrac{B}{\omega_1} - \dfrac{A}{\omega_1}}{\dfrac{2\omega_2}{\omega_1} - \dfrac{2\omega_1}{\omega_2}} \tag{6-23}$$

$$L = \frac{\dfrac{2\omega_2}{\omega_1} - \dfrac{2\omega_1}{\omega_2}}{B\omega_1 - A\omega_2} \tag{6-24}$$

在所有电感值和电容值都是正值的情况下，可以整理出正整数 n 和频率比 m 的关系。当 $n = 1$ 时，$1 < m < 3$；当 $n \geqslant 2$ 时，$4(n-1)-1 < m < 4n-1$。

通过奇偶模分析法，可以获得各个元件的参数，可在 ADS 建立一个工作在 $f_1 = 10\mathrm{GHz}$，$f_2 = 20\mathrm{GHz}$ 下的双频功分器的理想模型。此时，$m = 2$，$n = 1$，

$Z_1 = 63\Omega$，$Z_2 = 39.7\Omega$。该功分器制作在相对介电常数为 3.55 的介质基片上。集总分布式功分器如图 6-14 所示。

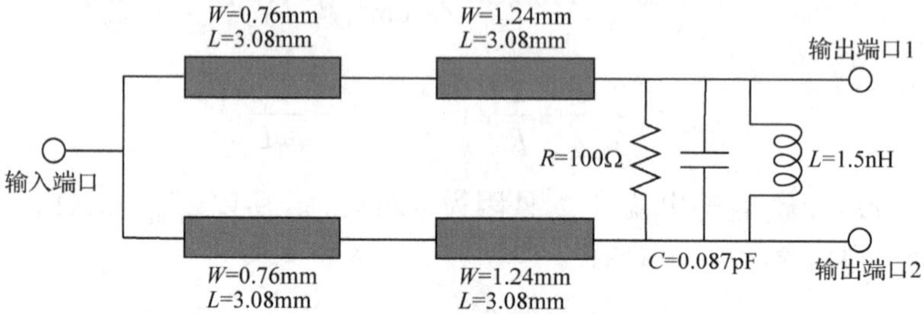

图 6-14　集总分布式功分器

经过 ADS 仿真，得到如图 6-15 所示的结果，可以看出，在两个频率下，回波损耗和隔离度均在 10dB 以上。在频率 f_1 处，回波损耗在 35dB，在频率 f_2 下，回波损耗在 34dB。在频率 f_1 处，隔离度在 35dB，在频率 f_2 下，隔离度在 25dB。从图中可以看出，插入损耗曲线是一条几乎平行于 x 轴的平行线，通过分析可知插入损耗越接近 3dB，代表功分器二等分的性能越好，可以看出在 f_1 下，S_{21} 为 3.07dB，在 f_2 下，S_{21} 为 3.113dB。综上所述，本节设计的集总分布式功分器满足要求，因此对该电路进行进一步的优化研究，达到更优异的性能。

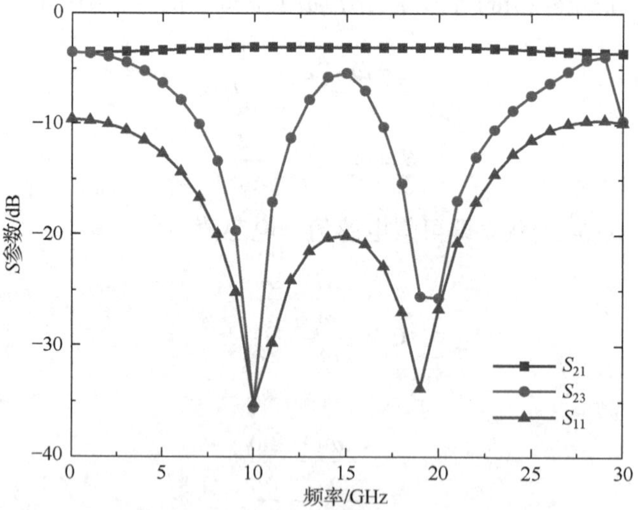

图 6-15　集总分布式功分器 ADS 仿真结果

该集总分布式电路因为存在传输线，在低频率下，尺寸会显著增加，这与小型化的需求背道而驰。通过使用集总元件的方法可以显著减小尺寸，引入了低温共烧陶瓷(LTCC)和集成无源器件(IPD)技术，以实现电路尺寸的减小，但由于寄生效应，很难提高性能。TSV 具有低损耗、更小尺寸、可积性和良好传输特性的优点，从而不仅被用作 3D-IC 中的垂直互连，而且被广泛用于无源器件制造。

因此，首先需要将分布式的部分转化为集总式。因为本节提出的结构是上下对称的，所以只需计算出上半部分电路的等效电路即可。因为 $Z_1 = 63\Omega$，$Z_2 = 39.7\Omega$，所以频率设置为 $f_1 = 10\text{GHz}$，$f_2 = 20\text{GHz}$，电长度 $l_1 = l_2 = \pi / (\beta_1 + \beta_2) = \pi / 3\beta_1 = \lambda_1 / 6$。根据分布式转化为集总式的公式及原理可以得出图 6-16 所示集总式功分器等效原理图。

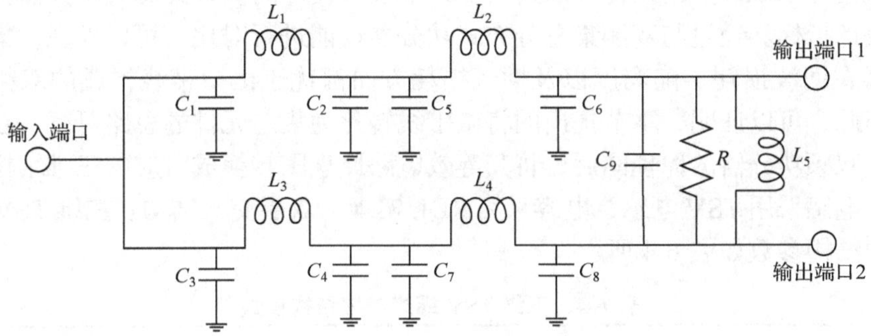

图 6-16　集总式功分器等效原理图

分析集总式功分器等效原理图，在 ADS 里进行仿真验证和性能优化，得到各个元件的参数值：$L_1 = L_3 = 0.89\text{nH}$，$L_2 = L_4 = 0.69\text{nH}$，$C_1 = C_2 = C_3 = C_4 = 0.11\text{pF}$，$C_5 = C_6 = C_7 = C_8 = 0.079\text{pF}$。隔离电路中 $R = 100\Omega$，$C_9 = 0.158\text{pF}$，$L_5 = 1.628\text{nH}$。其 S 参数如图 6-17 所示。

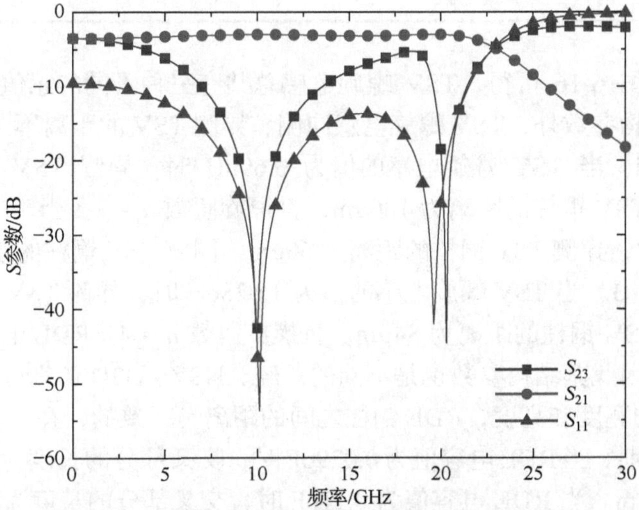

图 6-17　在 ADS 中所获集总式功分器的 S 参数

从图 6-17 中可以看出，该双频功分器有两个频点，分别为 10GHz 和 20GHz，其中 10GHz 表示低频点f_1，20GHz 表示高频点f_2。在f_1频率下，回波损耗在 20dB 以上且可以到 54dB，在f_2频率下，回波损耗在 20dB 以上且可以达到 43dB。在f_1频率下，隔离度在 20dB 以上且可以达到 43dB，在f_2频率下，隔离度在 20dB 以上且可以达到 45dB。回波损耗是代表信号反射性能的参数，因此，本节设计的二等分功分器越理想，插入损耗在工作带宽范围越接近 3dB。从图 6-17 可以看出，在f_1频率下，插入损耗达到 3.01dB，在f_2频率下，插入损耗可以达到 3.022dB。因此，可以判断出，本节所设计的双频集总式功分器符合所有的设计指标。经过与双频集总分布式功分器性能进行对比，可以发现，集总式功分器在回波损耗、隔离度以及插入损耗方面都优于由微带线构成的双频功分器。因此，可以证明，本节提出的将微带线转化为集总元件的思路可行。在获得集总式双频功分器的原理图后，将其等效电路原理图转换成对应的三维结构图。其中，电感采用 TSV 电感，电容采用 RDL 实现的双层交叉结构。三维 TSV 螺旋电感的结构参数如表 6-4 所示。

表 6-4　三维 TSV 螺旋电感结构参数

结构	结构参数	符号	取值 /μm
TSV	金属芯半径	r_{TSV}	9.7
	二氧化硅厚度	t_{SiO_2}	0.3
	高度	H_{TSV}	200
RDL	宽度	W_{RDL}	20
	厚度	t_{RDL}	5

结合原理图 6-16 可得，TSV 螺旋电感总共有三种不同的感值，除上述表格描述的相同结构参数外，TSV 螺旋电感同侧和异侧 TSV 的距离不同，经 ANSYS Q3D 仿真可知，当 TSV 螺旋电感的值为 0.69nH 时，异侧 TSV 铜柱的距离为 40μm，同侧 TSV 铜柱的距离为 100μm，且螺旋匝数 $n = 2$。当 TSV 螺旋电感的值为 0.89nH 时，异侧 TSV 铜柱的距离为 60μm，同侧 TSV 铜柱的距离为 76μm，且螺旋匝数 $n = 3$。当 TSV 螺旋电感的值为 1.628nH 时，异侧 TSV 铜柱的距离为 35μm，同侧 TSV 铜柱的距离为 84μm，且螺旋匝数 $n = 4$。RDL 电容总共有三种不同的容值，因此其结构参数也是不同的。经 ANSYS Q3D 仿真可知，三种容值的 RDL 铜柱的宽度和高度，RDL 铜柱之间的距离是一致的，在交叉部分和 RDL 长度上有所区别。当 RDL 电容值为 0.079pF 时，交叉部分的长度为 116μm，RDL 的长度为 144μm。当 RDL 电容值为 0.11pF 时，交叉部分的长度为 116μm，RDL 的长度为 168μm。当 RDL 电容值为 0.158pF 时，交叉部分的长度为 116μm，RDL

的长度为 236μm。获得电感和电容的结构后，在 ANSYS HFSS 里进行模型的完整搭建。图 6-18 为双频功分器的整体结构，图 6-19 为双频功分器的 TSV 电感及端口分布。

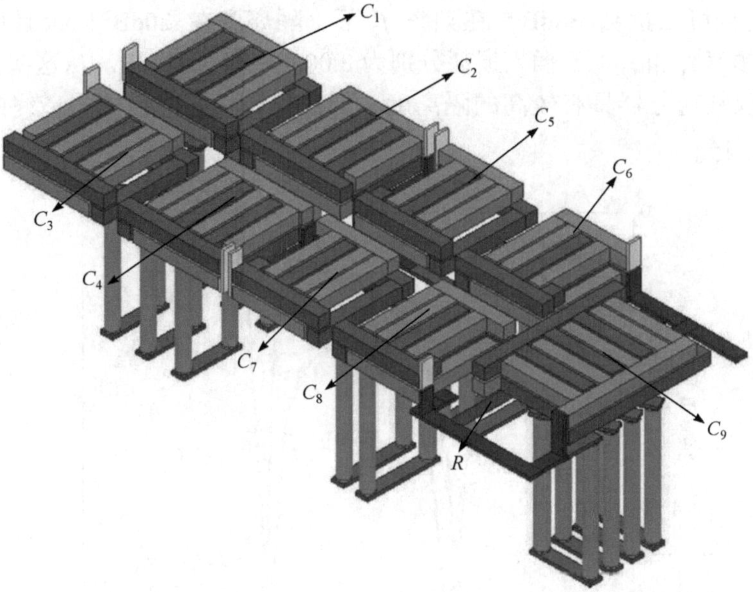

图 6-18　双频功分器的整体结构(扫描前言处二维码查看彩图)

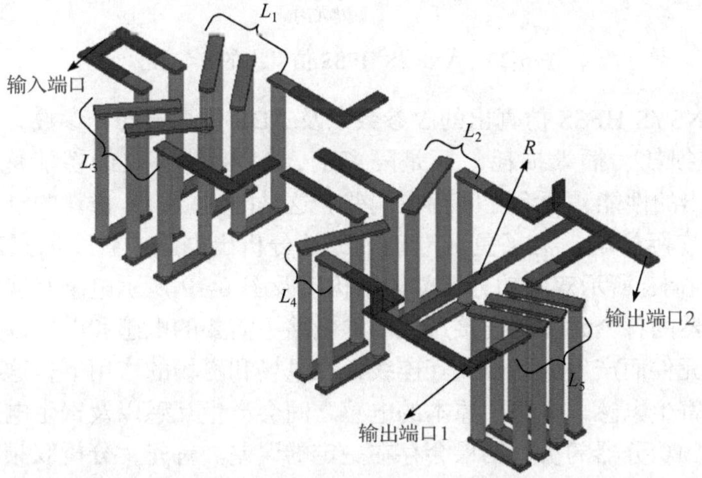

图 6-19　双频功分器的 TSV 电感及端口分布(扫描前言处二维码查看彩图)

分析双频功分器的整体结构图，可以看出，该结构总共分为两层，上层为交叉的电容，下层为 TSV 电感，电感和电容由 RDL 互连线进行连接，端口采用集总式端口，电阻为贴片式电阻。得到该双频结构后，在 ANSYS HFSS 里进行仿真，得到其 S 参数如图 6-20 所示。虽然在功分器的频率响应上有所偏移，但整体性能还是非常良好的。在频率 f_1 下，回波损耗在 20dB 以上且可以达到 42dB，在频率 f_2 下，回波损耗在 20dB 以上且可以达到 37dB。在频率 f_1 下，隔离度在 20dB 以上且可以达到 38dB，在频率 f_2 下，隔离度在 20dB 以上且可以达到 39dB。在频率 f_1 和 f_2 下，插入损耗分别为 3.003dB 和 3.054dB。从这些参数可以看出，该双频功分器具有较高的隔离度、低损耗和良好的性能。最终的尺寸为 $(0.03\times0.02)\lambda_g^2$ 。

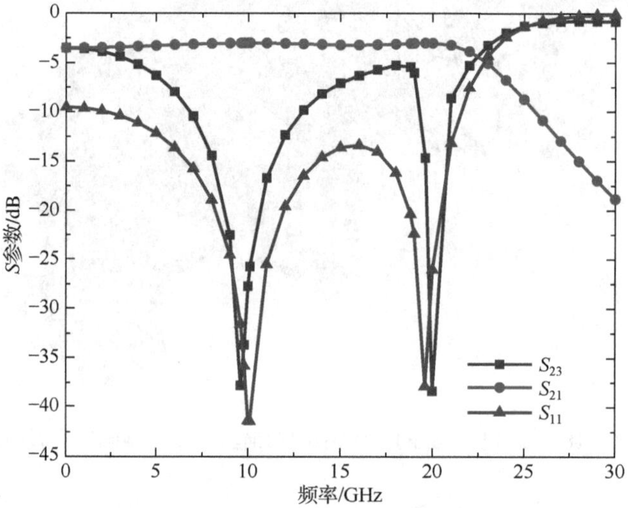

图 6-20　ANSYS HFSS 仿真出的 S 参数

对比 ANSYS HFSS 仿真出的 S 参数以及 ADS 仿真出的 S 参数，可以看出，不管是回波损耗、插入损耗，还是隔离度，ADS 仿真出的性能优于 ANSYS HFSS 仿真出的性能，两者之间存在偏差。这是因为 ADS 仿真的电路是理想结构，不考虑实际影响。为了更加准确细致地分析出电路中各个因素对性能的影响，结合图 6-18 所示双频功分器整体结构以及图 6-19 所示电感互连部分便可看出双频功分器的各个元件的连接过程。除电路中需要的电感和电容以外，还有一些需要连接元件而产生的 RDL 互连线，在电场和磁场的作用下，这些互接线会产生相应的寄生电感，电路中原本的电感之间会产生互感以及寄生电阻，基于这些因素，双频功分器的仿真结果会存在一定的误差。首先，分析双频功分器的电感对理想电路的影响，借鉴第 3 章对单频功分器在 ADS 里电感的分析，可以得到双频功分器原理图中电感之间的互感以及寄生电阻，具体值如表 6-5 所示，从表中可以看出，每一个电感都存在寄生电阻，L_1 的寄生电阻为 0.14Ω，L_2 的寄生电阻为 0.11Ω，L_3 的寄生电阻为 0.14Ω，L_4 的寄生电阻为 0.11Ω，L_5 的寄生电阻为 0.20Ω。除寄生电阻之外，表 6-5 中还说明了不同电感之间的互感，如 L_1 和 L_2 之间的互感为 0.015nH，将这些电感之间的互感进行整合，可以分析出其他电感对于 L_1 的互感为 0.015nH、0.061nH、0.001nH、0.0003nH 的和，也就是 0.0773nH。同理，其他电感对 L_2 的总互感为 0.0696nH，其他电感对 L_3 的总互感为 0.0786nH，其他电感对 L_4 的总互感为 0.076nH，其他电感对 L_5 的总互感为 0.0163nH。每个电感自身的感值分别从表中可以看出，L_1 为 0.90nH，L_2 为 0.70nH，L_3 为 0.90nH，L_4 为 0.70nH，L_5 为 1.63nH。

表 6-5　ADS 仿真出的电感、互感及寄生电阻

电感	L_1	L_2	L_3	L_4	L_5
L_1	0.14Ω,0.90nH	0Ω,0.015nH	0Ω,0.061nH	0Ω,0.001nH	0Ω,0.0003nH
L_2	0Ω,0.015nH	0.11Ω,0.70nH	0Ω,0.0006nH	0Ω,0.05nH	0Ω,0.004nH
L_3	0Ω,0.061nH	0Ω,0.0006nH	0.14Ω,0.90nH	0Ω,0.015nH	0Ω,0.002nH
L_4	0Ω,0.001nH	0Ω,0.05nH	0Ω,0.015nH	0.11Ω,0.70nH	0Ω,0.01nH
L_5	0Ω,0.0003nH	0Ω,0.004nH	0Ω,0.002nH	0Ω,0.01nH	0.20Ω,1.63nH

在 ADS 里分析了电感器的互感以及寄生电阻，接下来在 ANSYS HFSS 里分析各个元件之间互连线的寄生电感，将每一节互连线加上激励后仿真出其电感。将互连线产生的电感以及电路中电感产生的影响加到原理图中，最终的等效原理图如图 6-21 所示。从图中可以看出，方框圈出来的电路为 L_1、L_2、L_3、L_4 的寄生电阻和各自对应的互感形成的串联电路。除了电路本身存在的电感，其余部分为互连线产生的电感。

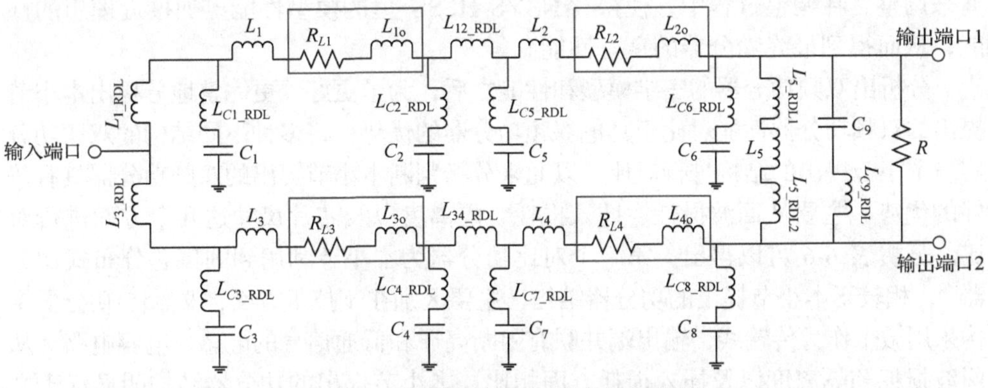

图 6-21　考虑实际影响后的等效原理图

这些影响因素的存在使得在 ANSYS HFSS 里仿真出的性能没有 ADS 仿真出

的性能优异。分析图 6-22 给出的 S 参数图，在频率 f_1 下，回波损耗在 20dB 以上且可以达到 46dB，在频率 f_2 下，回波损耗在 20dB 以上且可以达到 42dB。在频率 f_1 下，隔离度在 20dB 以上且可以达到 41dB，在频率 f_2 下，隔离度在 20dB 以上且可以达到 38dB。在频率 f_1 和 f_2 下，插入损耗分别为 3.03dB 和 3.039dB。对比在 ANSYS HFSS 里仿真出的 S 参数，可以看出加上实际影响后，在两个频率 f_1 和 f_2 下，回波损耗和隔离度的性能已经非常接近，之所以还存在一定的误差，是因为实际情况相比于理想电路更加复杂，存在各种金属损耗和介质损耗等。

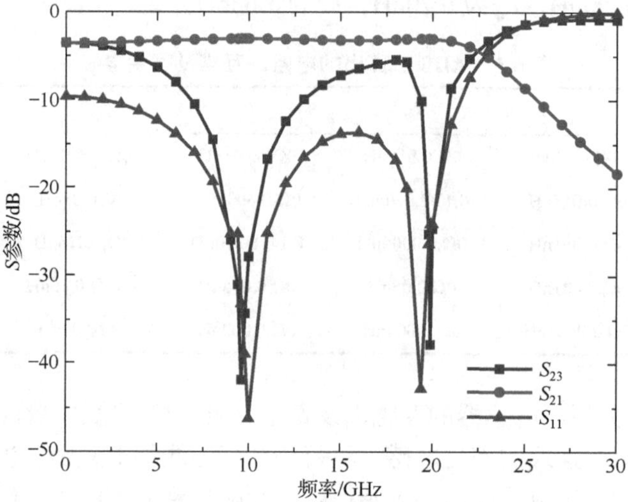

图 6-22　考虑实际影响后的 S 参数

此外，在分析这些影响的过程中，除了寄生电阻无法改变，互连线产生的电感可以尽可能地缩小，各个电感之间的互感也可以通过调整 TSV 电感之间的距离来调整，在调整过程中，使得 ANSYS HFSS 里的模型性能更加接近理想的性能，从而得到最终功分器的良好性能。

分析出双频功分器的三维模型和性能之后，为了更好、更完整地分析出本小节提出的双频功分器性能对比于其他双频功分器的优势。将多种不同结构的双频功分器与本小节提出的结构进行对比，以此来分析判断本小节提出的双频功分器具有较好的优势。主要从回波损耗、插入损耗、隔离度以及芯片尺寸这几个方面进行对比。分析表 6-6 可以得出，第一个对比功分器为本小节利用到的集总分布式功分器[5]，相较于本小节提出的功分器结构，主要区别在于技术方面，文献[5]功分器结构采用微带作为传输线，输出端并联有阻断高通和低通信号的电感、电容电路。从回波损耗和隔离度以及插入损耗方面相比，本小节提出的功分器结构明显优于文献[5]功分器结构，但是在低频段内，低于 20dB 的范围，文献[5]功分器结构为 40%，本小节功分器的范围仅有 30%，然而在高频段内，文献[5]功分器结构为

15%，本小节功分器结构提出的范围为 16.7%。因此，从整体上看，本小节功分器结构具有一定的优势。此外，文献[6]功分器为在输入端并联短截线的方式，提高性能的双频功分器，从表 6-6 可以看出隔离度可以达到 36dB，插入损耗也接近于 3dB。最后，文献[7]为基于圆形微带贴片谐振器的新型功分器设计，该方法具有较好的共模抑制能力。尽管这些结构都有自己的优势，但在回波损耗、隔离度、插入损耗，频带范围以及尺寸方面，本小节所提出的功分器具有较高的优势。

表 6-6　不同双频功分器性能对比

结构参数	本小节功分器[4]	文献[5]功分器	文献[6]功分器	文献[7]功分器
S_{11}/dB	−42/−37	−35/−34	−26/−20	−19/−18
S_{21}/dB	−3.003/−3.054	−3.18/−3.2	−3.2/−3.3	−0.6/−1.26
S_{23}/dB	−38/−39	−26/−25	−36/−25	−28/−21
S_{11} 在低频段的占空比/%	30	40	12.5	18
S_{11} 在高频段的占空比/%	16.7	15	11	6
S_{23} 在低频段的占空比/%	28	16	12	24
S_{23} 在高频段的占空比/%	9	14	13	6
相对尺寸/ $\lambda_g\times\lambda_g$	0.03×0.02	0.365×0.190	NG	0.79×0.79

注：NG-文献中未给出。

6.2.2　基于频率变化的双频功分器设计与仿真

本小节提出通过频率变化，即增加串联或并联的谐振电路，拓宽功分器的工作频带，进而使单频功分器转化为双频功分器，具体介绍如下[8,9]。

首先，根据频率变化的特性，得到本小节需要用到的频率变化方程：

$$\omega'=\frac{1}{\omega}\left(\frac{\omega}{\omega_0}-\frac{\omega_0}{\omega_0}\right) \tag{6-25}$$

式中，ω 和 ω_0 的计算方法如下：

$$\omega=\frac{\omega_2-\omega_1}{\omega_0} \tag{6-26}$$

$$\omega_0=\sqrt{\omega_2\omega_1} \tag{6-27}$$

在式(6-26)和式(6-27)中，ω_1 和 ω_2 分别对应双频功分器中频率 f_1 和频率 f_2 的角频率。为了更好地设计出基于单频功分器的频带展宽的功分器，图 6-23 为本小节所要用到的单频集总式功分器。

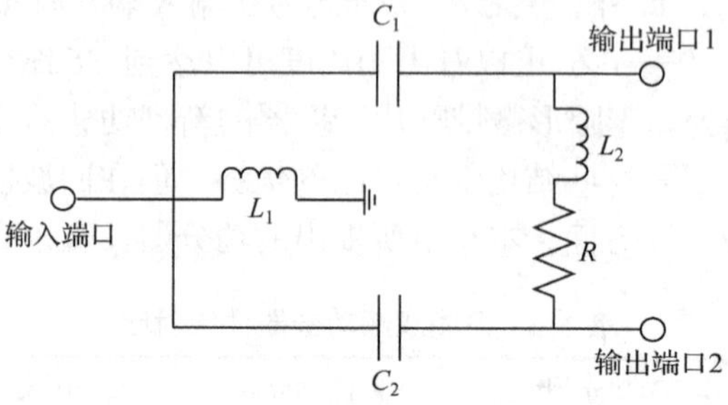

图 6-23　单频集总式功分器

为了得到带宽更大的功分器，对单频集总式功分器加上谐振电路，在原电路的基础上并联电容，串联电感，最终得到需要的双频功分器的电路，如图 6-24 所示。通过谐振分析，计算出每个元件的参数，具体计算公式如下：

$$L_3 = L_6 = \frac{L_1}{2\pi}\frac{f_2 - f_1}{f_2 f_1} \tag{6-28}$$

$$C_5 = C_6 = \frac{1}{2\pi L_1}\frac{1}{f_2 - f_1} \tag{6-29}$$

$$L_4 = L_5 = 1\frac{1_1}{f_2 - f_1} \tag{6-30}$$

$$C_4 = C_3 = \frac{C_1}{2\pi}\frac{f_2 - f_1}{f_2 f_1} \tag{6-31}$$

图 6-24 中 L_4、L_5、C_5、C_6 就是频率变化需要的电感、电容，通过式(6-28)～式(6-31)，可确定该双频集总式功分器的两个频率：f_1 为 0.8GHz，f_2 为 2GHz。根据已知条件便可计算出每一个元件的参数值，其中 $L_3 = L_6 = 6\text{nH}$，$C_5 = C_6 = 2.7\text{pF}$，$L_4 = L_5 = 6.6\text{nH}$，$C_3 = C_4 = 2.4\text{pF}$。在 ADS 里进行仿真，得到的 S 参数如图 6-25 所示。

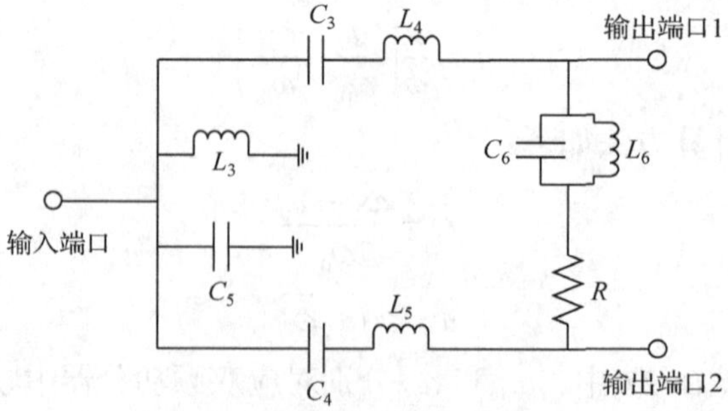

图 6-24　双频集总式功分器

分析图 6-25 可以看出，在中心频率 f_1 下，回波损耗可以达到 40dB，隔离度达到 52dB，插入损耗达到 3.001dB。在中心频率 f_2 下，回波损耗可以达到 35dB，隔离度达到 55dB，插入损耗达到 3.012dB。其次，在低频段范围内，回波损耗低于 20dB 可获得 20%左右的带宽，在高频段范围内，回波损耗低于 20dB 可获得 25%左右的带宽。基于上述分析，可以得出结论：通过加谐振电路进行频率变化，可获得一个工作在低频段和高频段的双频功分器，具有重要的意义。

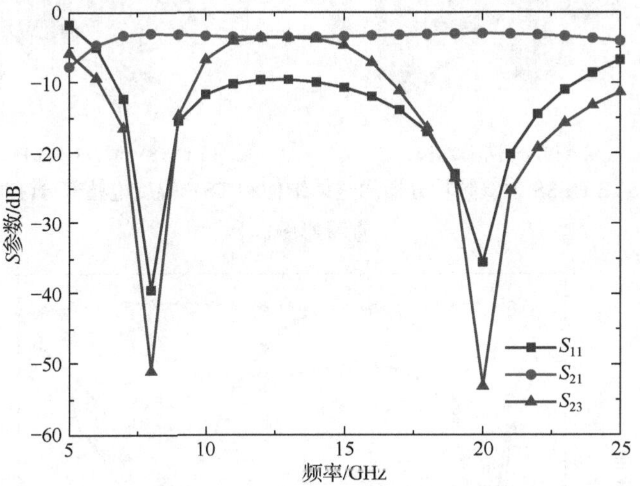

图 6-25　在 ADS 里仿真出的双频功分器 S 参数

通过分析在 ADS 里获得的双频功分器 S 参数，可以证明经过频率变化能够实现单频向双频的转化。为了更完整地分析该方法，将该双频功分器与本节提出的第一种集总参数等效的双频功分器进行对比，原则上，可直接对两个双频功分器的尺寸和性能进行对比。但是，为了体现当需要一款双频功分器时，这两种功分器在选择上的区别，将经频率变化的双频功分器重新设计在 5～25GHz 下进行工作，电路原理图不变，参数值进行调整。首先在 ADS 里进行仿真，结果如图 6-25 所示，可以看出，双频功分器的回波损耗在低频段时占空比为 20%左右，在高频段时占空比为 25%左右。接下来，根据 ADS 中的原理图在 ANSYS HFSS 中进行整体模型搭建，如图 6-26 所示。

图 6-26 为经过频率变化的双频功分器在 ANSYS HFSS 中的结构，其中图 6-26(a)为双频功分器的整体结构，主要分为两个部分，上面部分为双层交叉电容，下面部分为 TSV 螺旋电感。图 6-26(b)为 TSV 螺旋电感部分，为了更清晰地看出每一个元件之间的连接关系，特意将 TSV 螺旋电感的排列摆出来，可以看出，各个元件之间通过互连线连接，总共有三个端口，在 ANSYS HFSS 软件里的实现方式为集总端口，通过仿真得到如图 6-27 所示 S 参数。

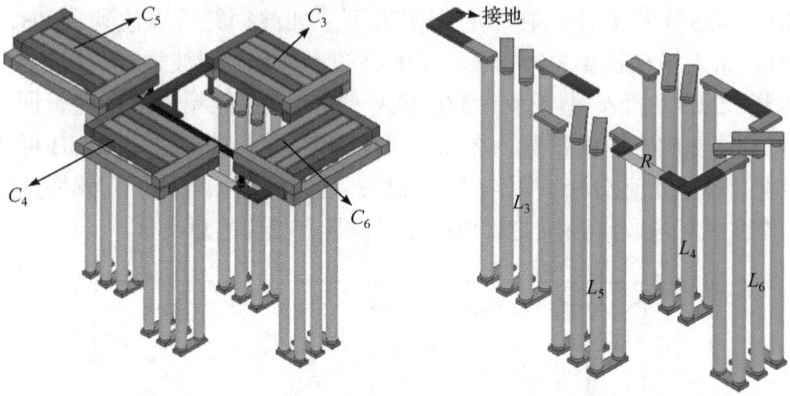

(a) 双频功分器整体结构　(b) TSV螺旋电感部分

图 6-26　在 ANSYS HFSS 中双频功分器的整体结构和 TSV 螺旋电感部分(扫描前言处二维码查看彩图)

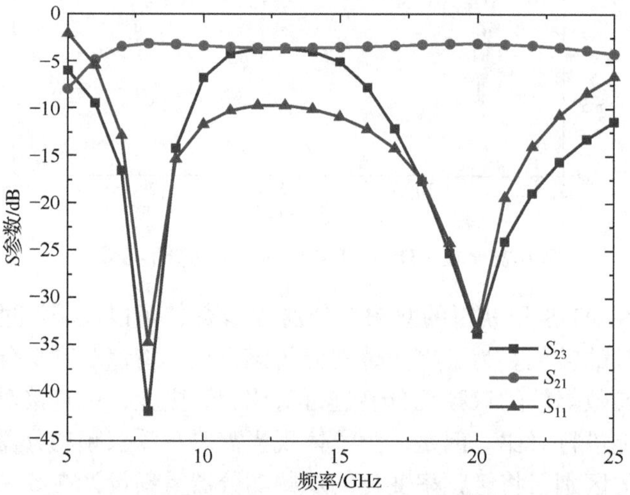

图 6-27　在 ANSYS HFSS 里双频功分器仿真结果

从图 6-27 所示 S 参数可以看出，在中心频率 f_1 下，回波损耗可以达到 35dB，隔离度可以达到 42.5dB，插入损耗可以达到 3.011dB。在中心频率 f_2 下，回波损耗可以达到32.5dB，隔离度可以达到33dB，插入损耗可以达到3.016dB。同时，在低频段范围内，回波损耗低于 20dB 可获得 19%的带宽，在高频段范围内，回波损耗低于 20dB 可获得 25%的带宽。尺寸达到(334×238)μm^2，也就是(0.009×0.0159) λ_g^2 。

6.3　小　　结

本章对双频集总分布式功分器进行了描述，并通过奇偶模分析法获得每个元件的参数，之后在 ADS 仿真软件提取 *S* 参数，方便后续与集总式双频功分器的性能进行比较。因为双频功分器是一个三端口对称无源器件，所以采用 ABCD 矩阵法将双频集总分布式功分器转化为集总式功分器，在 ADS 里进行仿真优化，得到各个元件最终的参数值。参考 ADS 里的仿真电路图，在 ANSYS HFSS 里进行功分器电路搭建，通过在电磁软件 ANSYS Q3D 中分析各个电感之间的互相影响、寄生电阻以及互连线产生的寄生电感，对 ANSYS HFSS 里搭建的电路结构进行调试和优化，得到一个性能较好的结果。此外，与其他不同的双频功分器进行对比，总结本章提出的集总式双频功分器的优点。最后，为了使芯片更加小型化，提出了一种通过频率变化的集总元件串联或并联电感电容的谐振双频功分器的设计方法，可以看出尺寸明显降低，因此具有重要的研究意义。

参考文献

[1] 周歆杰. 基于集成无源器件的小型化宽带功分器的设计[D]. 杭州: 杭州电子科技大学, 2022.

[2] KIM K, NGUGEN C. An ultra-wideband low-loss millimeter-wave slow-wave wilkinson power divider on 0.18μm SiGe bicmos process[J]. IEEE Microwave and Wireless Components Letters, 2015, 25(5): 331-333.

[3] 陈鹏. 基于 LTCC 技术的小型化功分器与滤波器的研究[D]. 成都: 电子科技大学, 2022.

[4] WANG F J, LI R Q, YIN X K, et al. Compact high-performance dual-frequency power divider based on TSV[J]. Microelectronics Journal, 2022, 129: 1-5.

[5] WU L, YILMAZ H, BITZER T, et al. A dual-frequency wilkinson power divider: For a frequency and its first harmonic[J]. IEEE Microwave and Wireless Components Letters, 2005, 15(2): 107-109.

[6] CHENG K K M, WONG F L. A new Wilkinson power divider design for dual band application[J]. IEEE Microwave and Wireless Components Letters, 2007, 17(9): 664-666.

[7] ZHANG G, ZHANG Q, LIU Q, et al. Design of a new dual-band balanced-to-balanced filtering power divider based on the circular microstrip patch resonator[J]. IEEE Transactions on Circuits and Systems II: Express Briefs, 2021, 68(12): 3542-3546.

[8] OSHIMA T, OHTSUKA M, MIYASHITA H, et al. Construction and design equations of a lumped element dual-band Wilkinson divider[J]. IEICE Transactions on Electronics, 2009, 92(10): 1322-1324.

[9] KAWAI T, OHTA I, ENOKIHARA A, et al. Design method of lumped-element dual-band Wilkinson power dividers based on frequency transformation[C]. 2010 Asia-Pacific Microwave Conference, Yokohama, Japan, 2010.

第 7 章　基于 TSV 的变压器

单片变压器是高性能微波和射频集成电路中最关键、最需要面积的元件之一[1]。截至目前，片上变压器已应用于实现低噪声放大器、双平衡混频器、压控振荡器、功率放大器、图像抑制混频器等。传统的平面和堆叠结构变压器很难达到较小的尺寸，已有的研究结果表明，可以通过正面和背面 RDL 以及 TSV 相结合的方式来实现三维变压器，解决传统结构面临的面积效率问题[2,3]。由于当前及将来 RF IC 设计中对芯片面积和损耗的严格要求，这已成为 TSV 变压器的一个关键优势。然而，研究人员已提出的 TSV 变压器仍然存在一些问题。文献[4]～[7]中提出的变压器不是对称结构，且片上面积仍然比较大。文献[8]和[9]中描述的变压器结构对称，但耦合系数较小。

为了进一步改善 TSV 变压器的性能，本章提出三种新型结构的 TSV 变压器，分别为基于 TSV 的嵌套结构变压器、基于 TSV 的对称结构变压器和基于同轴 TSV 的 1∶1 变压器，详细介绍三者的设计思路和结构。使用全波电磁仿真软件 ANSYS HFSS 对不同匝数比和尺寸的变压器进行建模与仿真，通过仿真结果对变压器的性能进行评估。讨论在变压器设计过程中是否需要考虑耗尽层电容，变压器的磁场辐射，等效电路模型等相关问题，并且提出变压器的测试方法，针对前两种结构提出可行的制造工艺流程。

7.1　基于 TSV 的嵌套结构变压器

7.1.1　结构设计

变压器的主要设计是将交流电流从一个绕组耦合到另一个绕组，并且两绕组间具有尽可能少的磁泄漏。这通过耦合系数 k 来反映，耦合系数越大，绕组间的耦合越紧密，磁通量损失越小。此外，匝数比 a 是变压器设计人员关心的另一个性能参数，匝数比反映了绕组间电压、电流和阻抗的变化。同时，变压器的片上面积也是需要关注的一个重要方面。

变压器的耦合系数与绕组间的互感成正比，与绕组自感成反比。为了使变压器的耦合系数尽可能大，在变压器的设计过程中应注意以下三点：第一，变压器的互感与两绕组相邻部分导体的长度成正比，因此在设计变压器时应保证绕组间相邻导体长度尽可能长；第二，相邻金属布线应尽可能属于不同的绕组，因为属于同一绕组的相邻金属的互感会促进变压器的自感而不是互感；第三，为了确保绕组之间的紧密磁耦合，初级绕组产生的磁通量应尽可能多地通过次级绕组。通过综合考虑上述三点，本章提出一种嵌套结构的变压器。图 7-1 给出了 1∶1 变压器的结构图，图 7-1(a)、(b)和(c)分别为变压器三维视图、主视图和俯视图，图 7-1(d)为 TSV 剖面图。可以看到，两个绕组之间的公共外围是整个初级绕组的长度，这实现了第一点。构成初级绕组与次级绕组的 TSV 和 RDL 的布局满足第二点。最后，这种线圈之间的相互包围可以使初级绕组产生的磁通量尽可能多地通过次级绕组，这符合第三点。同时，嵌套结构实现了初级绕组和次级绕组的面积共享，这可以避免当初级绕组和次级绕组的匝数同时增加时变压器面积倍增的问题，因为两个绕组总共只需要占用一个绕组的面积。因此，本章所提出的变压器具有高耦合、小型化的特点。

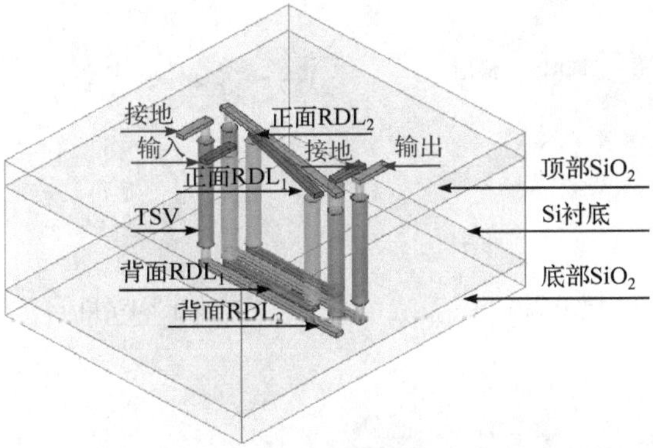

(a) 三维视图

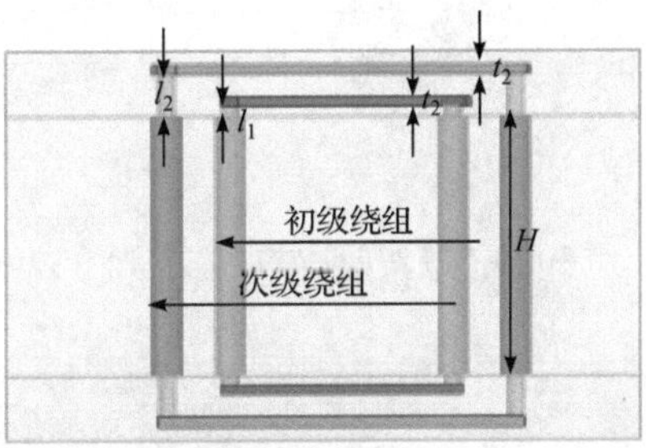

(b) 主视图

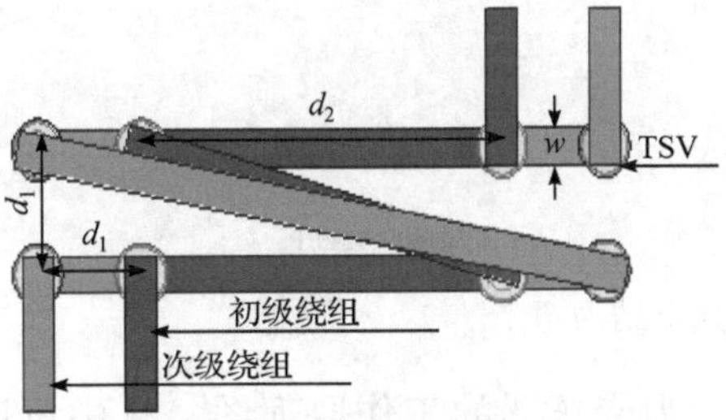

(c) 俯视图

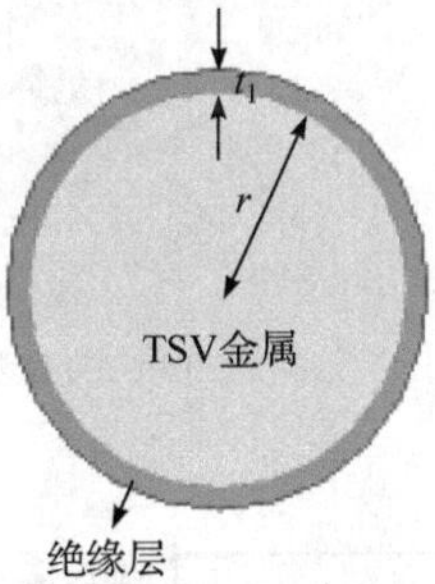

(d) TSV剖面图

图 7-1　1∶1 变压器结构图(扫描前言处二维码查看彩图)

以 1 匝 1∶1 变压器为例，对该变压器的结构进行详细介绍，1 匝的意思是初级绕组和次级绕组的匝数都为 1。变压器包括顶部二氧化硅层、底部二氧化硅层和硅衬底层。顶部二氧化硅层包括正面 RDL_1 和正面 RDL_2，背面 RDL_1 和背面 RDL_2 位于底部二氧化硅层中。硅衬底层中的 TSV 阵列共四列，正面 RDL_1 和背

面 RDL_1 依次连接内部两排 TSV，构成变压器的初级绕组。正面 RDL_2 和背面 RDL_2 将外部的两排 TSV 依次连接，构成变压器的次级绕组。从图 7-1(a)可以看出，初级绕组被次级绕组包围，形成了嵌套结构。

基于上述变压器结构，设计一系列匝数比为 1∶1、1∶2 和 1∶3 的变压器。1 匝、2 匝和 3 匝 1∶1 变压器，初级绕组为 1 匝且次级绕组为 2 匝(1∶2 变压器 1)和初级绕组为 2 匝且次级绕组为 4 匝(1∶2 变压器 2)的两种 1∶2 变压器，以及初级绕组为 1 匝且次级绕组为 3 匝的 1∶3 变压器。图 7-2(a)和(b)分别为 2 匝和 3 匝 1∶1 变压器的结构图，图 7-2(c)、(d)和(e)分别是 1∶2 变压器 1、1∶2 变压器 2 和 1∶3 变压器的结构图。它们的结构与上述 1 匝 1∶1 变压器相似，唯一的区别是初级绕组和次级绕组的匝数。

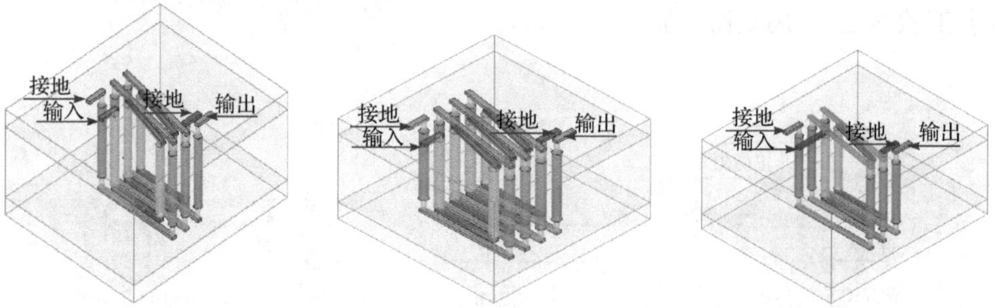

(a) 2匝1∶1变压器结构　　(b) 3匝1∶1变压器结构　　(c) 1∶2变压器1结构

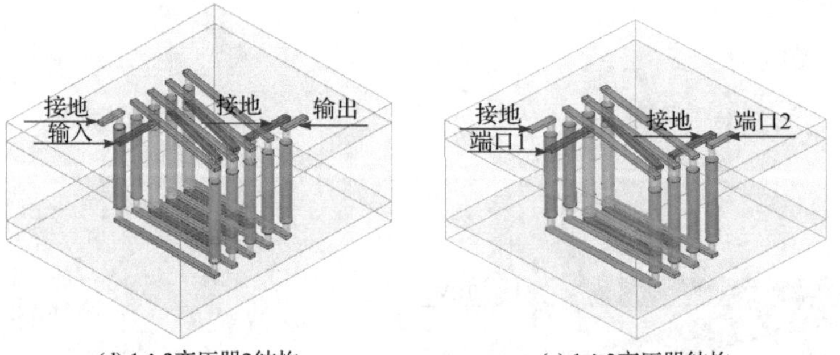

(d) 1∶2变压器2结构　　(e) 1∶3变压器结构

图 7-2　变压器结构图

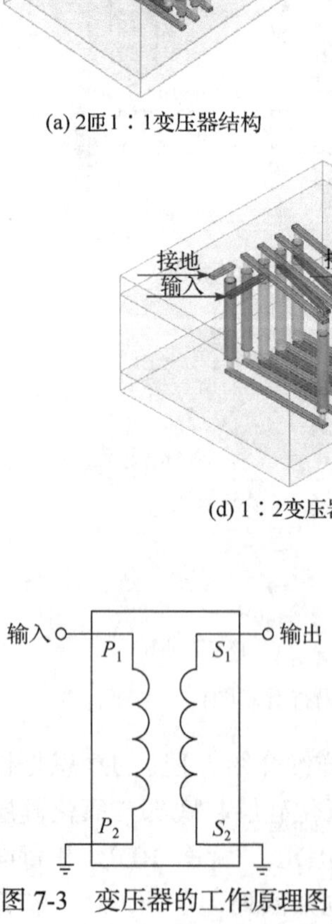

图 7-3　变压器的工作原理图

图 7-3 为变压器的工作原理图，从中可以看出，初级绕组和次级绕组各有两个端口。变压器工作时，初级绕组和次级绕组各需要一个端口接地，其余两个端口作为变压器的输入端口和输出端口，如图 7-1(a)和图 7-2 所示，这里选择两个相对的端口接地，以确保变压器的输入端口和输出端口位于相对的两侧，以便与其他电路连接。

7.1.2　仿真与分析

使用电磁仿真软件 ANSYS HFSS 对所提出的变压器进行建模和仿真，以对它们的性能进行评估。TSV 嵌套结构变压器的结构参数如表 7-1 所示，这些参数已在图 7-1 中标出。此外，变压器结构中的各部分也在图 7-1 中进行了标注，每部分使用的材料以及这些材料的相关电学参数在表 7-2 中给出。

表 7-1　TSV 嵌套结构变压器的结构参数

结构参数	符号	取值/μm
TSV 高度	H	80
TSV 金属半径	r	4.5
TSV 绝缘层厚度	t_1	0.5
相邻 TSV 间距	d_1	20
相对 TSV 间距	d_2	70
RDL 厚度	t_2	3
RDL 宽度	W	6
接触孔长度 1	l_1	3
接触孔长度 2	l_2	13

表 7-2　TSV 嵌套结构变压器的材料和电学参数

结构	材料	相对介电常数	相对磁导率	体电导率/(S/m)
RDL	Cu	1	0.999991	5.8×10^7
TSV 填充金属层	Cu	1	0.999991	5.8×10^7
绝缘层	SiO_2	4	1	0
衬底	Si	11.9	1	0.1
顶部二氧化硅层	SiO_2	4	1	0
底部二氧化硅层	SiO_2	4	1	0

通过将模拟的 S 参数进行矩阵参数转化，得到 Z 参数，再利用相关表达式可以计算变压器的各个性能参数，初级绕组的电感和品质因数为

$$L_P = \frac{\mathrm{Im}(Z_{11})}{2\pi f} \tag{7-1}$$

$$Q_P = \frac{\mathrm{Im}(Z_{11})}{\mathrm{Re}(Z_{11})} \tag{7-2}$$

式中，下标 P 表示变压器的初级；Z_{ij} 表示两个端口间的 Z 参数；f 表示工作频率。

同样地，次级绕组的电感和品质因数为

$$L_{\mathrm{S}}=\frac{\mathrm{Im}(Z_{22})}{2\pi f} \tag{7-3}$$

$$Q_{\mathrm{S}}=\frac{\mathrm{Im}(Z_{22})}{\mathrm{Re}(Z_{22})} \tag{7-4}$$

式中，下标 S 表示变压器的次级。

变压器初级绕组和次级绕组之间的互感 M 和耦合系数 k 通过以下公式计算：

$$M=\frac{\sqrt{\mathrm{Im}(Z_{12})*\mathrm{Im}(Z_{21})}}{2\pi f} \tag{7-5}$$

$$k=\sqrt{\frac{\mathrm{Im}(Z_{12})*\mathrm{Im}(Z_{21})}{\mathrm{Im}(Z_{11})*\mathrm{Im}(Z_{22})}} \tag{7-6}$$

1) 1：1 变压器仿真与分析

1 匝、2 匝和 3 匝 1：1 变压器的仿真结果如图 7-4 所示，其中图 7-4(a)和(b)、(c)和(d)、(e)分别为初级绕组和次级绕组的电感值、初级绕组和次级绕组的

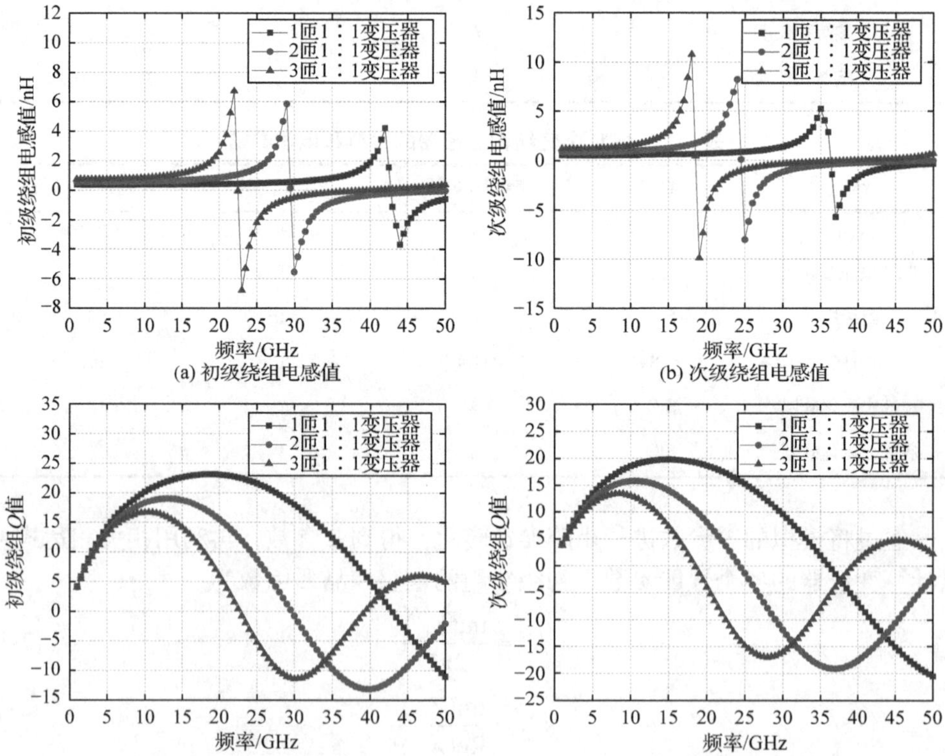

(a) 初级绕组电感值　(b) 次级绕组电感值

(c) 初级绕组品质因数　(d) 次级绕组品质因数

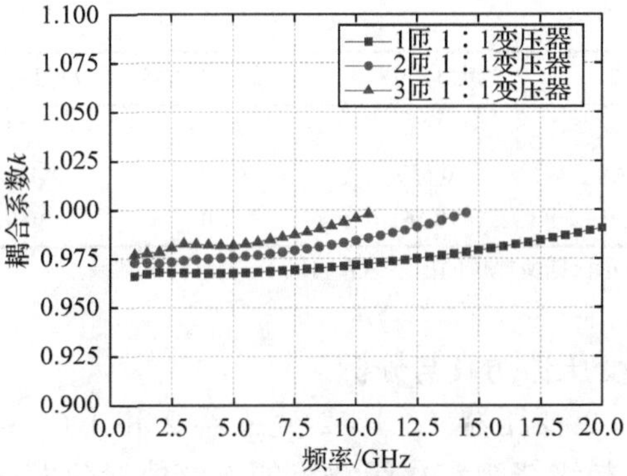

(e) 耦合系数

图 7-4　不同 1：1 变压器仿真结果

品质因数、耦合系数随频率变化曲线。从图 7-4(a)和(b)可以看出，绕组的电感值与线圈匝数成正比，但随着线圈匝数的增加，自谐振频率降低，这是由自感和绕组金属间寄生电容的增大引起的。图 7-4(c)和(d)中，随着线圈匝数的增加，导体长度增加，电阻以及寄生电容引起的损耗增加，使品质因数最大值减小。图 7-4(e)中，当线圈匝数为 1 匝、2 匝和 3 匝时，耦合系数分别为 0.970、0.982、0.992。初级与次级绕组匝数越多，耦合系数越大。这是因为随着初级与次级绕组匝数的增加，绕组间相邻金属长度变长，互感增大，从而使得耦合系数增大。当初级绕组和次级绕组仅采用 1 匝时，1：1 变压器就可以实现良好的耦合。也就是说，本节所提出的变压器结构，可以在保证耦合特性的同时，占用尽可能小的片上面积。

表 7-3 中将本节所提出的 1 匝 1：1 变压器与其他文献中基于 TSV 的 3D　1：1 变压器相关性能参数进行了比较。参考文献[4]、[7]和[9]中 1：1 变压器的片上面积分别是本节变压器的 44.4 倍、277.8 倍和 6.7 倍，耦合系数分别比本节变压器的小 0.113、0.066 和 0.83。可见本节所提出的嵌套结构 1：1 变压器在耦合系数及尺寸方面具有明显的优势，即磁通量损耗小、能量传输效率和集成度高。另外，综合自感值和品质因数来看，与文献[7]和[9]变压器相比，整体上本节变压器在电感值更大的情况下，品质因数也更大，这说明本节变压器结构的绕组损耗比较小，电感性能更好。

表 7-3　3D TSV 1：1 变压器比较

性能参数	单位	文献[4]变压器*	文献[7]变压器#	文献[9]变压器+	本节变压器*
L_P	pH	551	177	439	360
Q_{Pmax}	N/A	18.79	7.99	4.59	23.16
SRF_P	GHz	28.5	32.89	23.7	42
L_S	pH	456	177	482	530
Q_{Smax}	N/A	21.50	7.99	5.11	19.78

续表

性能参数	单位	文献[4]变压器*	文献[7]变压器#	文献[9]变压器+	本节变压器*
SRF_S	GHz	35.0	32.89	24.0	35
k	N/A	0.853	0.900	0.136	0.966
片上面积	mm^2	0.16	1.0	0.024	3.6×10^{-3}

注：*表示仿真结果；#表示根据所提供的模型估算结果；+表示测试结果。

2) 1∶2 和 1∶3 变压器仿真与分析

图 7-5 给出了 1∶2 变压器 1、1∶2 变压器 2 和 1∶3 变压器的仿真结果。图 7-5(a)和(b)分别是初级绕组和次级绕组的电感值变化曲线，图 7-5(c)和(d)分别是初级绕组和次级绕组的品质因数变化曲线，图 7-5(e)是耦合系数变化曲线。图 7-5(a)、(b)、(c)和(d)中 1∶2 和 1∶3 变压器电感值和品质因数随绕组匝数的变化趋势与 1∶1 变压器类似，此处不再赘述。图 7-5(e)中 1∶2 变压器 1、1∶2 变压器 2 和 1∶3 变压器在 5.0GHz 下的耦合系数分别为 0.969、0.977、0.969。可见，1∶2 变压器和 1∶3 变压器也具有优越的耦合特性，这表明本节所提出的嵌套结构有望实现高耦合系数的 1∶N 变压器。

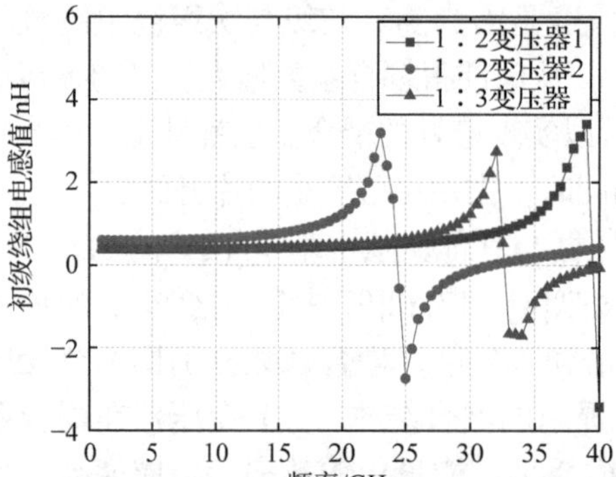

(a) 初级绕组电感值

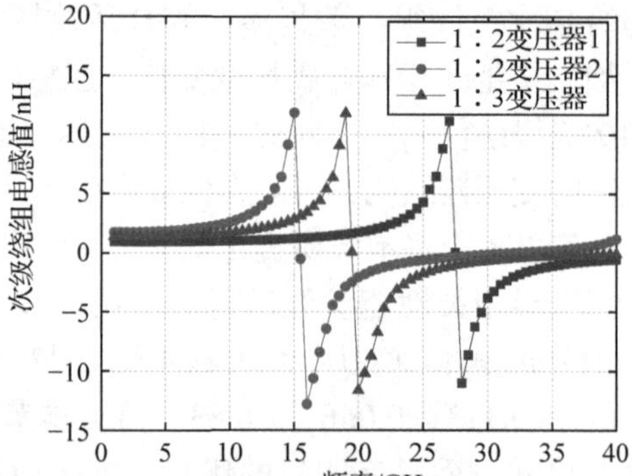

(b) 次级绕组电感值

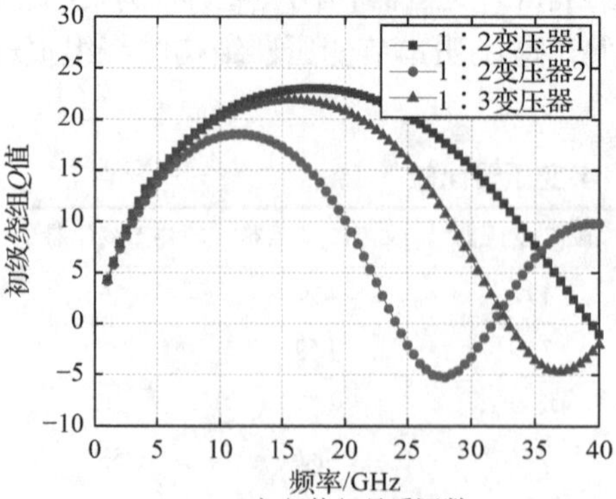

(c) 初级绕组品质因数

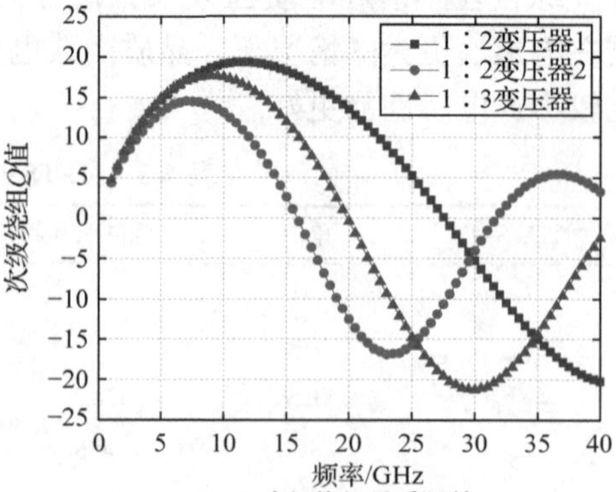

(d) 次级绕组品质因数

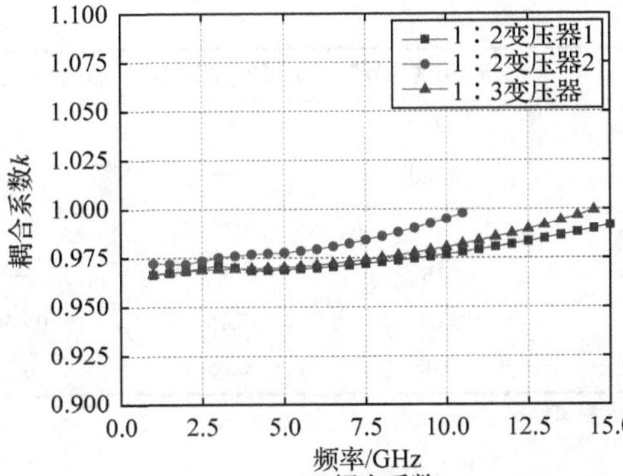

(e) 耦合系数

图 7-5　1：2 和 1：3 变压器仿真结果

表 7-4 比较了本节提出的 1：2 变压器 1 和文献[8]中基于 TSV 的 1：2 变压器。文献[8]中 1：2 变压器的片上面积是本节所提 1：2 变压器 1 的 13.3 倍，耦合系数比本节所提 1：2 变压器 1 的小 0.258。表 7-5 给出了本节所提 1：3 变压器与其他文献中 1：3 TSV 变压器性能参数的比较结果。文献[4]、[9]和[8]中的 1：3 变压器片上面积分别为本节所提 1：3 变压器的 50 倍、5.2 倍和 10.4 倍，耦合系数分别比本节所提 1：3 变压器的小 0.076、0.817 和 0.301。由此可得，本节所提出的 1：2 和 1：3 变压器也具有良好的耦合特性和较小的片上面积。

表 7-4　3D TSV 1：2 变压器比较

性能参数	单位	文献[8]变压器*	本节变压器*
L_P	pH	—	388
Q_{Pmax}	N/A	—	23.01
SRF_P	GHz	—	39
L_S	pH	—	937
Q_{Smax}	N/A	—	19.32
SRF_S	GHz	—	27
k	N/A	0.708	0.966
片上面积	mm^2	0.08	6.0×10^{-3}

注：*表示仿真结果。

表 7-5　3D TSV 1：3 变压器比较

性能参数	单位	文献[4]变压器*	文献[9]变压器+	文献[8]变压器*	本节变压器*
L_P	pH	562	—	—	398
Q_{Pmax}	N/A	18.61	—	—	21.89

续表

性能参数	单位	文献[4]变压器*	文献[9]变压器+	文献[8]变压器*	本节变压器*
SRF_P	GHz	23	—	—	32
L_S	pH	1220	—	—	1415
Q_{Smax}	N/A	12.3	—	—	17.64
SRF_S	GHz	16	—	—	19
k	N/A	0.891	0.15	0.666	0.967
片上面积	mm²	0.48	0.05	0.1	9.6×10^{-3}

注：*表示仿真结果；+表示测试结果。

7.1.3 变压器设计中的相关问题讨论

1) 耗尽层电容对变压器的影响

随着工作频率的变化，由于硅的电导率非零，因此 TSV 会受通孔金属柱和硅衬底之间耗尽层电容的影响。耗尽层电容是否会对变压器的性能产生影响，在变压器的设计中是否需要考虑这一方面，接下来对此进行讨论。

耗尽层宽度的计算公式为

$$w_{\text{dep}}=\sqrt{\frac{4\varepsilon_{\text{Si}}V_{\text{th}}\ln\left(\dfrac{N_{\text{a}}}{n_{\text{i}}}\right)}{qN_{\text{a}}}} \tag{7-7}$$

式中，w_{dep} 为耗尽层宽度；ε_{Si} 为硅的相对介电常数；V_{th} 为热电压，为 25.9mV；N_{a} 为衬底掺杂浓度；n_{i} 为 Si 的本征载流子浓度，为 $1.5\times10^{16}\text{m}^{-3}$；$q$ 为单位电荷量，为 $1.6\times10^{-19}\text{C}$。

由于变压器选择在高阻硅衬底上制作，衬底的掺杂浓度为 $1\times10^{13}\text{cm}^{-3}$，计算得到的耗尽层宽度 w_{dep} 为 6.6μm。

以 1 匝 1∶1 变压器为例，在 ANSYS HFSS 中建立有耗尽层的变压器模型，如图 7-6 所示。将有耗尽层与无耗尽层模型的仿真结果进行比较，结果如图 7-7

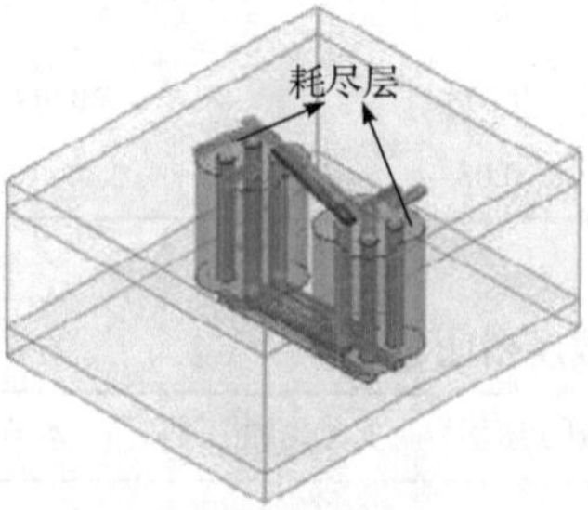

(a) 三维视图

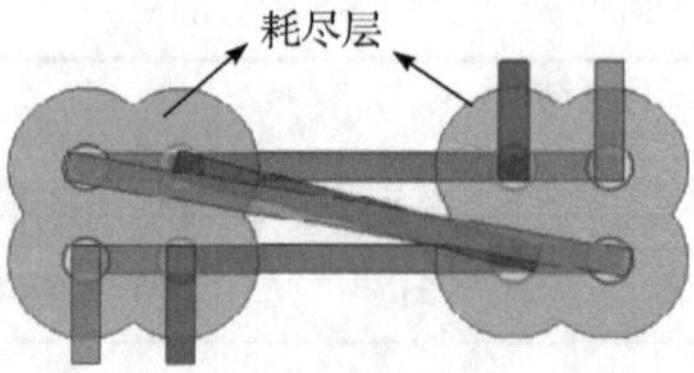

(b) 俯视图

图 7-6　有耗尽层的变压器模型的三维视图及俯视图(扫描前言处二维码查看彩图)

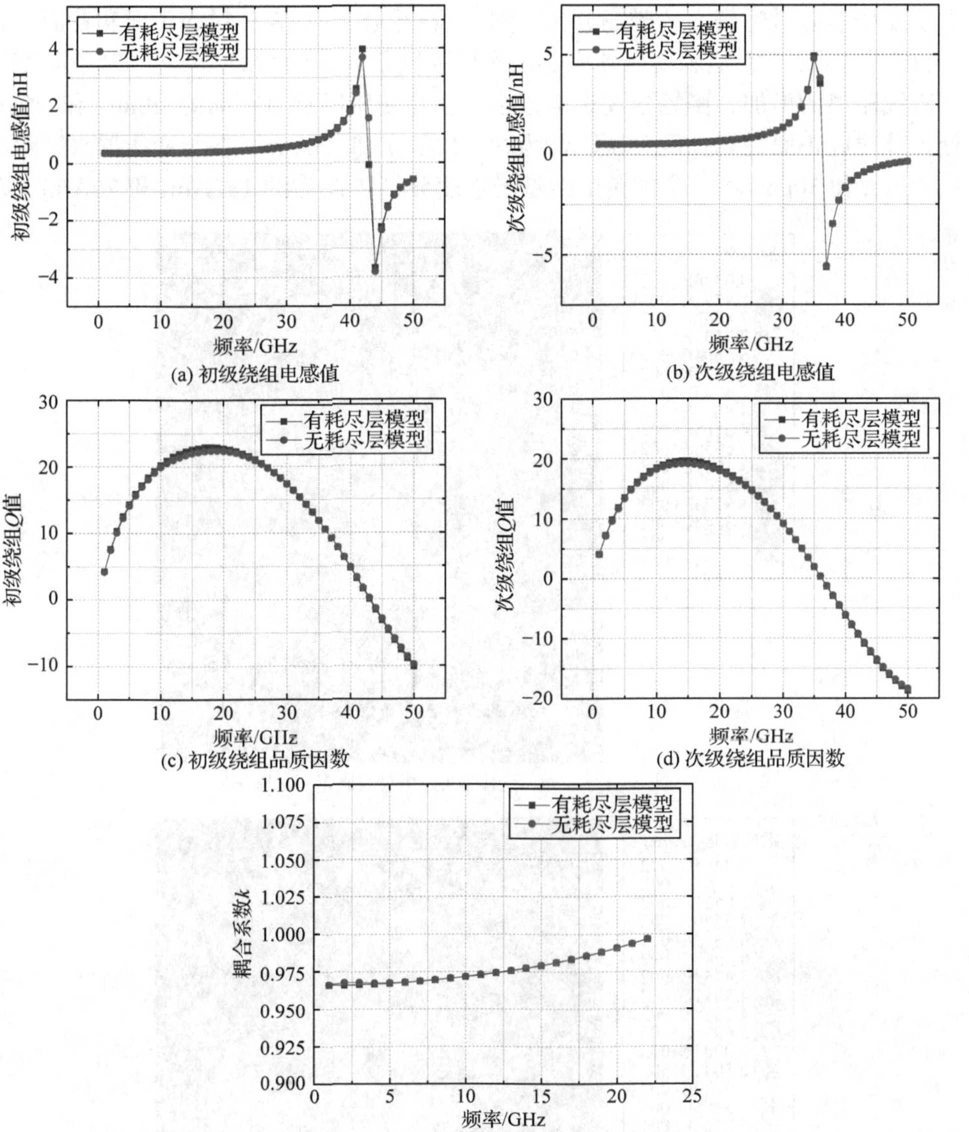

(e) 耦合系数

图 7-7　有耗尽层模型与无耗尽层模型的仿真结果比较

所示，可见两者仿真结果几乎相同，耗尽层对电感、品质因数 Q 和耦合系数 k 的影响很小。因此，在变压器设计中，不必考虑耗尽层电容对变压器性能的影响。

2) 变压器的磁场辐射

变压器周围的磁场泄漏会与附近的器件产生耦合，严重的话会对电路功能产生影响。因此，将磁场辐射距离最小化对于保持小尺寸和变压器的可靠性至关重要。为了评估本节所提出变压器对外部的磁场辐射，使用 ANSYS HFSS 软件查看了变压器硅衬底表面的磁场分布，图 7-8(a)和(b)分别为硅衬底正面和背面的磁场分布图。图 7-8 显示变压器中心的磁场强度最大，约为 600A/m。随着与变压器直线距离的增加，磁场强度逐渐减小。在与变压器垂直距离约 40μm 和 70μm 处，硅衬底正面磁场强度分别降低为约 132A/m 和 73A/m。在与变压器水平距离约 20μm 和 30μm 处，硅衬底正面磁场强度分别降低为约 132A/m 和 73A/m。在

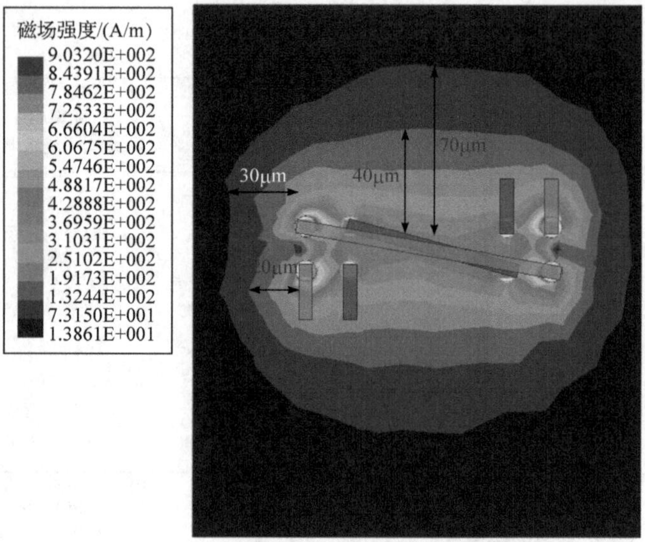

(a) 无接地屏蔽时硅衬底正面磁场分布

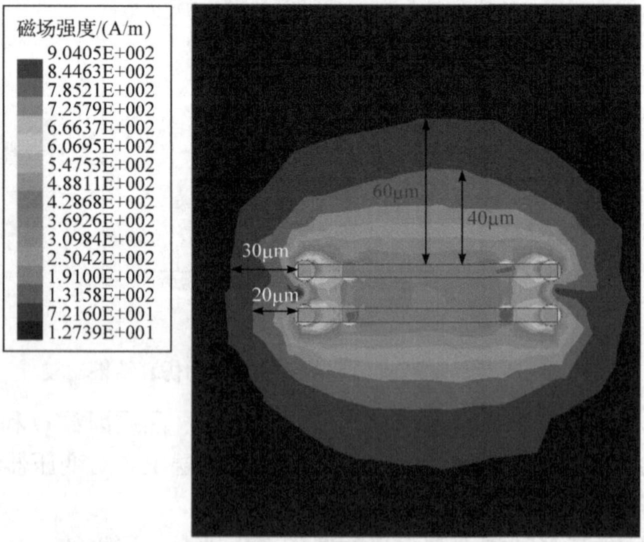

(b) 无接地屏蔽时硅衬底背面磁场分布

图 7-8　无接地屏蔽时硅衬底正面及背面磁场分布(扫描前言处二维码查看彩图)

与变压器垂直距离约 40μm 和 60μm 处，硅衬底背面磁场强度降低为约 132A/m 和 72A/m。在与变压器水平距离约 20μm 和 30μm 处，硅衬底背面磁场强度降低为约 132A/m 和 72A/m。

如果变压器附近是一些对磁场敏感的器件，可以在变压器四围建立接地屏蔽，以避免变压器的磁泄漏对邻近器件产生影响。本小节建立一种简单的环形 TSV 接地屏蔽，如图 7-9(a)所示，就是设置将变压器包围的 TSV 阵列，用 RDL 将这些 TSV 连接并接地，使磁场泄漏尽可能被限制在 TSV 阵列中。图 7-10(b)和(c)分别给出了具有接地屏蔽时硅衬底正面与背面的磁场分布。在与变压器垂直

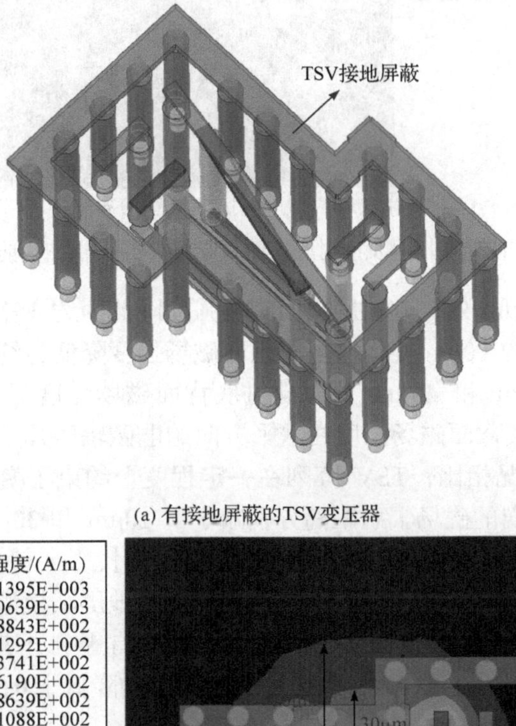

(a) 有接地屏蔽的TSV变压器

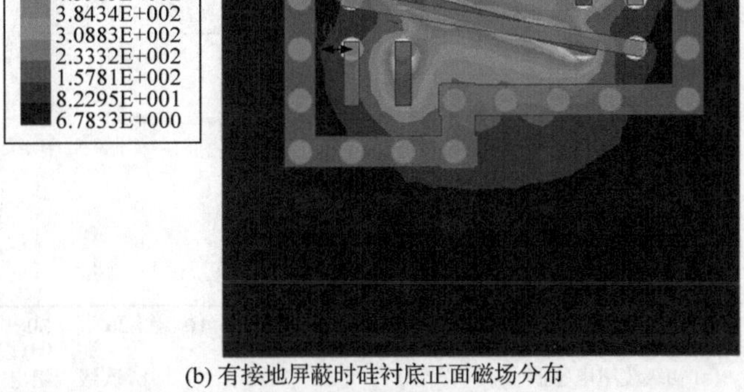

(b) 有接地屏蔽时硅衬底正面磁场分布

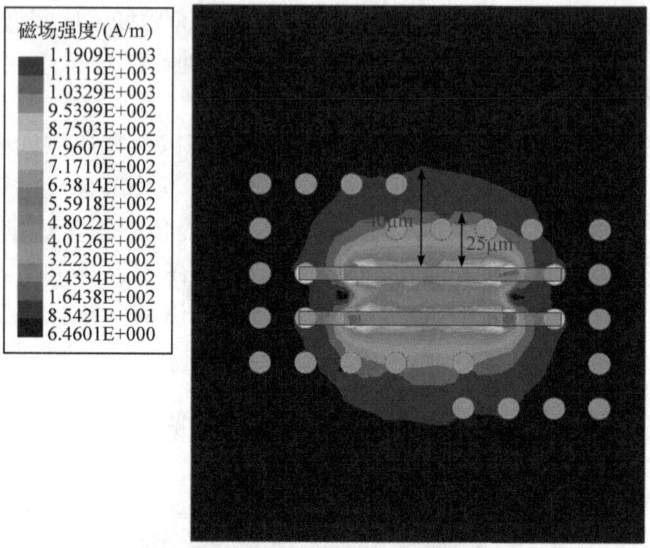

(c) 有接地屏蔽时硅衬底背面磁场分布

图 7-9　有接地屏蔽的 TSV 变压器及硅衬底正面和背面磁场分布(扫描前言处二维码查看彩图)

距离约 30μm 和 50μm 处，硅衬底正面磁场强度降低为约 157A/m 和 82A/m。在与变压器水平距离约 10μm 处，硅衬底正面磁场强度降低为约 82A/m。在与变压器垂直距离约 25μm 和 40μm 处，硅衬底背面磁场强度降低为约 132A/m 和 72A/m，并且硅衬底背面磁场强度在水平方向的电磁辐射几乎可以忽略。与上述没有接地屏蔽的情况相比，TSV 阵列在一定程度上约束了变压器的磁场辐射。垂直方向和水平方向的磁场辐射距离分别减小了 10μm 和 30μm 以上，尤其是具有接地屏蔽后水平方向的电磁辐射几乎可以忽略不计。

图 7-10 以 1 匝 1∶1 变压器为例，对比了无接地屏蔽模型和有接地屏蔽模型的仿真结果，可以看到接地屏蔽对变压器的性能稍有影响，表现在初级与次级绕组的自谐振频率均降低了 2GHz，品质因数最大值均降低了 0.5。这主要是由接地

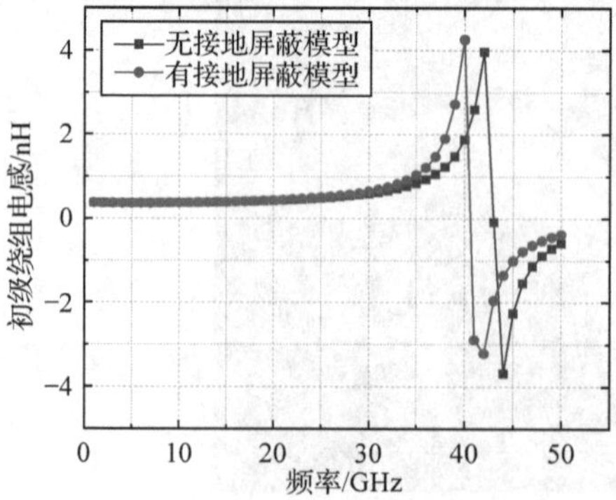

(a) 初级绕组电感值

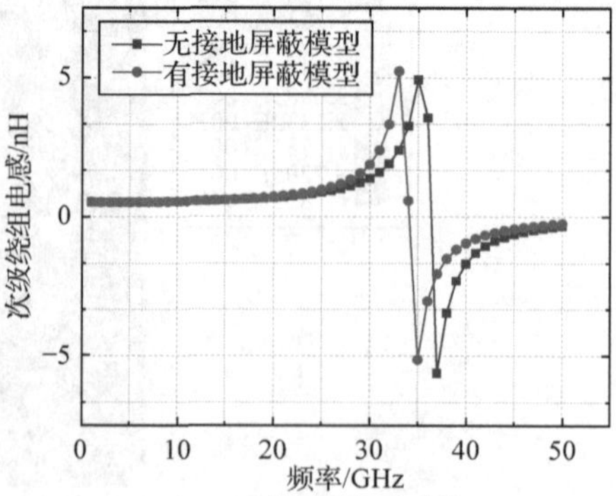

(b) 次级绕组电感值

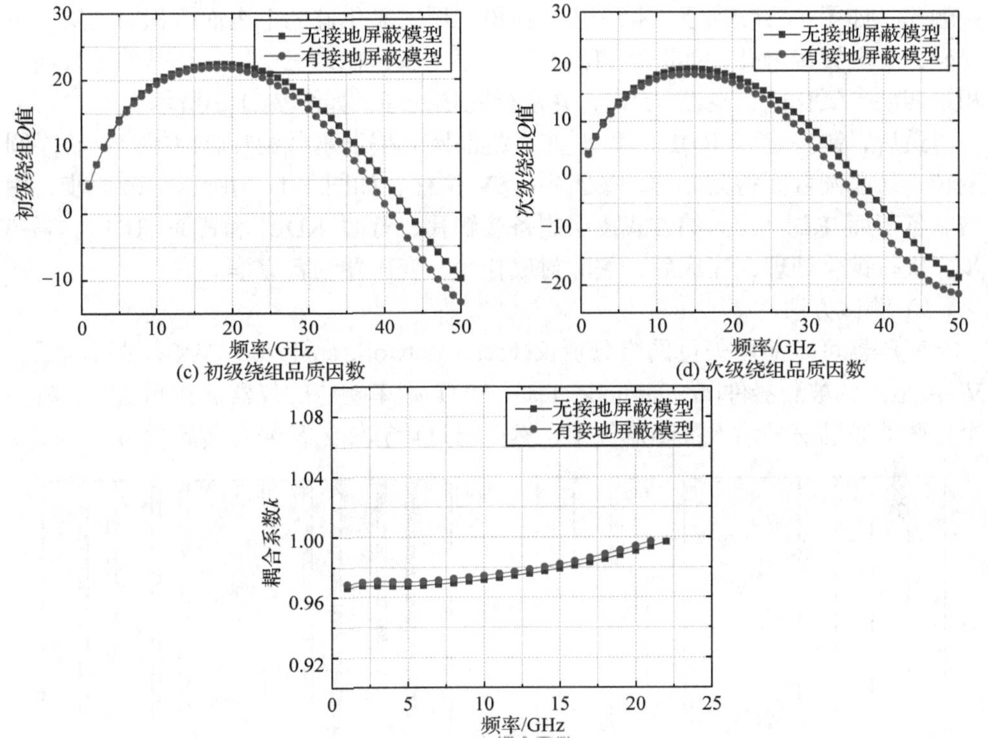

(c) 初级绕组品质因数

(d) 次级绕组品质因数

(e) 耦合系数

图 7-10　有接地屏蔽模型与无接地屏蔽模型的仿真结果比较

屏蔽 TSV 阵列引入的寄生电容导致的。

7.1.4　制造工艺流程与测试方法

为了证明本节所提出结构的工艺可行性，本小节给出了变压器的制造工艺流程，并简要说明测试方法。

1) 制造工艺流程

衬底电阻率越高，电流和损耗越小。因此，本节所提出的变压器选择在高阻硅衬底上制造，以在高工作频率下获得高品质因数。

首先，采用中通孔工艺制备 TSV 阵列，详细的步骤已在第 2 章给出。此处简单列出几个主要步骤，如图 7-11(a)～(c)所示。第 1 步，在硅衬底上刻蚀通孔。第 2 步，采用化学气相沉积法在 TSV 内表面制备二氧化硅绝缘层。第 3 步，通过盲孔电镀工艺，在 TSV 中填充金属铜。

其次，制备正面 RDL。第 1 步，在衬底的上表面，通过化学气相沉积法制备第 1 层二氧化硅，并使用电化学镀铜工艺制作接触孔，如图 7-11(d)所示。第 2 步，在第一层二氧化硅的上表面化学气相沉积第二层二氧化硅，并电镀 RDL_1 和接触孔，如图 7-11(e)所示。第 3 步，在第二层二氧化硅的上表面沉积第三层二氧化硅，并电镀接触孔，如图 7-11(f)所示。第 4 步，在第三层二氧化硅的上表面沉积第四层二氧化硅，电镀 RDL_2，并进行钝化处理，如图 7-11(g)所示。

最后，制备背面 RDL。第 1 步，把晶圆和辅助承载圆片临时键合并将晶圆翻转，从晶圆背面将其减薄，暴露出 TSV 铜柱，如图 7-11(h)所示。第 2 步，用与制备正面 RDL 相同的方式逐层制备接触孔、背面 RDL_1 和背面 RDL_2。第 3 步，进行钝化处理，完成后，去除衬底托盘，变压器制备完毕。

2) 测试方法

变压器可以使用矢量网络分析仪(vector network analyzer，VNA)进行测试，VNA 是测试被测器件(device under test，DUT)频率响应的仪器。在测试时，将一个正弦波激励信号输入被测器件中，然后通过计算输入信号与传输信号(S_{21})或反

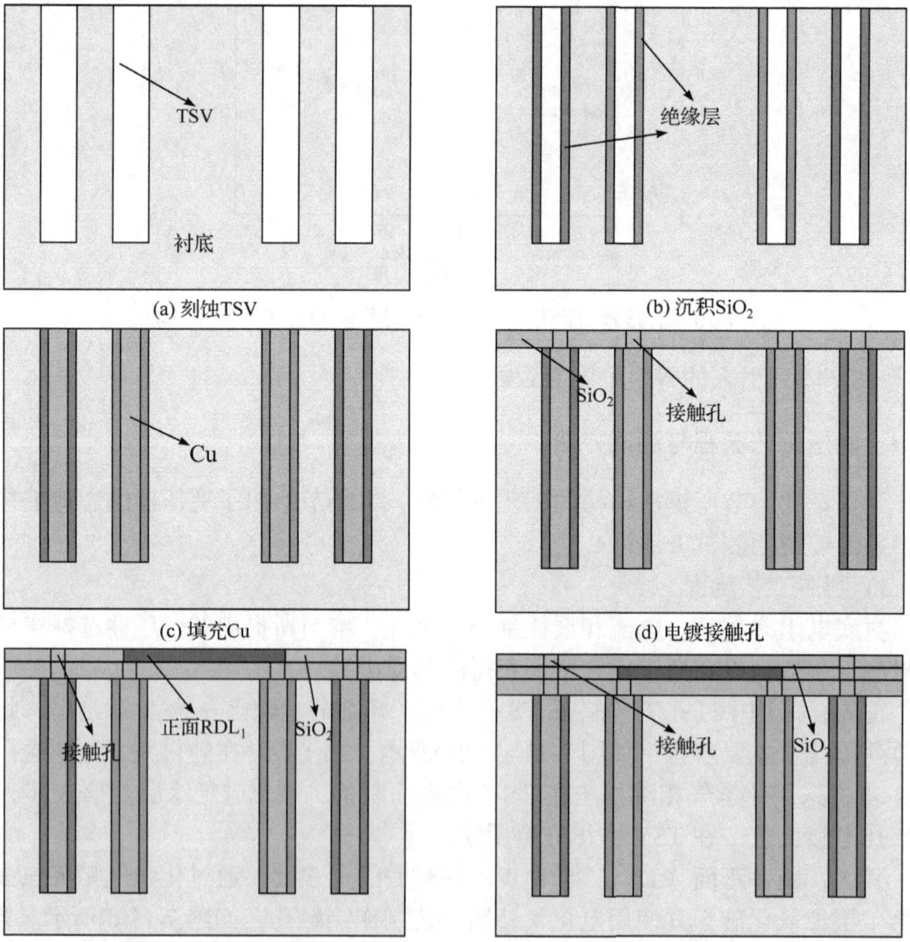

(a) 刻蚀TSV (b) 沉积SiO_2

(c) 填充Cu (d) 电镀接触孔

(e) 电镀正面RDL_1和接触孔 (f) 电镀接触孔

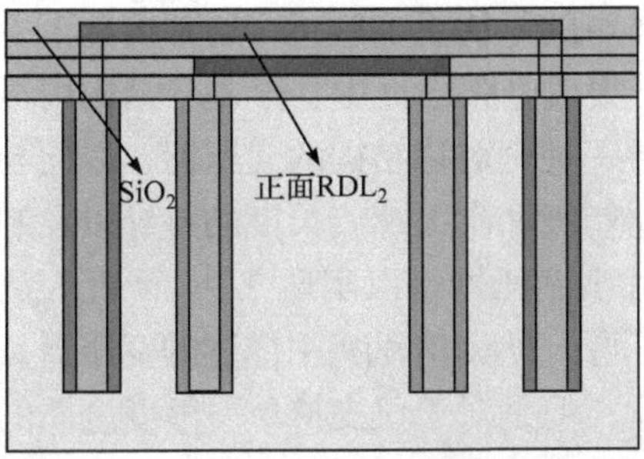

(g) 电镀正面RDL$_2$

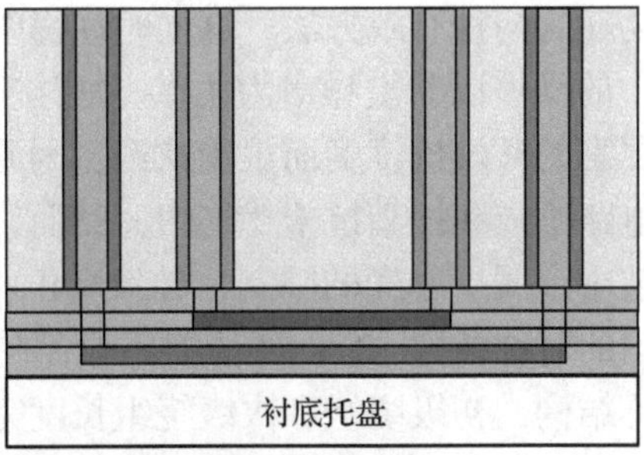

(h) 背面减薄

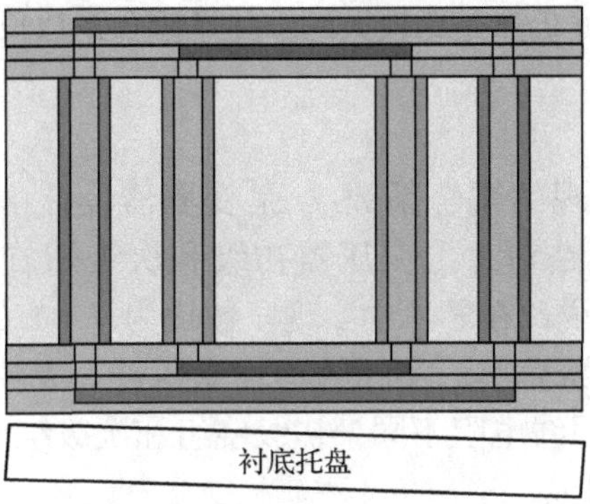

(i) 背面制造

图 7-11 变压器制造工艺流程

射信号(S_{11})之间的矢量幅度比得到测试结果。由于夹具的存在，测试结果必然存在一定误差。为了得到准确的测试参数，需要进行去嵌入计算，以消除夹具带来的寄生效应的影响。例如，可以用开短去嵌入法来进行校准。开短去嵌入法的步骤如下，首先，测量开路、DUT 和短路结构的 S 参数矩阵。Y 参数矩阵可以由 S 参数矩阵经过变换得到。然后，通过开短去嵌入公式(7-8)获得变压器的实际 Y 参数[10]：

$$Y_{\text{transformer}} = ((Y_{\text{DUT}} - Y_{\text{open}})^{-1} - (Y_{\text{short}} - Y_{\text{open}})^{-1})^{-1} \tag{7-8}$$

式中，$Y_{\text{transformer}}$ 为变压器的 Y 参数矩阵；Y_{DUT} 为 DUT 的 Y 参数矩阵；Y_{open} 为开路结构的 Y 参数矩阵；Y_{short} 为短路结构的 Y 参数矩阵。

变压器的 S 参数矩阵 $S_{\text{transformer}}$ 可以通过 $Y_{\text{transformer}}$ 进行矩阵变换得到。$S_{\text{transformer}}$ 和 $Y_{\text{transformer}}$ 可以用来计算变压器的自感、互感、品质因数、耦合系数等性能参数。

7.2 基于 TSV 的对称结构变压器

近年来，由于电路集成度的不断提高和便携式设备应用的日益广泛，在集成电路设计中，功耗已成为一个重要指标，采用低电源电压和小幅度信号传输是降低电路功耗的两种有效方法，这同时使得电路对噪声的干扰更加敏感。通常情况下，电路中的噪声以共模噪声为主[8]。在射频或宽带集成电路设计中，全差分结构由于具有更高的共模抗扰度而更受欢迎。因此，需要一种全对称结构的变压器，以便与差分电路集成和提高抗干扰能力。然而，变压器初级和次级螺旋长度的差异以及制造工艺中金属层厚度的限制，导致真正对称的片上变压器难以实现[9, 11]。研究人员已提出的对称结构 TSV 变压器仍然存在一些问题，文献[8]和[9]中描述的变压器具有对称结构，初级绕组和次级绕组长度完全相同，但是对于仅支持单一厚度金属的工艺，这种结构可能会导致初级绕组和次级绕组的自感和品质因数不同。此外，这些对称 TSV 变压器的尺寸仍然是比较大的，并且耦合系数只能达到 0.666 和 0.136。

7.2.1　结构设计

片上面积和可实现的耦合系数 k 是变压器设计中需要关注的两个最重要的方面，并且差分电路对片上变压器初级和次级螺旋施加了额外的结构对称性约束[11, 12]。一般来说，在芯片中实现匝数比为 1：1 的单片变压器比实现理想的 1：1 全对称变压器简单，实际的单片变压器，无论是平面结构还是叠层结构，都存在不同层金属线电阻不同，初级绕组和次级绕组之间电感不匹配以及功率损耗不理想等问题[13]。

图 7-12(a)～(c)分别给出了本节所提出对称三维 1：1 变压器的三维视图、主视图和 TSV 剖面图。位于顶部二氧化硅层中的正面 RDL，位于底部二氧化硅层中的背面 RDL，以及位于中部硅衬底中的 TSV 构成该变压器。由于集成电路制造工艺的限制，不同金属层的厚度可能不同。因此，在对称变压器的设计中，在保证初级绕组与次级绕组总长度相同的前提下，还需要满足初级绕组与次级绕组的正面 RDL 金属走线长度相同，背面 RDL 金属走线长度也相同。因此，将初级螺旋的 RDL 部分分成两半，在正面 RDL 上实现一半初级螺旋，在背面 RDL 上实现另一半初级螺旋，并且通过 TSV 将两部分相连。TSV 的作用主要有两点。第一，连接正面 RDL 和背面 RDL 构成螺旋绕组。第二，增长耦合路径，促进初级绕组与次级绕组之间的耦合。次级螺旋与初级螺旋的形状和长度相同，并遵循相同的构造模式，从而使得初级螺旋和次级螺旋位于同一 RDL 层的金属长度相同，总绕组路径长度也相同，并且变压器整体结构对称，输入端口和输出端口也对称。因此，本节所提出的结构易于差分电路集成。图 7-12(d)为变压器符号视图，变压器工作时端口 3 与端口 4 接地。

变压器的初级绕组与次级绕组相互缠绕，使得绕组间相邻金属导体长度尽可能长，以增加互感。同时，变压器的结构也满足初级绕组产生的磁通量尽可能多地通过次级绕组。这两点为较高的耦合系数提供保障。匝数比是变压器设计中的另一个重要指标，图 7-13 展示了本节所提出 TSV 1：2 变压器的三维视图，它是

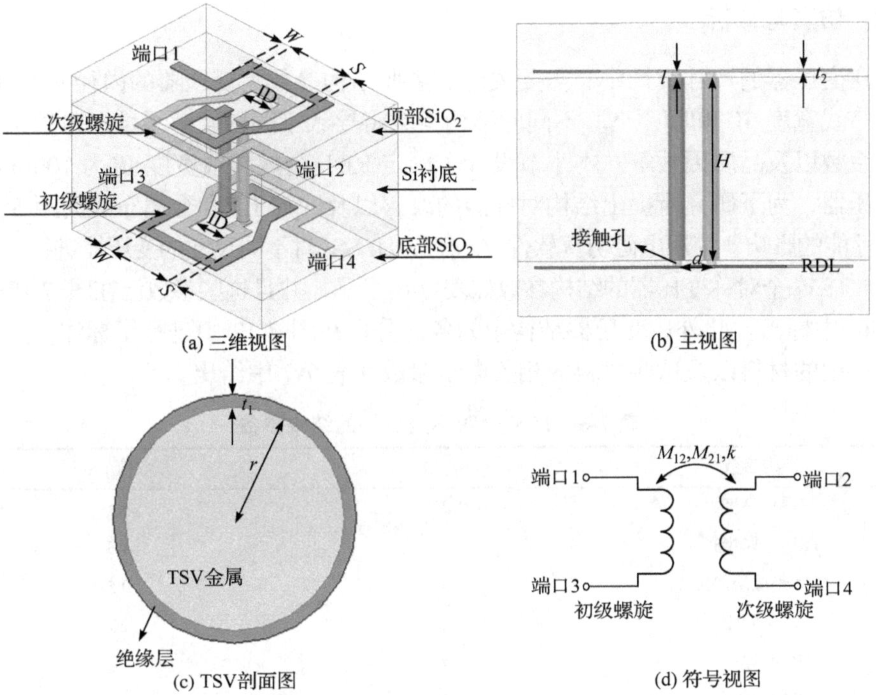

(a) 三维视图　(b) 主视图　(c) TSV剖面图　(d) 符号视图

图 7-12　对称三维 1 : 1 变压器

ID-变压器的内径；*W*-RDL 金属布线宽度；*S*-RDL 金属布线间距

在 1 : 1 变压器的基础上扩展得到的，增加了额外的两层正面 RDL 和背面 RDL 来制作次级绕组，并通过接触孔与原有 RDL 相连接。

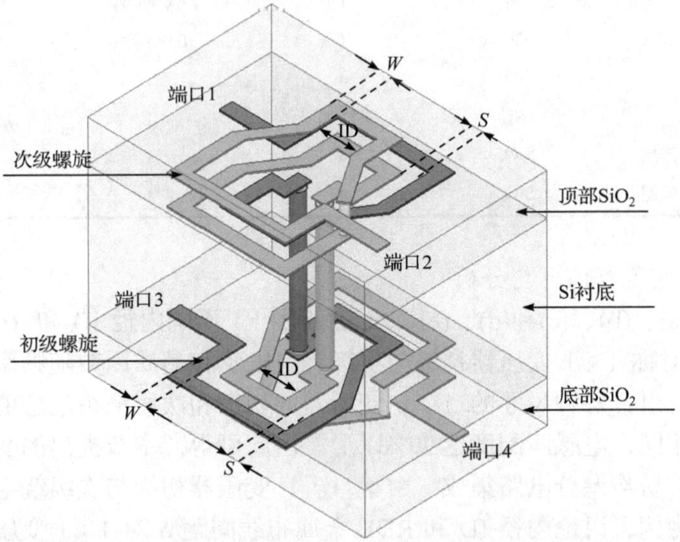

图 7-13　TSV 1 : 2 变压器三维视图

7.2.2 仿真与分析

在变压器的尺寸设计中，需要关注的主要结构参数为变压器的内径 ID、RDL 金属布线宽度 *W* 和间距 *S*。不同的结构参数将导致不同的互感系数、自感系数、耦合系数以及品质因数等。本小节设计了固定 RDL 金属布线宽度 *W* 为 10μm 的各种变压器，为了研究所提出结构对性能的改善以及内径 ID 和金属布线间距 *S* 对变压器性能的影响，使用电磁仿真软件 ANSYS HFSS 对不同尺寸的变压器进行建模与仿真。TSV 全对称变压器的结构参数如表 7-6 所示，并且这些参数已在图 7-12(a)、(b)和(c)中标出。此外，变压器结构中的各部分也在图 7-12 中进行了标注，并且每部分使用的材料以及这些材料的相关电学参数在表 7-7 中给出。

表 7-6　TSV 全对称变压器的结构参数

结构参数	符号	取值/μm
TSV 高度	H	80
TSV 金属半径	r	4.5
TSV 绝缘层厚度	t_1	0.5
TSV 间距	d	20
RDL 厚度	t_2	3
RDL 宽度	W	10
接触孔长度	l	3

表 7-7　TSV 全对称变压器的材料和电学参数

结构部分	材料	相对介电常数	相对磁导率	体电导率/(S/m)
RDL	Cu	1	0.999991	5.8×10^7
TSV 填充金属层	Cu	1	0.999991	5.8×10^7
绝缘层	SiO_2	4	1	0
衬底	Si	11.9	1	0.1
顶部二氧化硅层	SiO_2	4	1	0
底部二氧化硅层	SiO_2	4	1	0

1) 1：1 变压器仿真与分析

图 7-14(a)、(b)、(c)和(d)、(e)、(f)分别给出了不同内径 ID 和 RDL 金属布线间距 *S* 下，对称 1：1 变压器初级与次级绕组电感和品质因数随频率变化曲线，从图中可以看出，各种尺寸的 1：1 变压器的初级和次级绕组电感值以及品质因数几乎完全相同，电感匹配度达 99%以上。由此可得，本节提出的变压器具有良好的对称性，易与差分电路集成。由于 1：1 变压器初级与次级绕组对称，因此以初级绕组为例，讨论内径 ID 和 RDL 金属布线间距 *S* 对 1：1 变压器性能的影响，图 7-15 给出了不同尺寸对称 1：1 变压器的仿真结果。

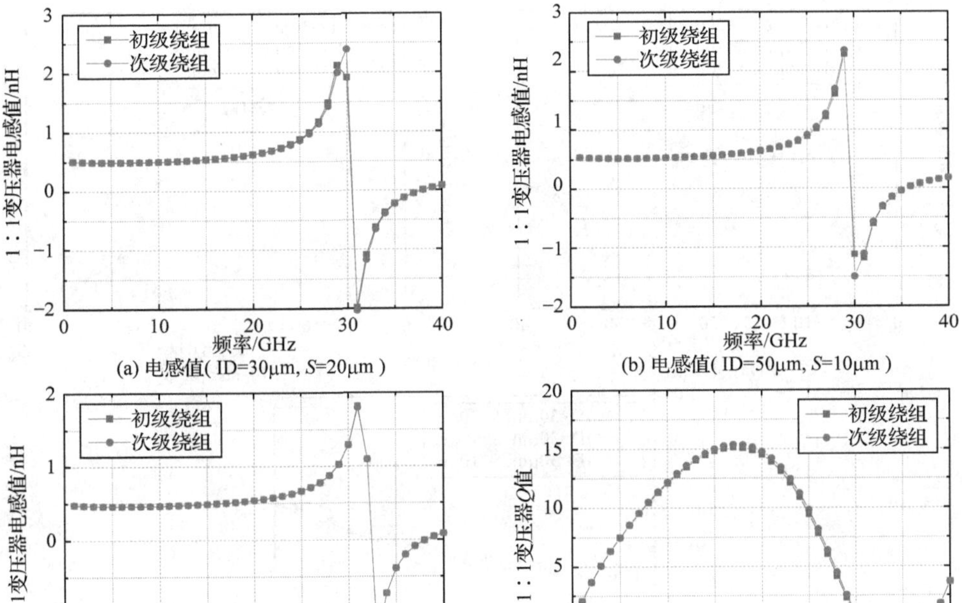

(a) 电感值(ID=30μm, S=20μm)

(b) 电感值(ID=50μm, S=10μm)

(c) 电感值(ID=30μm, S=10μm)

(d) 品质因数(ID=30μm, S=20μm)

(e) 品质因数(ID=50μm, S=10μm)

(f) 品质因数(ID=30μm, S=10μm)

图 7-14　不同尺寸对称 1∶1 变压器初级和次级绕组的仿真结果

图 7-15(a)给出了不同尺寸初级绕组电感值随频率变化曲线。从图 7-15(a)中可以看出，随着 ID 和 S 的增大，电感值增大，这是金属布线长度增加引起的。同时，自谐振频率随 ID 和 S 的增大而减小，这归因于电感以及寄生电容的增加。

图 7-15(b)给出了不同结构参数下初级绕组品质因数随频率变化曲线。从图中可以看出，品质因数的最大值随着 ID 和 S 的增大而减小，这是随着金属布线长度的增加，电阻以及寄生电容的增大引起的。

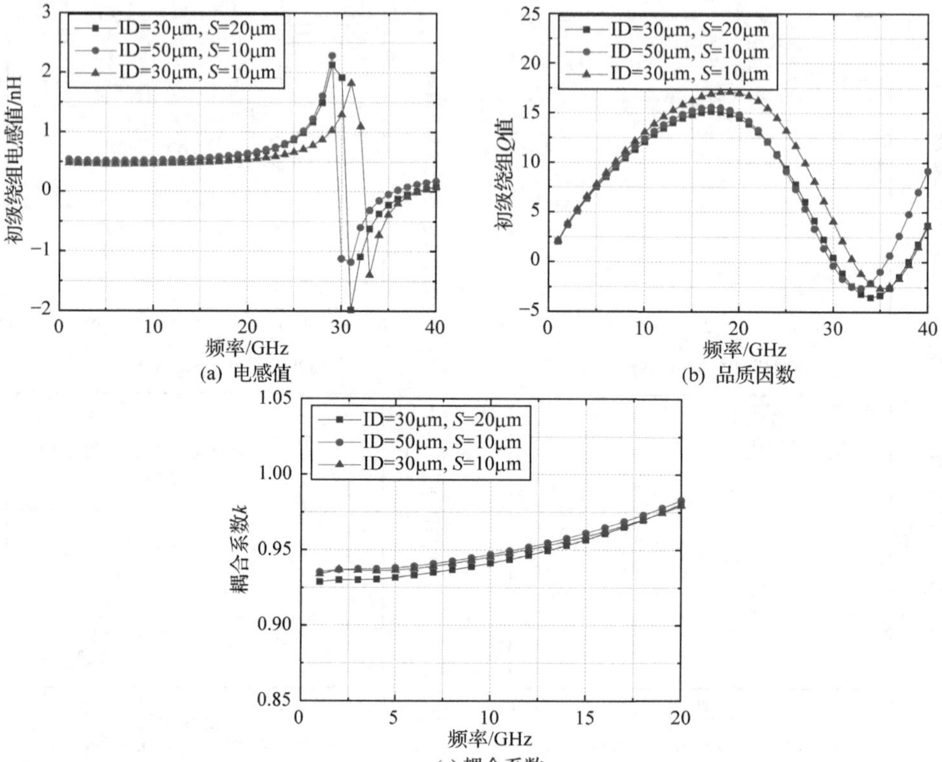

(c) 耦合系数

图 7-15　不同尺寸对称 1∶1 变压器仿真结果

图 7-15(c)给出了不同内径 ID 以及 RDL 金属布线间距 S 下，变压器的耦合系数随频率变化曲线。从图中可以看出，当 S 不变时，耦合系数随 ID 的增大而增大，这归因于 ID 越大，初级绕组与次级绕组相邻金属长度越大，耦合距离增大，互感增大。当 ID 不变时，随着 S 的增大，导体绕组的自感增加，但其之间的互感降低，从而导致耦合系数减小。三种尺寸的对称 1∶1 变压器耦合系数分别为 0.929、0.935 和 0.934，这表明本节所提出的变压器结构耦合性能良好，磁损耗小，传输效率高。在变压器的实际应用中，可能需要特定的电感值，较大耦合系数或者较高的品质因数，可以根据需求选取合适的结构参数。

表 7-8 将本节所提出的对称 1∶1 变压器(ID = 30μm，S = 10μm)与现有的基于 TSV 的对称变压器相关性能参数进行对比。文献[8]和[9]中提出的 1∶1 变压器面积分别为本节所提变压器的 5 倍和 2.4 倍，这是因为文献[14]和[15]提出的 1∶1 变压器中，初级绕组和次级绕组分为两部分在 TSV 的两侧展开，这使得正面 RDL 与背面 RDL 的共用面积较小，导致变压器尺寸较大。本节所提出的变压器中，初级与次级绕组在垂直方向面积共享，所以尺寸较小。文献[8]和[9]变压器耦合系数分别比本节所提变压器的耦合系数小 0.268 和 0.798，这主要源于以下

两点。第一，位于 TSV 同侧的初级与次级绕组形状不同。第二，TSV 左侧与 TSV 右侧绕组在垂直方向错开。这两点会导致初级绕组产生的磁通量不能很好地通过次级绕组，引起过多的磁通量泄漏，从而使得耦合系数较小。本节所提出的变压器相同形状的初级与次级绕组在垂直方向布局，可以很好地保证初级绕组产生的磁通量尽可能多地通过次级绕组。文献[8]和[9]中 1：1 变压器的电感匹配度分别为 98.8%和 91.1%，本节所提出 1：1 变压器结构的电感匹配度为 99.8%，在三者中是最高的。文献[15]中变压器电感匹配度较低的原因是，文献[15]的制造工艺中正面和背面 RDL 金属厚度分别为 0.95μm 和 1.35μm，而初级绕组和次级绕组的正面和背面 RDL 金属布线长度并不相同，从而导致初级与次级绕组[14]中的变压器也存在这个问题，对于仅支持单一厚度金属层的工艺，它的电感匹配度将会下降。本节所提出 1：1 变压器结构，位于同一 RDL 的初级与次级绕组的金属布线长度相同，可以很好地应对这个问题，保证电感的匹配度。另外，综合电感值和品质因数来看，本节所提出 1：1 变压器结构在保证电感值的同时，自谐振频率和品质因数仍是比较大的，这表明绕组损耗较小，电感性能较好。综上所述，本节提出的 1：1 变压器具有小面积、强耦合和高对称性的优点。

表 7-8 TSV 全对称 1：1 变压器比较

性能参数	单位	文献[8]变压器*	文献[9]变压器+	本节变压器*
L_P	pH	514	439	478
Q_{Pmax}	N/A	12.08	4.59	17.09
SRF_P	GHz	30.0	23.7	32.2
L_S	pH	520	482	479
Q_{Smax}	N/A	11.98	5.11	16.58
SRF_S	GHz	31.0	24.0	32.2
k	N/A	0.666	0.136	0.934
面积	mm^2	0.05	0.024	0.01

注：*表示仿真结果；+表示测试结果。

2) 1：2 变压器仿真与分析

针对所提出的结构，还研究了结构参数 ID 和 S 对 1：2 变压器性能的影响，图 7-16(a)和(b)分别给出了初级与次级绕组电感随频率变化曲线，图 7-16(c)和(d)分别为初级与次级绕组品质因数随频率变化曲线，由于变化规律与 1：1 变压器相似，此处不再赘述。图 7-16(e)给出了耦合系数随频率变化曲线。三种尺寸的 1：2 变压器均具有大于 0.93 的耦合系数。其中，当 ID 为 50μm，S 为 10μm 时，耦合系数高达 0.95。

表 7-9 比较了本节所提出的 1∶2 变压器(ID = 30μm，S = 10μm)与基于 TSV 的新型 1∶2 变压器。文献[8]中 1∶2 变压器的面积为本节 1∶2 变压器的 8 倍，耦合系数比本节 1∶2 变压器的小 0.225，因此，本节所提出的 1∶2 变压器在耦合和面积方面均具有优势。同时，本节所提 1∶2 变压器结构在电感值更大的同时，品质因数和自谐振频率也更大，也就是电感性能更好。

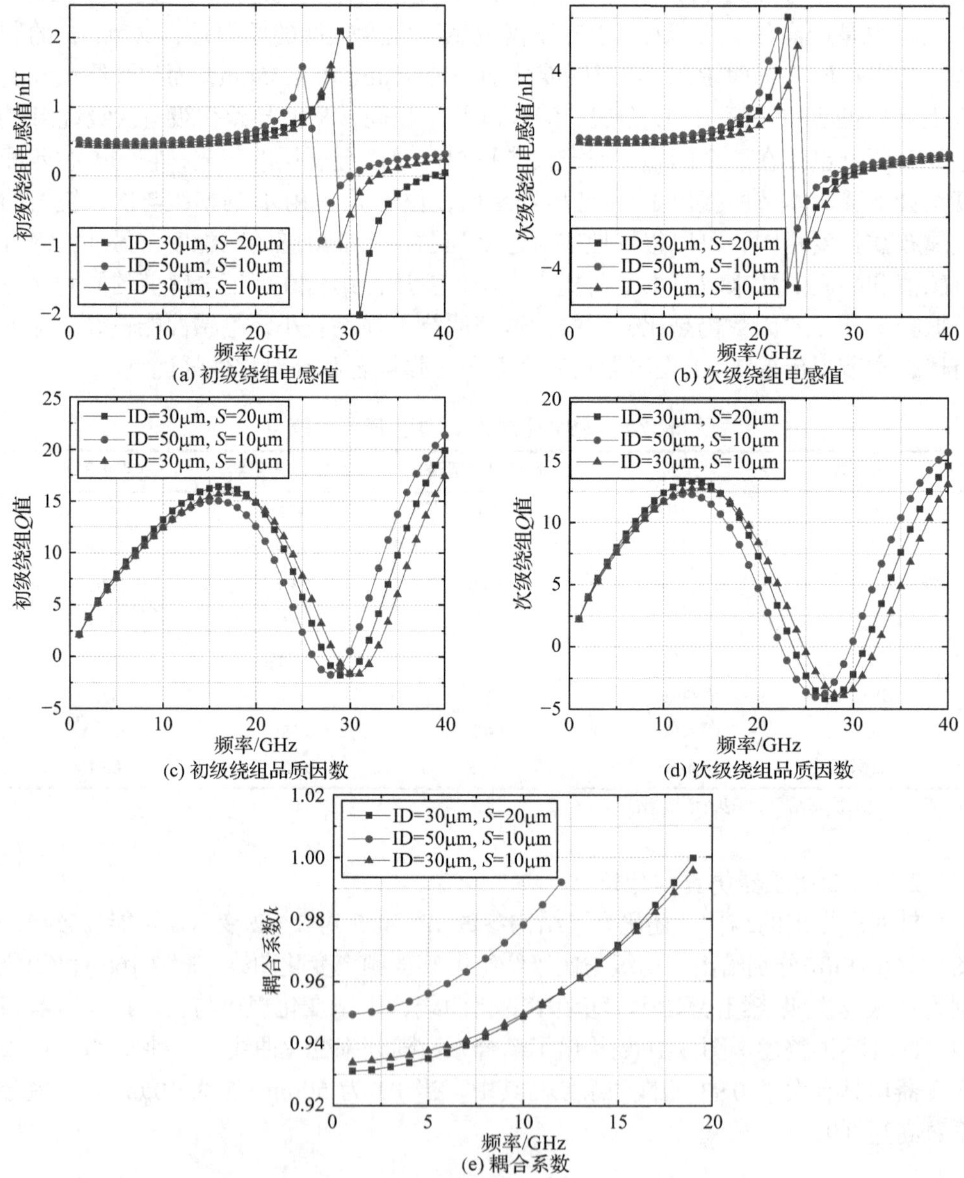

图 7-16　不同尺寸 1∶2 变压器仿真结果

表 7-9　3D TSV 1∶2 变压器性能参数比较

性能参数	单位	文献[8]变压器*	本节变压器*
L_P	pH	434	476
Q_{Pmax}	N/A	6.34	15.77
SRF_P	GHz	26	28
L_S	pH	706	990
Q_{Smax}	N/A	7.17	12.78
SRF_S	GHz	22	25
k	N/A	0.708	0.933
面积	mm^2	0.08	0.01

注：*表示仿真结果。

通过上面的分析可知，结构参数改变会对变压器的几个性能参数同时产生影响。因此，在变压器的设计中对性能参数单独进行调节十分困难。在实际应用时，需要根据需求折中考虑，选择合适的结构参数。本节所提出的变压器结构，在合理的尺寸范围内，耦合系数都是比较高的，这在一定程度上为变压器的设计和其他性能参数的调节带来了便利。

3) 衬底电导率对品质因数的影响

衬底电导率会影响电感的品质因数。虽然在文献[8]中无法证实，但在文献[9]中硅衬底的体电导率为 10S/m，本节硅衬底的体电导率为 0.1S/m。为了研究衬底电导率对品质因数的影响，以 1∶1 变压器(ID = 30μm，S = 20μm)为例，模拟了衬底电导率为 10S/m 时的品质因数。图 7-17 比较了衬底电导率分别为 10S/m 和

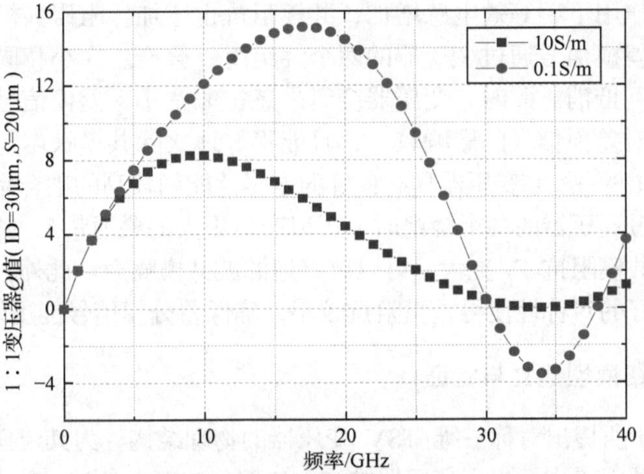

图 7-17　不同衬底电导率时的品质因数对比

0.1S/m时的品质因数。品质因数最大值随衬底电导率的增加而减小。当衬底电导率为 10S/m 时，变压器的最大品质因数 Q 为 8.234，比文献[9]的大 3.66。因此，本节所提出变压器在相同的环境下具有优势，这是因为寄生电阻和电容较小。

4) 共模噪声抑制

对称 1：1 变压器可以与差分电路集成以抑制共模噪声，变压器性能与电路信号(差模信号和共模信号)的关系如图 7-18 所示。变压器的电感匹配度越高(↑)，绕组差模阻抗越小(↓)，差模信号通过(√)。变压器耦合和电感性能越好(↑)，绕组的共模阻抗越大(↑)，阻碍共模信号传输(×)。

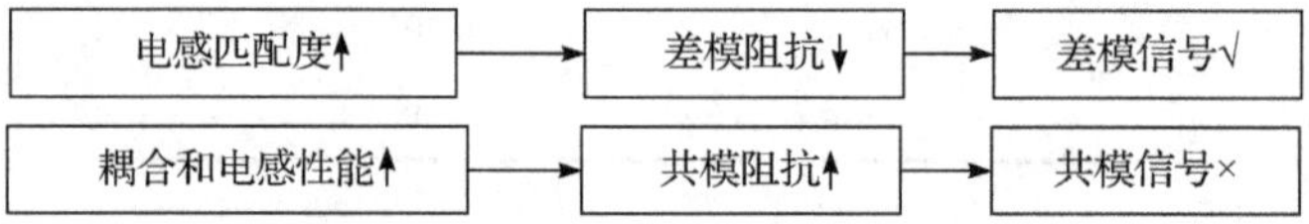

图 7-18　变压器性能与电路信号的关系

下面对原理进行详细说明。当共模信号通过变压器的两个绕组时，会产生大小和方向相同的磁场，两者叠加使绕组磁通量增加。电感 L 表征绕组产生磁场的能力，设 ϕ 为每匝绕组的平均磁通量，则总磁通量 λ 为

$$\lambda = N\phi = Li \tag{7-9}$$

式中，i 为绕组中的电流。

初级绕组和次级绕组产生的磁场耦合并叠加，使绕组的磁通量倍增。此时，由于初级绕组和次级绕组之间的互感，等效电感值增加。感抗的计算表达式为

$$Z_L = \omega L = 2\pi f L \tag{7-10}$$

式中，ω 为角频率；f 为工作频率。

在互感的作用下，等效电感增加，共模阻抗也增加，阻碍共模信号向电路下一级传输。当差模信号通过变压器的两个绕组时，会产生大小相同且方向相反的磁场，两者相互抵消。此时，变压器绕组的感抗非常小，差模信号通过。这一特性使得变压器对差模信号的影响较小，且能很好地滤除共模噪声。在之前的分析中，已知所提出的 1：1 变压器具有良好的电感性能和较高的耦合系数，这保证了当共模信号通过变压器的两个绕组时，可以产生更大的磁通量 λ，并且磁通泄漏较小，从而使得共模阻抗 Z_L 更大，可以更好地滤波共模噪声。此外，初级绕组和次级绕组之间良好的对称性使得差模阻抗较小，确保差分模信号能更好地通过。

7.2.3　等效电路模型建立与验证

本小节基于所提出对称三维 TSV 变压器的物理结构，为其建立一种简单的等效电路模型。图 7-19 中标注了变压器结构中各部分的寄生参数，其中 L_{RDLP} 和 R_{RDLP}

为初级绕组 RDL 部分的电感和电阻，L_{conP} 和 R_{conP} 为初级绕组接触孔部分的电感和电阻，L_{RDLS} 和 R_{RDLS} 为次级绕组 RDL 部分的电感和电阻，L_{conS} 和 R_{conS} 为次级绕组接触孔部分的电感和电阻，L_{TSV} 和 R_{TSV} 为 TSV 的电感和电阻，C_{ox} 为氧化层电容，C_{sub} 和 R_{sub} 为衬底的电容和电阻，C_{parF} 和 C_{parB} 分别为正面和背面 RDL 金属布线间的寄生电容。这些寄生参数可以通过 ANSYS Q3D 软件提取，以此为基础建立等效电路模型，如图 7-20 所示，需要注意的是接触孔引入的寄生电容、电感和电阻已作为 TSV 的一部分包含在其中。等效电路模型中每个元件的取值如下：

$R_{\mathrm{RDLP1}} = R_{\mathrm{RDLP2}} = R_{\mathrm{RDLP3}} = R_{\mathrm{RDLP4}} = R_{\mathrm{RDLP}}/2$；

$L_{\mathrm{RDLP1}} = L_{\mathrm{RDLP2}} = L_{\mathrm{RDLP3}} = L_{\mathrm{RDLP4}} = L_{\mathrm{RDLP}}/2$；

$R_{\mathrm{RDLS1}} = R_{\mathrm{RDLS2}} = R_{\mathrm{RDLS3}} = R_{\mathrm{RDLS4}} = R_{\mathrm{RDLS}}/2$；

$L_{\mathrm{RDLS1}} = L_{\mathrm{RDLS2}} = L_{\mathrm{RDLS3}} = L_{\mathrm{RDLS4}} = L_{\mathrm{RDLS}}/2$；

$R_{\mathrm{TSVP1}} = R_{\mathrm{TSVP2}} = (R_{\mathrm{TSV}} + 2R_{\mathrm{conP}})/2$，$R_{\mathrm{TSVS1}} = R_{\mathrm{TSVS2}} = (R_{\mathrm{TSV}} + 2R_{\mathrm{conS}})/2$；

$L_{\mathrm{TSVP1}} = L_{\mathrm{TSVP2}} = (L_{\mathrm{TSV}} + 2L_{\mathrm{conP}})/2$，$L_{\mathrm{TSVS1}} = L_{\mathrm{TSVS2}} = (L_{\mathrm{TSV}} + 2L_{\mathrm{conS}})/2$。

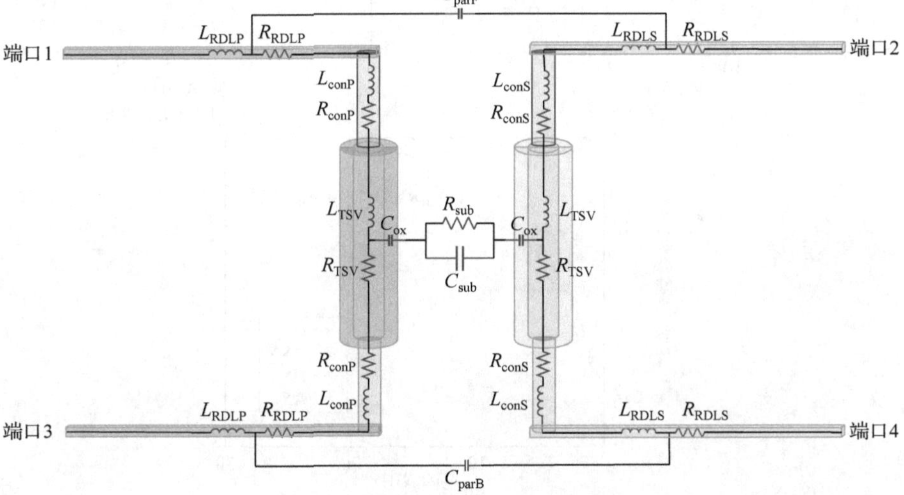

图 7-19　变压器各部分的寄生参数

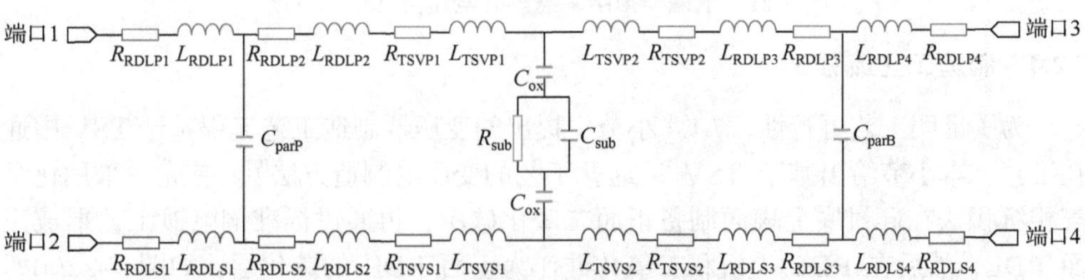

图 7-20　变压器等效电路模型

为了验证所提出等效电路模型的有效性，将 1∶1 和 1∶2 变压器的电磁模拟与等效电路仿真得到的S参数进行对比，其中1：1变压器初级与次级绕组对称，因此仅以初级绕组为例进行比较，结果如图 7-21 所示，图中 H 代表 ANSYS HFSS 软件的模拟结果，A 代表在 ADS 中所建立等效电路模型的仿真结果，S 代表各个端口间的 S 参数。从图中可以看出，在 30GHz 内电磁模拟与等效电路仿真结果具有较好的一致性。因此，所建立的等效电路可用于变压器设计初期对初级与次级绕组自感和品质因数的预估以及变压器尺寸参数的确定，也可用于变压器应用场景集成电路的开发。

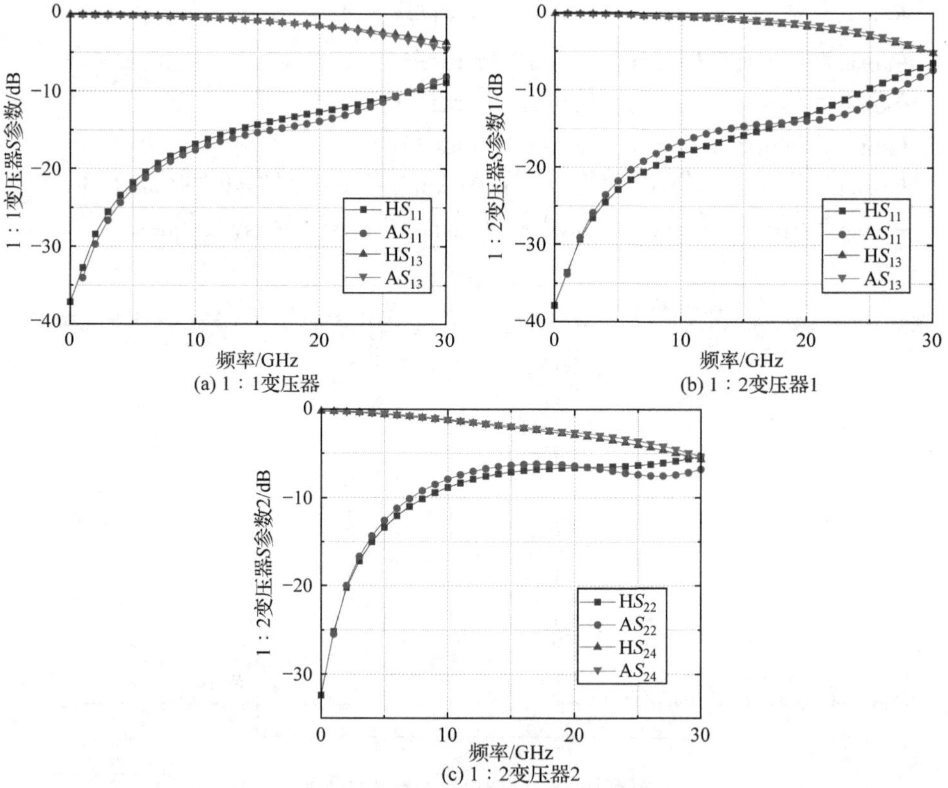

图 7-21　电磁模拟结果与等效电路仿真结果对比

7.2.4　制造工艺流程

为了证明工艺可行性，7.1.4 小节中提出的变压器制造工艺流程基于 TSV 中通孔工艺，本小节给出基于 TSV 后通孔工艺的变压器制造方法[9]。首先，采用化学气相沉积法在硅衬底上表面制备正面二氧化硅层，再通过标准铜电镀工艺形成正面 RDL，然后在 RDL 上沉积二氧化硅作为正面 RDL 的钝化层，如图 7-22(a)所示。其次，将衬底托盘与硅片黏合，并将硅片背面减薄，沉积背面二氧化硅层，如图 7-22(b)和(c)所示。再次，刻蚀通孔，化学气相沉积绝缘层，并电镀铜填充

TSV，如图 7-22(d)和(e)所示。最后，刻蚀并电镀背面 RDL，再在 RDL 上沉积钝化层，去除辅助晶圆，完成变压器的制备，如图 7-22(f)所示。

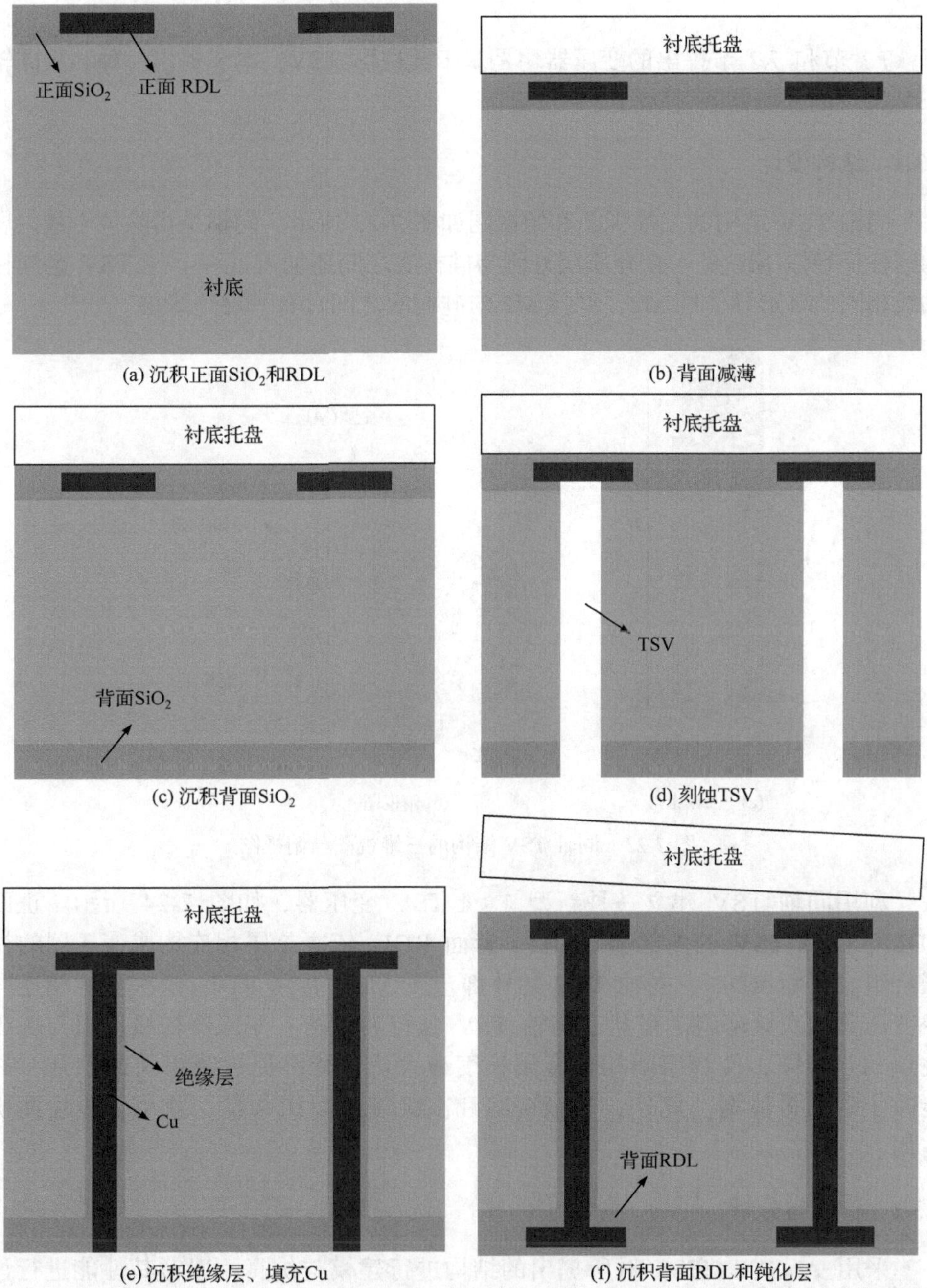

图 7-22　变压器制造工艺流程

7.3　基于同轴 TSV 的变压器

7.1 节和 7.2 节提出的变压器均是基于圆柱形 TSV，本节提出一种利用同轴 TSV 实现的变压器。

7.3.1　结构设计

同轴 TSV 结构的三维视图和俯视图如图 7-23 所示。同轴是指除位于最内层的圆柱形导体 M1 外，在介质层外侧与硅衬底之间还加入了一个与 TSV 金属柱轴线相同的环形导体柱 M2，并且 M2 与硅衬底之间具有一层绝缘层。

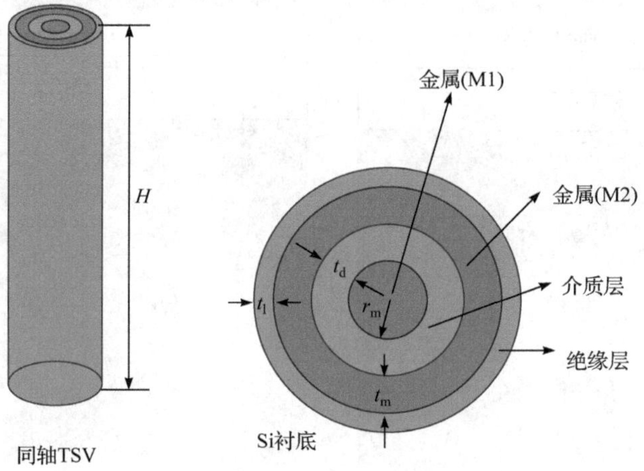

(a) 三维视图　　(b) 俯视图

图 7-23　同轴 TSV 结构的三维视图与俯视图

利用同轴 TSV 建立一种新型 1∶1 TSV 变压器，如图 7-24 所示。正面 RDL_1、同轴 TSV 的内部金属 M1、背面 RDL_1 依次首尾相连构成变压器的初级绕组。正面 RDL_2、同轴 TSV 的外部金属 M2、背面 RDL_2 依次首尾相连构成变压器的次级绕组。得益于同轴 TSV 独特的结构，变压器初级绕组与次级绕组相互包围，使绕组间相邻金属长度最大化，能够促进绕组间的耦合，并能减小磁通量泄漏。此外，初级绕组和次级绕组面积共享，减小了芯片面积占用。

7.3.2　仿真与分析

采用 ANSYS HFSS 对所提出的结构进行建模与仿真，以对其性能进行评估，模型的相关结构参数在表 7-10 中给出，材料和电学参数在表 7-11 中给出。

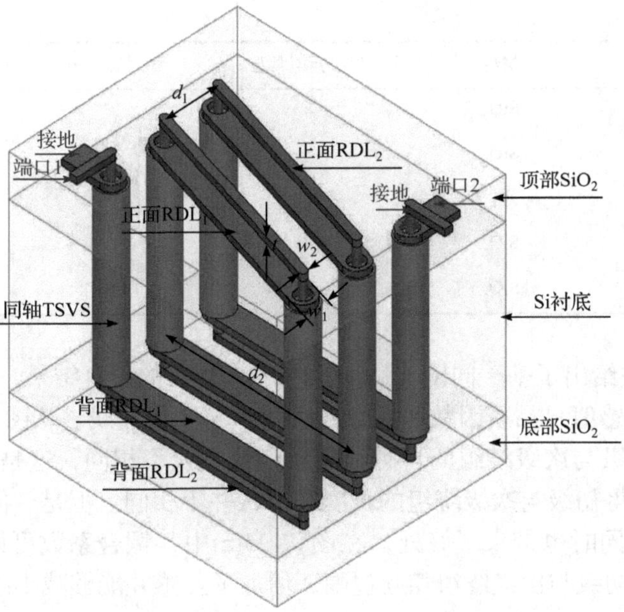

图 7-24　基于同轴 TSV 的 1：1 变压器(扫描前言处二维码查看彩图)

表 7-10　同轴 TSV 变压器的结构参数

结构参数	符号	取值/μm
TSV 高度	H	80
金属 M1 半径	r_m	2
金属 M2 厚度	t_m	2
TSV 绝缘层厚度	t_1	1
TSV 介质层厚度	t_d	2
相邻 TSV 间距	d_1	28
相对 TSV 间距	d_2	100
RDL 厚度	t	3
RDL_1 宽度	W_1	12
RDL_2 宽度	W_2	4

表 7-11　同轴 TSV 变压器的材料和电学参数

结构部分	材料	相对介电常数	相对磁导率	体电导率/(S/m)
RDL	Cu	1	0.999991	5.8×10^7
M1	Cu	1	0.999991	5.8×10^7
M2	Cu	1	0.999991	5.8×10^7

续表

结构部分	材料	相对介电常数	相对磁导率	体电导率/(S/m)
TSV 介质层	SiO_2	4	1	0
TSV 绝缘层	SiO_2	4	1	0
衬底	Si	11.9	1	0.1
顶部二氧化硅层	SiO_2	4	1	0
底部二氧化硅层	SiO_2	4	1	0

图 7-25 中给出了基于同轴 TSV 的 1∶1 变压器的仿真结果，图 7-25(a)、(b)和(c)分别为电感值、品质因数和耦合系数随频率变化曲线。从图 7-25(a)和(b)中可以看到，初级与次级绕组的自感和品质因数曲线不相同，这是因为同轴 TSV 结构的限制使得初级与次级绕组的长度和形状并不相同。但是，同轴 TSV 的这种结构特殊性同时也带来了好处，在图 7-25(c)中，耦合系数可以达到 0.98 以上，这是因为初级与次级绕组相互包围，增加了互感并能够减小磁通量泄漏。

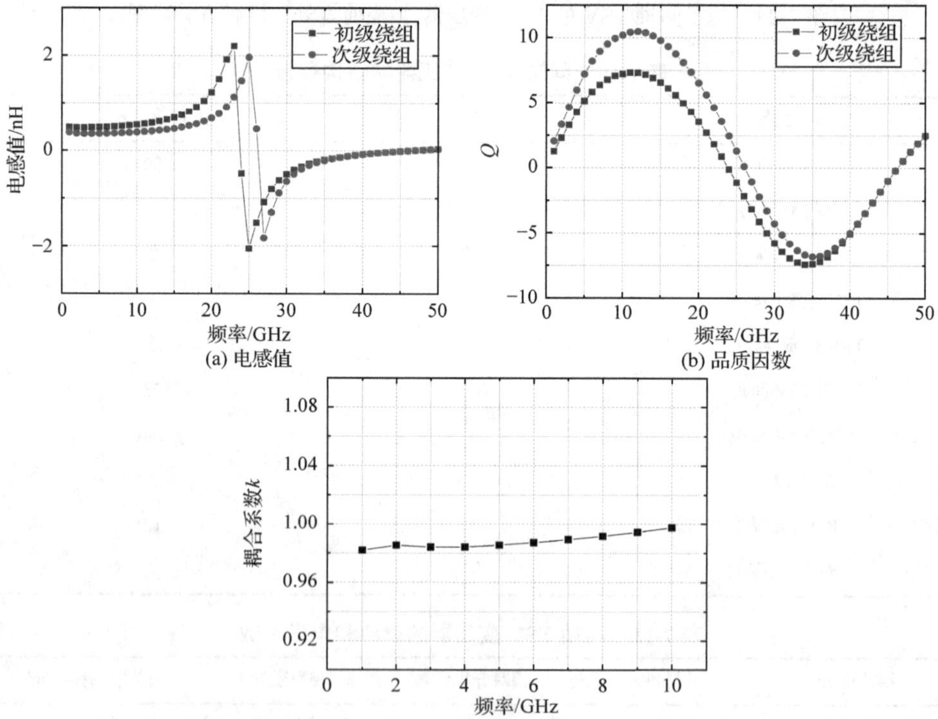

(a) 电感值　(b) 品质因数

(c) 耦合系数

图 7-25　基于同轴 TSV 的 1∶1 变压器仿真结果

表 7-12 将基于同轴 TSV 的 1：1 变压器与其他文献中 TSV 1：1 变压器相关性能参数进行比较，可以看到本节结构的耦合系数在四者中是最大的，并且文献[4]、[7]和[9]的变压器结构面积分别是本节结构的 20 倍、125 倍和 3 倍。本节变压器结构的品质因数、自谐振频率与文献[4]变压器结构相比较小，这是由同轴 TSV 的两部分金属引入的寄生电阻、寄生电容和损耗导致的。因此，本节变压器结构的主要优势在于优越的耦合特性和较小的尺寸。

表 7-12　3D TSV 1：1 变压器性能参数比较

性能参数	单位	文献[4]变压器*	文献[7]变压器#	文献[9]变压器+	本节变压器*
L_P	pH	551	177	439	489
Q_{Pmax}	N/A	18.79	7.99	4.59	7.33
SRF_P	GHz	28.5	32.89	23.7	23
L_S	pH	456	177	482	382
Q_{Smax}	N/A	21.50	7.99	5.11	10.47
SRF_S	GHz	35.0	32.89	24.0	26
k	N/A	0.853	0.900	0.136	0.982
面积	mm^2	0.16	1.0	0.024	8.0×10^{-3}

注：*表示仿真结果；#表示根据所提供的模型估计结果；+表示测试结果。

7.4　小　结

本章首先提出了一种基于 TSV 的嵌套结构变压器，介绍了该结构的设计思路，并以 1：1 变压器为例，对其结构进行了详细描述。使用全波电磁仿真软件 ANSYS HFSS 对 1：1、1：2 和 1：3 变压器进行了建模与仿真，通过仿真结果，评估了变压器的性能。不同的匝数会带来不同的耦合和面积消耗，需要对两者进行综合考虑，因此对利用不同匝数绕组实现的相同变比变压器进行了比较和讨论。研究了变压器设计过程中是否需要考虑耗尽层电容的影响以及变压器的磁场辐射两个问题，提出了一种可行的变压器制造工艺和测试方法。其次，本章提出了一种基于 TSV 的全对称三维变压器。介绍了该变压器的设计方法和结构特点。使用 ANSYS HFSS 对不同尺寸的 1：1 和 1：2 变压器进行了建模与仿真，分析了不同结构参数对变压器性能的影响。建立了一种简单的变压器等效电路模型，并提出了一种可行的制造工艺流程。最后，本章提出了一种基于同轴 TSV 的 1：1 变压器，对同轴 TSV 以及该变压器的结构进行了介绍，并利用 ANSYS HFSS 软件对变压器进行了建模与仿真，对仿真结果进行了分析，且将相关性能参数与现有的研究成果进行了比较。

参 考 文 献

[1] 任睿楠. 基于 TSV 的三维电感器与变压器研究[D]. 西安: 西安理工大学, 2022.

[2] WANG F, REN R, YIN X, et al. Miniature and symmetrical transformer based on through-silicon vias[J]. IEEE Transactions on Components, Packaging and Manufacturing Technology, 2022, 12(10): 1645-1652.

[3] WANG F, REN R, YIN X, et al. A transformer with high coupling coefficient and small area based on TSV[J]. Integration: The VLSI Journal, 2021, 81(11): 211-220.

[4] ZHANG B, XIONG Y Z, WANG L, et al. 3D TSV transformer design for DC-DC/AC-DC converter[C]. 2010 Proceedings 60th Electronic Components and Technology Conference, Las Vegas, USA, 2010.

[5] ZHANG B, XIONG Y Z, WANG L, et al. 3D transformer design by through silicon via technology and its application for circuit design[J]. Journal of Electromagnetic Waves & Applications, 2011, 25(17-18): 2513-2521.

[6] SALAH K. A TSV-based architecture for AC-DC converters[C]. 8th IEEE Design and Test Symposium, Marrakesh, Morocco,2013.

[7] FENG Z, LUECK M R, TEMPLE D S, et al. High-performance solenoidal RF transformers on high-resistivity silicon substrates for 3D integrated circuits[J]. IEEE Transactions on Microwave Theory and Techniques, 2012, 60(7): 2066-2072.

[8] LI S H, LIN C S, TSENG P L, et al. Fully 3-D symmetrical TSV monolithic transformer for RFIC[C]. Proceedings-Electronic Components and Technology Conference, San Diego, USA, 2015.

[9] LI S H, HSU S S H, CHEN K W, et al. Fully symmetric 3-D transformers with through-silicon via IPD technology for RF applications[J]. IEEE Transactions on Components, Packaging and Manufacturing Technology, 2019, 9(11): 2143-2151.

[10] LI L, MA K, MOU S, et al. Modeling of new spiral inductor based on substrate integrated suspended line technology[J]. IEEE Transactions on Microwave Theory and Techniques, 2017, 65(8): 2672-2680.

[11] VANUKURU V N R, PEKARIK J. Symmetric planar and stacked millimeter-wave transformers using a single thick metal[C]. 2018 IEEE MTT-S International Microwave and RF Conference, Kolkata, India, 2018.

[12] VANUKURU V N R, CHAKRAVORTY A. High density solenoidal series pair symmetric inductors and transformers[J]. IEEE Transactions on Electron Devices, 2014, 61(7): 2503-2508.

[13] VANUKURU V N R. Symmetric high turns ratio stacked transformers in 0. 35μm SiGe technology[C]. 2018 IEEE MTT-S International Microwave and RF Conference, Kolkata, India, 2018.

[14] BIAN X, GUO H, ZHANG L, et al. Simulation and modeling of wafer level silicon-base spiral inductor[C]. 2012 13th International Conference on Electronic Packaging Technology & High Density Packaging, Guilin, China, 2012.

[15] CHEN B, TIDA U, ZHUO C, et al. Modeling and optimization of magnetic core TSV-inductor for on-chip dc-dc converter[C]. Proceedings of the International Conference on Computer-Aided Design, San Diego, USA, 2018.